普通高等学校“双一流”建设建筑类专业新形态教材

绿色建筑设计概论

宋德萱　朱　丹　编著

華中科技大學出版社
http://www.hustp.com
中国 · 武汉

内容简介

绿色建筑是社会发展、人类进步的必然产物，是涉及建筑、城乡规划和城市管理领域的重大学科问题。本书力图从科学性、前沿性、知识性等方面，诠释绿色建筑设计的方法、技术与策略，为读者提供了解、学习绿色建筑设计的途径。

本书从绿色建筑的定义开始叙述，对绿色建筑的发展沿革进行全面总结，以绿色建筑的被动节能技术为导向，介绍建筑太阳能一体化利用、建筑自然通风、建筑的遮阳设计与应用等基本知识，并通过案例分析，展现完整的绿色建筑设计方法与技术路线。

本书系统梳理国内外绿色建筑的评估体系，深入分析人的行为模式与绿色建筑之间的关系与影响；在不同规模尺度上，全面地对绿色住区、城区和城市的起源、概念和设计方法进行对比分析，并从城市更新视角对既有建筑的绿色更新与保护中涉及的设计与技术问题进行全面介绍。

本书创造性地对绿色建筑的生态修复问题进行了全面论述，首次建立了高密度聚居区人居环境生态修复的科学体系，论述解决人居环境生态修复问题的设计方法与技术体系，并展望绿色建筑的未来发展方向，以期对读者有更多启发。

图书在版编目（CIP）数据

绿色建筑设计概论 / 宋德萱，朱丹编著．—武汉：华中科技大学出版社，2022.8

ISBN 978-7-5680-6087-5

Ⅰ．①绿… Ⅱ．①宋… ②朱… Ⅲ．①生态建筑－建筑设计－概论 Ⅳ．① TU201.5

中国版本图书馆 CIP 数据核字（2022）第 160262 号

绿色建筑设计概论

Lüse Jianzhu Sheji Gailun

宋德萱 朱丹 编著

策划编辑：王一洁
责任编辑：陈 骏
责任校对：张会军
责任监印：朱 玢
出版发行：华中科技大学出版社（中国·武汉） 电 话：（027）81321913
武汉市东湖新技术开发区华工科技园 邮 编：430223
录 排：华中科技大学惠友文印中心
印 刷：湖北新华印务有限公司
开 本：889mm×1194mm 1/16
印 张：16.25
字 数：458 千字
版 次：2022 年 8 月第 1 版第 1 次印刷
定 价：49.80 元

前　　言

资源节约、环境保护、可持续发展已成为当今社会普遍关注的重要问题，如何在人居环境与建筑学领域达到建筑节能、低碳与减排，是发展绿色建筑事业的关键点。本书在回应人居环境存在的资源、健康等问题的基础上，充分关注国内外绿色建筑相关的标准体系、评价方法等方面的最新成果，对建筑师在绿色建筑发展中应该起到的推动作用，以及绿色建筑设计的方法论、绿色建筑的技术体系等方面，做出认真的思考与回应。

本书从完整的绿色建筑定义开始，全面总结绿色建筑的发展沿革与成果，介绍以绿色建筑的被动节能技术为导向的一系列设计与技术，对建筑太阳能一体化利用、建筑自然通风、建筑的遮阳设计与应用等设计与技术的基本概念、主要理论和技术方法，进行总结提炼，并通过解析一系列绿色建筑案例，论述绿色建筑设计方法与技术路线，以及建筑设计领域的思考热点与解决途径。同时，本书系统梳理国内外绿色建筑的评估体系，深入分析人的行为模式与绿色建筑之间的关系与影响，在不同规模尺度上，全面地对绿色住区、城区和城市的起源、概念和设计方法进行对比分析，并从城市更新视角对既有建筑的绿色更新与保护中涉及的设计与技术问题进行全面介绍，建立完整的绿色建筑科学体系。

结合主编主持的国家自然科学基金面上项目，本教材对绿色建筑的生态修复问题进行了全面论述，首次建立了高密度聚居区人居环境生态修复的科学体系，针对住区的生态环境受损，建立生态修复指标体系，论述解决人居环境生态修复的设计方法与技术措施。本书可供土木工程、建筑环境与能源应用工程、建筑学、城乡规划、工程管理等专业领域的工程师、建筑师和在校学生参考与学习。

恰逢我国实施“碳达峰”“碳中和”战略目标，全面推进我国建筑领域走“低碳”“零能耗”之路的时机，作为一部全面论述绿色建筑设计与技术的著作，本书的问世得到了社会各界，尤其是绿色建筑学科领域专家们的大力支持，得到了华中科技大学出版社的鼎力帮助，得到了编者所在的同济大学绿色建筑学术团队师生的积极配合。团队已毕业的博士生、目前在站的博士后朱丹老师作为主编之一，为本书的问世做出重要贡献；团队的林萍英副研究员，博士生韩抒言、严一凯、王睿敏、刘益、李琪，研究生黄子茵、杨子宣等也为本书的问世做了大量的工作，在此一并表示衷心的感谢！

谨以本书纪念本人从事高等院校建筑教育工作 35 周年，作为人生一个甲子的岁月留念。希望为我国的绿色建筑事业发展继续做出更大的贡献，奉献毕生精力！

宋德萱

2021 年 7 月于上海寓中

目　录

第 1 章

绿色建筑概述

中国的绿色建筑自20世纪90年代中后期逐步引起国内学者重视，并引发了一些理论研究和实践探讨。目前，在政府、高校、研究院、设计院等单位的推动下，绿色建筑已成为一个社会普及的基本理念，相关的理论研究和实践探索均积累下丰硕成果。

1.1 绿色建筑产生的时代背景

绿色建筑的思想源远流长，原始社会“上古穴居而野处”（《周易·系辞下》），“构木为巢，以避群害”（《韩非子·五蠹》），“下者为巢，上者为营窟”（《孟子·滕文公》），这些巢居式、洞穴式的建筑本质上都属于绿色建筑——就地取材而无须运输。它们具有改善室内温度条件的基本功能，能够较好地满足建造者的需求。进入农业文明时代，人类对自然仍然抱着敬畏的态度，例如中国建筑文化中产生了反映建筑和环境自然关系的风水学说，这些可被视作中国古代留下的一些朴素的、自发的绿色意识。真正基于对人与自然之间辩证关系的理性思考而提出的绿色思想，是20世纪中叶之后的事情。

在前工业革命时期，由于技术水平的限制，人类发展还不足以对自然环境构成较大的破坏，而自然环境的反作用尚未威胁到人类发展，矛盾并没有凸显出来。但自工业革命以后，人类改造自然的能力增强，对于自然的索取增加，对自然环境的破坏日益严重，与环境的矛盾日益凸显，影响到人类自身的生存与进一步发展。

20世纪60年代末，西方学者在不同程度上谈论过某些尖锐的重大问题，如核战争、粮食奇缺、生物种类灭绝、物资福利分配不均、能源和原料短缺等。沉醉于经济和技术增长的人们渐渐意识到：地球容纳量是有限的。如果按照现在的发展模式继续增长，最终的结果只能是灾难性的崩溃。这唤起了人们的普遍觉醒，推动了绿色文化的形成和绿色运动的兴起。

20世纪70年代以来，发达国家先后成立了以保护生态环境为宗旨的生态和环境保护机构。他们认为“不从根本上改变现存的价值观念和生产消费模式，人类的危机是无法解决的”。为此，他们提出要用“绿色文明”取代工业主义的“灰色文明”，用“节俭社会”代替“富裕社会”，用满足必要生活资料的“适度消费”代替“满足无限制的欲望”的“高度消费”。“可持续发展”的理论框架基本搭建完成，并逐渐成为学术界共识。

“可持续发展”理论的提出，是人类社会发展理论的重大变革。其完整定义可以被表述为：“既满足当代人的需要、又不对后代人满足其需要的能力构成危害的发展。”它包括两个重要的概念：①“需要”，指人民的基本需要，应将此放在特别优先的地位来考虑；②“限制”，指社会组织应对环境满足眼前和将来需要的能力施加限制。

当代人类和未来人类的基本需要的满足，是可持续发展的主要目标，离开这个目标的“持续性”是没有意义的；但是社会经济发展必须限制在“生态可能的范围内”，即地球资源与环境的承载能力之内。可持续发展是一个追求经济、社会和环境协调共进的过程。因此，从广义上说，可持续发展战略旨在促进人类之间以及人类与自然之间的和谐。

1.2 绿色建筑的提出

可持续发展是全人类共同的理想，每一个人都有责任为维护人类的生存环境而奋斗。绿色建筑体系正是建筑界为了实现人类可持续发展战略所采取的重大举措，是建筑师们对国际潮流的积极回应。

传统建筑业的根本任务是改造自然环境，为人类建造能满足物质生活和精神生活需要的人工环境。但工业革命以后，人口激增与高度工业化带来了建筑技术的飞速发展。人类忽视了建筑与自然的关系，试图通过技术解决建筑中存在的所有问题，导致地球资源过度消耗、环境污染日趋严重。钢筋混凝土、钢框架结构、安全电梯的应用使建筑高度和城市体量突破过去的极限，但建筑活动产生的建筑垃圾造成了严重的环境污染；玻璃为地处温带的建筑带来了良好视野和采光，但同时加剧了温室效应和热量损失；空调系统的应用提高了建筑舒适度，使建筑进一步脱离了自然环境，但同时加剧了大气污染。

在环境压力的影响下，人们认识到传统城市发展模式、传统建筑体系是不可持续的。在建筑的发展和建设过程中必须优先考虑生态环境问题，并将其置于与经济建设和社会发展同等重要的地位，因此，思想敏锐的建筑师开始探索建筑可持续发展的道路。“绿色建筑”的概念便在这样的社会背景下应运而生。

1.3 绿色建筑释义

绿色是大自然中大多数植物的颜色，是生命的象征。植物吸收二氧化碳、产生氧气，自身能储存能量和物质，依靠自然因素维持生命运转，在生命周期内完全融于自然环境。“绿色”所指的便是取之自然又回报自然，实现经济、环境和生活质量之间相互促进与协调发展的文化。

“绿色建筑”将“绿色”与“建筑”进行融合，就是期望建筑也能具备与绿色植物类似的某些功能，使建筑与环境和谐共存。“绿色建筑”包含了建筑与自然环境之间关系的隐喻，即建筑犹如绿色植物对环境做出贡献，而不是对环境进行索取。

从这一视角出发，工业时代的建筑物或构造物对自然环境有一定的负作用，而绿色建筑的目标就是要中和这种负作用，甚至产生正作用，使建筑与环境形成更高层面的和谐。

1.4 绿色建筑的相近概念

与绿色建筑相近的概念包括节能建筑、零能耗建筑和近零能耗建筑、低碳建筑和零碳建筑、生态建筑、可持续建筑。这些概念侧重于建筑性能表现及影响的不同方面，但都围绕着可持续发展的主旨。

节能建筑与绿色建筑相比，范畴比较小，仅针对建筑能耗提出要求，是一个比较简单明确的概念，易于推广发展。各国往往通过推出强制性的建筑节能设计标准来设定节能建筑的门槛。

零能耗建筑是节能建筑的更高标准，是指不消耗常规能源的建筑。它在一般的节能设计基础上，要求完全利用太阳能及其他可再生能源来满足建筑的能源需求。由于零能耗的建筑较难实现，现实生活中近零能耗建筑更为多见。

低碳建筑和零碳建筑是在二氧化碳对气候变化的负面影响的理念基础上提出的，要求在建筑的设计建造、运营、管理和拆除的全生命周期中，提高能效，降低化石燃料的使用，从而降低二氧化碳排放。

生态建筑是借用生态学原理来看待建筑与周边环境所形成的体系（建筑生态系统），利用技术使物质、能源在这个建筑生态系统中达到自我循环，在营造舒适建筑环境的同时达到资源消耗和环境污染最小化的目的。

可持续建筑是与绿色建筑最相近的概念，绿色建筑就是可持续发展在建筑领域的体现，包含了更丰富的内涵。绿色这个词能够给人传达出更直观的感受，因此绿色建筑成为各国建筑业主导的发展方向。

基于区域环境、气候、资源和经济水平等因素的不同，世界各国对绿色建筑的定义并不一致，但有一点是共同认可的，即绿色建筑在规划、设计、建造和运营的各个阶段都要综合考虑能源利用、水资源利用、室内环境质量、建筑材料的选择以及建筑对周边场地的影响。

国际绿色建筑委员会对绿色建筑的定义是："绿色建筑是一种在其设计、建造或运营中能够减少或消除负面影响，并可对我们的气候和自然环境产生积极影响的建筑。"

美国环保署对绿色建筑的定义是："绿色建筑是在建筑的整个生命周期中，从选址到设计、施工、运营、维护、翻新和拆除，创建结构和使用对环境负责且节约资源的做法。这种做法扩展并弥补了传统建筑中关于经济性、实用性、耐用性和舒适性的考量。"

我国《绿色建筑评价标准》(GB/T 50378-2019)对绿色建筑的定义是："在全寿命期内，节约资源、保护环境、减少污染，为人们提供健康、适用、高效的使用空间，最大限度地实现人与自然和谐共生的高质量建筑。"

1.5 绿色建筑的研究内容

绿色建筑理论是一门交叉性学科，也是一门综合性学科。绿色建筑理论包括环境保护、能源利用与节约、水源利用与节约、耕地保护与节约、新型材料使用与节约、数字化开发与利用、人居环境研究等。

绿色建筑所涉及的专业项目众多，如科学规划、合理设计、智能开发、新型材料研制、材料节约、现代化施工、智能化管理等。绿色建筑营造可分为规划、设计、材料生产、材料采购、建筑施工、物业管理、废弃物管理等阶段。绿色建筑主要内容如图 1-1 所示。

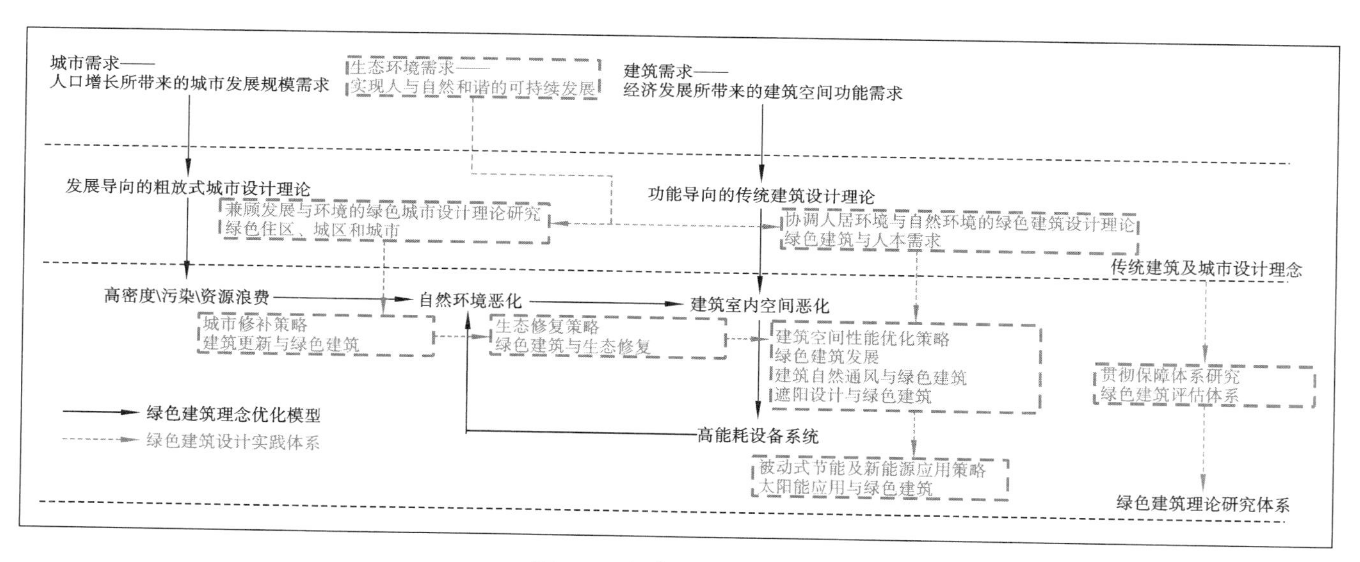

图 1-1 绿色建筑主要内容

我们可以将绿色建筑的研究内容大致分成三大体系：

（1）绿色建筑理论研究体系；

（2）绿色建筑设计实践体系；

（3）绿色建筑的评价体系。

1.5.1 绿色建筑理论研究体系

绿色建筑的理论研究涉及因素众多，是由生态环境、社会经济、历史文化、生活方式、建筑法则和适应性技术等多种因素相互作用、相互影响、相互制约而形成的综合体系，其理论研究深刻地反映了可持续发展的理念。绿色建筑的研究体系与传统建筑的研究体系具有本质的区别，它将生态环境作为新的变量引入到建筑学的研究领域中，其终极目标不再仅仅是实现人类的发展，而是通过绿色建筑使人类与自然形成和谐统一的共同体。

所以，绿色建筑并非一种建筑类型，而是一种底层的设计理念，是涵盖建筑设计、城市设计以及更大尺度的城市规划等建筑学的各个领域的完整体系。绿色建筑研究体系的主要研究对象是人工环境与其所在的自然环境之间的互动关系。

目前，绿色建筑理论研究体系主要由三部分组成。

（1）生态环境研究。其主要内容包括对土地、水、空气、能源等自然资源的研究以及对气候、环境特点等地域环境的研究等。

（2）建筑设计研究。其主要内容包括对建筑设计的相关活动、设计流程、建筑技术等方面的研究。

（3）社会经济研究。其主要内容包括对社会以及人的需求、人的需求与生态需求之间关系的研究。

传统的建筑体系目标是建立一个基于人类发展需求的，凌驾于自然界之上的人工环境。在这样一种建筑研究体系中，满足个人以及社会的发展需求是第一要素。这种营建过程以大量消耗自然资源和大量排放废弃污染物为特征，是一种典型的“粗放式”发展模式。

绿色建筑体系以维护生态平衡、保护人类生存环境为目标，其核心就是按照生态原则调整人类的行为模式。人们应对自身进行重新定位，将自身作为生态系统的一部分，意识到建筑系统作为一个次级系统依存于地域性的上层环境，是生态系统中连续的能量与物质流动的一个环节和阶段。

1.5.2 绿色建筑设计实践体系

绿色建筑设计实践体系是基于绿色建筑理念，顺应自然，结合绿色建筑技术进行的建筑设计，其目标是通过建筑设计实现人与建筑、环境之间的和谐稳定。设计原则如下。

（1）系统协同性原则。绿色建筑是建筑与外界环境共同构成的系统，具有一定的功能和特征，构成系统的各相关要素需要协同作用以实现高效、可持续的实施和运营。绿色建筑是在建筑运行的全生命周期过程中，多学科领域交叉、跨越多层级尺度范畴、涉及众多相关主体、硬科学与软科学共同支撑的系统工程。

（2）地域性原则。应密切结合所在地域的自然条件、经济状况和人文特质，因地制宜地制订与地域特征紧密相关的绿色建筑评价标准、设计标准和技术导则，选择匹配的技术。

（3）高效性原则。绿色建筑设计应着力提高在建筑全生命周期中对资源和能源的利用效率，以减少对土地资源、水资源及不可再生资源和能源的消耗，减少污染排放和垃圾生成量，降低对环境的干扰。

（4）自然性原则。在建筑外部环境设计、建设与使用过程中应加强对生态系统的保护，避免和减少对生态系统的干扰和破坏，尽可能保持原有生态基质、廊道、板块的连续性；对受损和退化的生态系统采取生态修复和重建措施；对在建设过程中造成生态系统破坏的情况，应采取生态补偿措施。在建筑室内环境调控设计中，采用适宜的措施引入自然要素。

（5）健康性原则。绿色建筑设计应通过对建筑室外环境营造和室内环境调控，构建健康的建筑热、声、光和空气质量环境。

（6）经济性原则。基于对建筑全生命周期运行费用的估算以及评估设计方案的投入和产出，绿色建筑设计应提出有利于成本控制、具有经济运营现实可操作性的优化方案，进而根据具体项目的经济条件和要求选用技术措施，在优先采用被动式技术的前提下，实现主动式技术与被动式技术的相互补偿和协同运行。

（7）适应性原则。建筑设计应充分考虑技术更新、持续进化的可能性，并采用弹性的、对未来发展变化具有动态适应性的策略，为后续技术系统的升级换代预留操作接口和载体，保障新系统与原有设施的协同运行。

1.5.3 绿色建筑的评价体系

20 世纪 90 年代以来，许多国家和地区制定和发展了各自的绿色建筑标准与评价体系，例如，英国的 BREEAM 体系、美国的 LEED 体系、加拿大的 GBC 体系、澳大利亚的 NABERS 体系和日本的 CASBEE 体系等。目前这些绿色建筑评价体系多为民间机构推动下的市场化运转，其中，以美国 LEED 体系商业化最为成功，而日本的 CASBEE 体系则是已经在名古屋、大阪等城市进行了试点推广。

在科技部国家十五科技攻关课题“绿色建筑关键技术研究”的支持下，清华大学建筑学院联合建设部科技发展促进中心、北京市可持续发展促进中心、上海建科院和深圳建科院等单位开展了“绿色建筑规划设计导则及评估体系”课题的研究，结合中国国情，确立了中国绿色建筑评估体系的原则。

绿色建筑评价体系共同关注的评估内容主要包括：减少二氧化碳排放，减少（或禁止）可能破坏臭氧层的化学物的使用；减少资源（尤其是能源、水资源、土地资源）的耗用；实现材料回收和再利用、垃圾的收集和再利用；创造健康舒适的居住环境（重点为室内空气质量、自然通风、自然采光和建筑隔声）等。

如何将绿色建筑标准与地域条件结合起来，这是绿色建筑发展需要解决的重要问题。

1.6 绿色建筑的研究价值

绿色建筑理论是研究基础建设与自然环境的和谐统一问题，并揭示基础建设运作过程中的作用和发展规律的科学。它在经济建设中具有很重要的作用，表现在推进社会发展、抑制环境恶化、促进科技发展和提高能源利用效率等几个方面。

（1）绿色建筑理论具有推进社会发展的重要研究价值。绿色建筑的发展遵循可持续发展原则，体现绿色生态平衡理念，实现建筑规划合理、资源利用高效循环、建筑功能灵活多样和人居环境健康舒适的目标，以能源的可持续发展和有效利用来保障社会发展。

（2）绿色建筑理论具有抑制环境恶化的主体地位。近年来，基础建设与自然环境保护矛盾日益激化，如何缓解矛盾，发展节能省地型建筑，解决占地大、耗能高、污染重、质量差等问题，既能保持经济发展，又能保护环境，这正是绿色建筑创新理论研究的主要课题。

（3）绿色建筑理论属于自然科学领域，着力研究节能的先进技术和管理经验，解决能源利用率低、环境污染加剧等诸多问题。研究、完善绿色建筑理论对促进科技发展有着十分重要的意义。

1.7 我国绿色建筑实践

我国绿色建筑产生了许多代表性的作品，这里选取部分案例进行简要分析。

1.7.1 浙江省长兴县回龙山幼儿园

长兴县回龙山幼儿园位于浙江长兴县回龙山新区溪源路一侧，基地地势平坦，地块狭长，南向面宽窄，用地十分紧张。较为局促的场地成为活动场地布置的最大障碍。为了尽可能多地获得南向集中户外空间，设计团队将多个公共活动空间集中布置在一个二层的方盒子中，通过该空间串联各个班级活动单元体，不仅有效利用了场地，获得了充足的南向活动空间，同时屋顶也可作为班级户外活动空间。幼儿园外观如图 1-2 所示。

图 1-2 长兴县回龙山幼儿园

集中布局的空间虽然节约了用地，但同时带来进深加大、采光通风不利等问题。结合日照模拟分析，将西北角局部降低一层以满足后排单元体日照需求，如此就形成了屋顶平台和对角窗，这个形体操作为大进深的方盒子解决了采光通风问题，并成为空间品质创造的关键操作。其中一个角窗的光线来源于屋顶平台，另一个角窗的光线来源于音体活动室抬起的屋顶带来的间接自然采光。两个角窗加强了空间之间的渗透和联系，幼儿在活动的同时能够感受到其他空间小朋友的存在，消除孤独感。

在对角窗的基础上，设计团队进一步组织公共空间布局，将音体活动室布置在东南角以获得最多的日照，而将日照要求较少的绘画室和阅览室布置在偏北的部位。游戏室与绘画室共享通高空间，通高空间朝南，可让游戏室充满阳光，而绘画室则由通高空间间接获得光线，建筑室内空间如图 1-3 所示。音体活动室和中庭仍存在进深较大、采光通风不理想的问题，阅览室存在中心部位照度不均的问题。设计团队结合计算机模拟分析，采取了 3 个形式优化策略。

图 1-3　建筑室内空间

（1）“抬起的屋顶”。精心设计的屋顶既优化了音体室的采光与通风，同时又创造出儿童画廊空间和屋顶看台空间。当室内需要通风时，管理员在屋顶活动平台上可以手动开启带形窗户，并不需要安装电动开启扇。在 BIM 模型基础上，结合 Fluent Airpak、Daysim 软件优化音体室的通风和采光设计。当屋顶抬起后，音体室的采光和通风状况均有明显的改善，通风次数从 1.75 次 /h 增加至 4.2 次 /h，既可带走多余热量，同时也提高空气质量。

（2）“两个错位排列的天窗”。两扇天窗被布置在中庭处，蓝色天窗照亮了中庭底层游戏空间，黄色天窗为二层回廊补足了光线，由管理员从屋顶活动平台手动开启。天窗的位置和开口大小可通过计算机分析确定，保证了中庭柔和明亮的采光效果和良好的通风。建筑室内通风设计如图 1-4 所示。

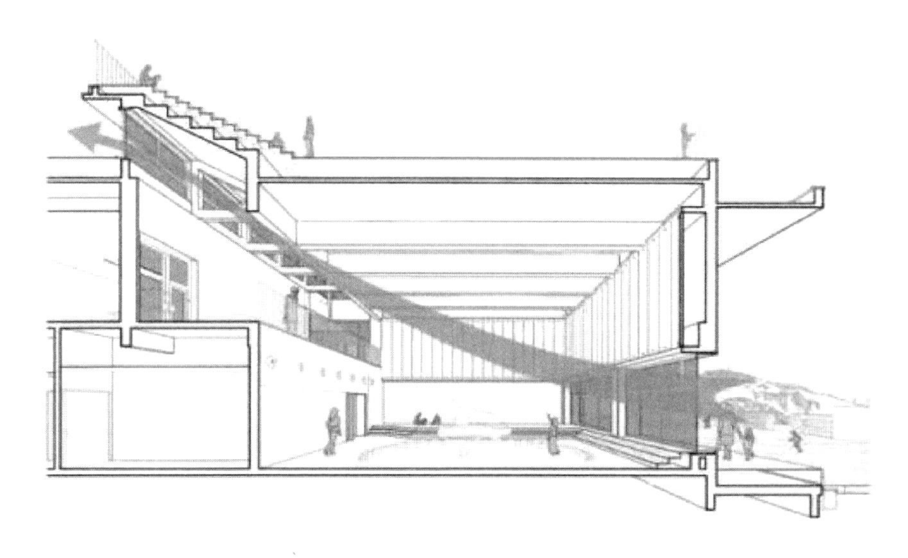

图 1-4　建筑室内通风设计

（3）“看得见的天窗”。这扇天窗让儿童阅览室成为一个温馨宜人的空间，阅览活动围绕天窗布置，光线柔和充足，气氛轻松愉快，寓教于乐。天窗可让屋顶平台玩耍的小朋友看到阅览室。建筑剖面如图 1-5 所示。

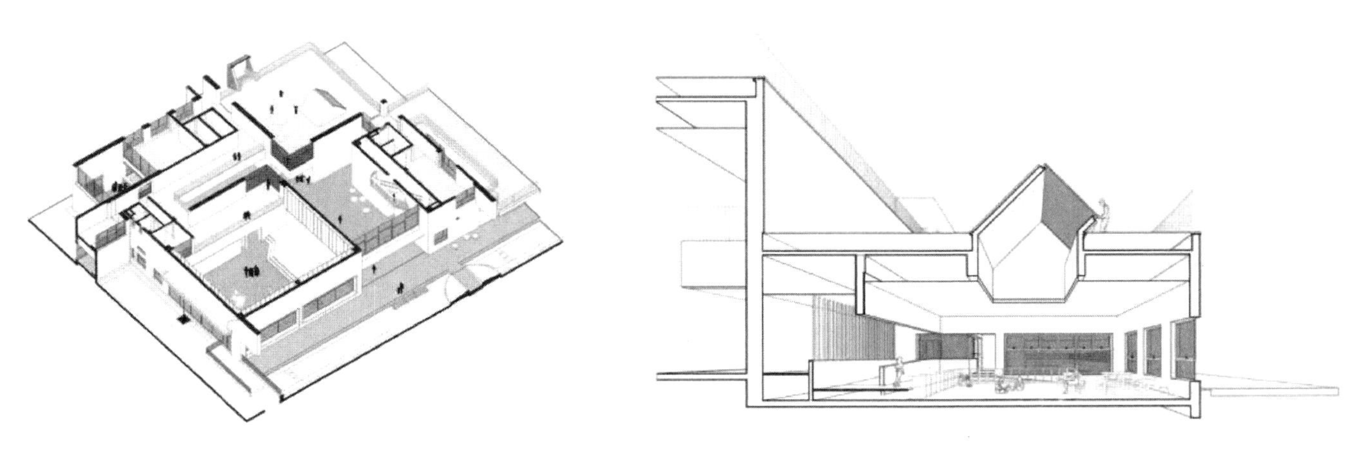

图 1-5　建筑剖面

建筑师在设计之初就将回应气候的被动式绿色元素融入创作之中，最终实现了绿色元素与建筑空间品质的整合，为儿童创造了一个充满光线的欢乐场所，这正是绿色建筑设计的价值取向。

1.7.2　清华大学南区学生食堂

清华大学南区学生食堂项目坐落在清华大学南北干道学堂路与东西干道至善路的交叉口。用地三面临路，一侧面向广场，是校园中心区的重要公共空间节点。建筑功能复杂，地上包括了南区学生食堂、教师餐厅、学生职业发展指导中心，地下有全校的冷库和食品初加工车间，建筑面积 21000 m^2。

该项目的主持设计师——清华大学建筑学院宋晔皓教授力求通过建筑设计，达成可持续设计目标，充分利用自然的通风、采光，表达对自然环境中可再生能源的尊重。宋晔皓教授认为，可持续设计不仅是对能源和材料的关注，也是对场地资源整合、自然环境共享、公共资源统筹及优化配置的人文关怀。

从环境上说，能够保留场地内的原有物种群落，是设计者的第一步考虑。在清华百年校园里，树木的寿命往往超越建筑。校园建筑在不断地更新，场地内的原始地形，西北角标志性的绿化草坡，东南角粗壮繁茂的法国梧桐，却是要作为场所的文脉和几代人的集体记忆被保留和尊重的。为保证东南角的梧桐树在施工过程中安全存活，建筑师在此处的外轮廓做了 5m 的退让，并结合建筑体型的凸凹变化，在首层设置了树下咖啡平台，二三层设置了绿荫观景阳台，变被动为主动，让建筑融入梧桐树营造的自然意境中。

该设计通过可持续设计策略改善公共区域的舒适度，并降低能耗和运营费用，以此保证公共资源可持续使用的属性。公共中庭顶部的 7 个椭圆形天窗为室内带来充沛的自然光，在节省照明能耗的同时，让室内环境更亲切宜人。为避免夏季过热，每个天窗顶部侧壁均设通风口，以便利用通高中庭空间的热压通风。为了让形态自由的天窗易于施工、使用和维护，设计师对天窗的设计进行了细致的研究:①异形窗洞与常规矩形玻璃采用嵌套组合设计；②天窗的尺寸控制在工厂加工的单扇玻璃最大尺寸范围内，避免接缝处理；③天窗侧壁设置手动的垂直开启扇，以便实现夏季中庭自然通风。

建筑在东西方向的整体进深超过 40m。为改善公共区及南侧职业发展指导中心办公区域的自然采光及通风，建筑师在建筑中庭南侧设置了屋顶庭院，并在庭院地面均匀设置了 12 个屋面天窗，为底部多功能大厅引入自然光。天窗为圆形深窗洞，为首层大厅带来了更为柔和的自然光，高起的窗井可在屋顶庭院手动开启，以便大厅自然通风。屋顶庭院可用于举办各类社团及学术活动，最大化地发挥校园公共资源的作用。建筑采光及人流分析如图 1-6 所示。

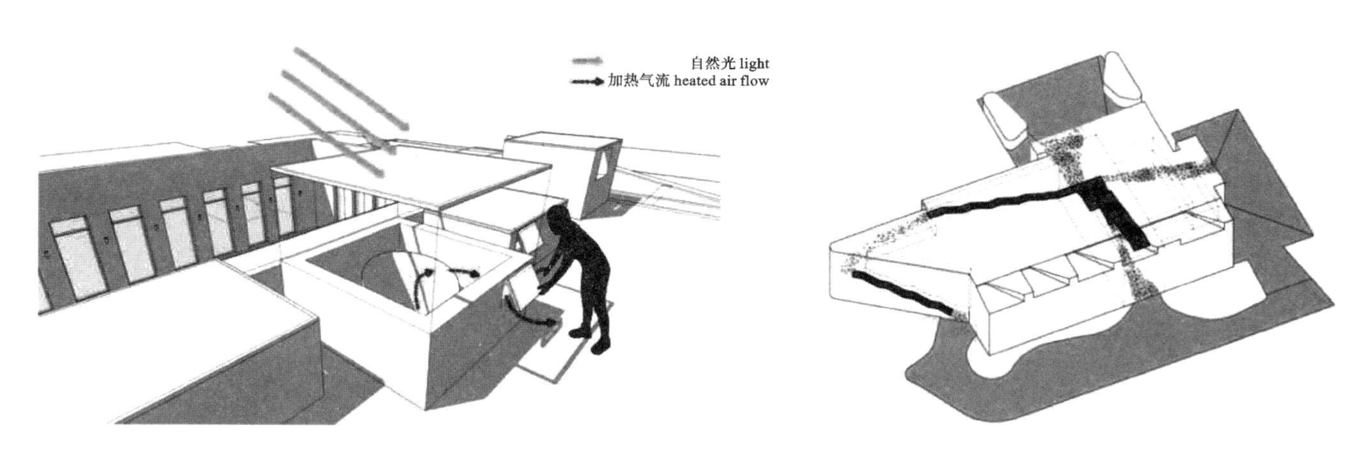

图 1-6　建筑采光及人流分析

东侧和西北侧的直跑楼梯，则在贯通建筑室内立体街道的同时，形成了缓冲空间。西北楼梯的缓冲空间成为西北侧餐厅区的热工围护双层皮空腔。建筑剖面及通风示意如图 1-7 所示。东侧的楼梯缓冲空间将各层食堂的后厨区与户外广场、街道、相邻的宿舍楼隔离开。后厨的设备管道设计避免以常规的排烟排风方式影响校园公共景观。清华大学南区学生食堂外观如图 1-8 所示。

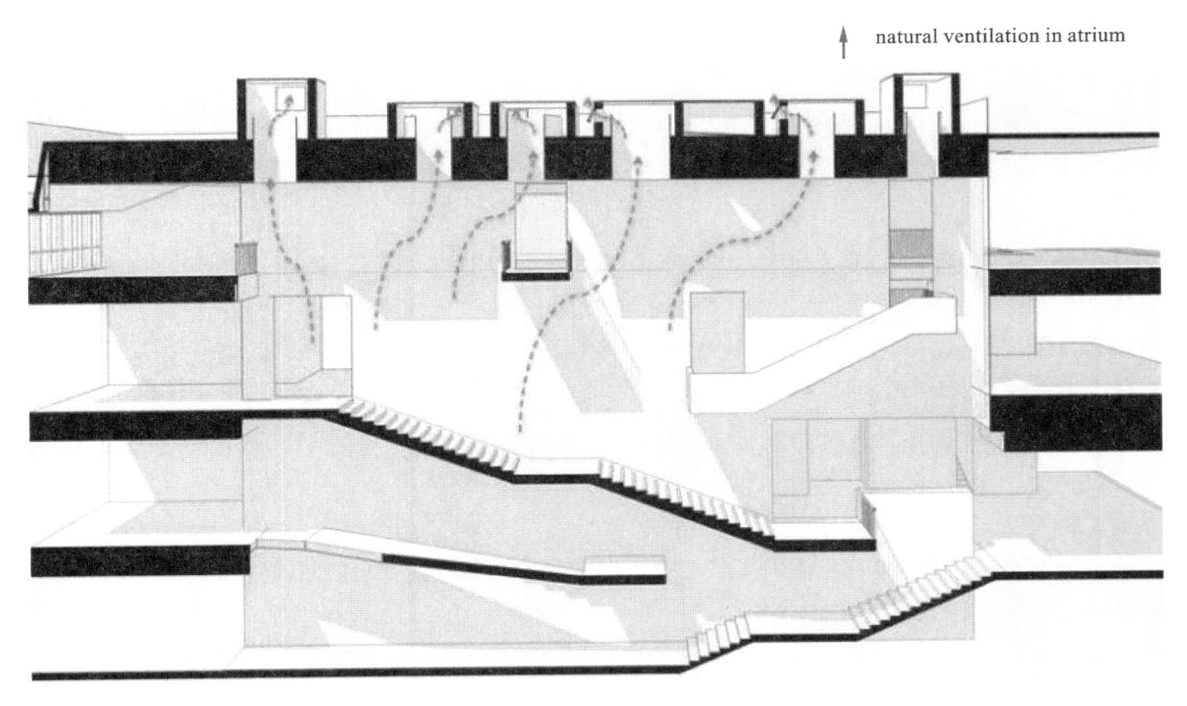

图 1-7　建筑剖面及通风示意

图 1-8　清华大学南区学生食堂外观

1.8　绿色建筑代表人物设计思想及作品简介

1.8.1　托马斯·赫尔佐格

在对生态建筑的基本认识上，国内外建筑师有着大致相同的观点。托马斯·赫尔佐格（后文简称赫尔佐格）认为，未来的建筑师必须同样重视技术和自然，资源的维护和建筑结构的新发展必将为建筑师提供真正的创新机会。另外，这种新的建筑尝试需要由物理学家、工程师、医务工作者、生物学家和材料学家紧密合作来进行，在这种合作中，技术和美学不再矛盾。

1999年在北京举办的第20届世界建筑师大会期间，赫尔佐格提出“建筑与能源——回归根源、迈向起点”。他提到了未来建筑设计的方向，也表达了他的设计理念。建筑是一个复杂的系统，是一个完整的统一体，如果希望在将来的建设原则中继续保持建筑的文化特性，在现有的建筑群落中继续发展建筑的文化特性，就应该从结构和美学两方面入手，将新型太阳能技术融入建筑设计，使其成为建筑设计的重点。

赫尔佐格认为，对可持续发展问题的关心属于建筑师的职业道德。欧洲有近一半的能源用来维持各种建筑的运行；而用于交通的能源（占总能源的四分之一）也受到城市规划的影响。显然，便捷的交通对节约能源极有帮助。在这样的环境中，可持续设计可以被定义成一种工作方法，目的是保护我们有限的自然资源，尽可能地使用可再生的能源形式，如太阳能。

赫尔佐格认为可持续设计牵涉很多方面，如建筑材料的选择、运输和加工建筑材料所需要的能源、建造的过程和方法、建筑的热学表现、建筑生命周期中的运营管理费用、建筑的可适应性（影响建筑的生命周期）、建筑管理的水平、建筑构件的可重复使用性等。目前最主要的问题还是在于降低建筑的能耗，而对这些问题的考虑将会影响建筑的形象。只有当美丽的建筑对我们的环境做出贡献时，它才是成功的。

赫尔佐格认为，所谓生态建筑其实并无统一或符号化的固定格式，也并不是简单的对于绿化和阳光的追求，其真正的目的是节约地球资源，保护生存环境。因此在生态建筑设计中，设计者应该从建筑的材料、形式等各个方面结合本土实际气候、地理位置等情况，进行有效整合，以达到节约能源与资源的目的。也就是说，每一个生态建筑都必须独立设计，不能雷同。比如处于同一街道两幢相距不过百米的大楼，应该根据其周围环境的差异，分别进行设计规划，因为很有可能一幢大楼附近存在着会遮挡直射光线的建筑物，而另一幢则没有此类情况，那么这两幢大楼的外立面对于光线的调节反应就有了区别；如果设计相同，设计就达不到使它们各自最具生态化的效果。

赫尔佐格认为，在生态建筑中有三个因素必须考虑，那就是可调节建筑外立面的设计、城市规划的相互交融性以及有效利用新技术进行仿真模拟和新材料的开发运用。对此，他解释，如果要有效调节一幢大楼室外和室内的光、冷、热等因素，外立面起到的作用是必不可少的。以上三个因素是建筑师们在设计生态建筑中应该注意的部分。

赫尔佐格对于可持续设计、生态建筑以及生态建筑设计目标有着深刻理解。他在设计实践中始终坚持着自己的风格和方向，在明星云集的建筑领域脱颖而出，受到全世界的瞩目。

1. 雷根斯堡住宅

雷根斯堡住宅是太阳能建筑的里程碑。1978年，太阳能利用已经成为一个重要的课题。木材是一种可再生材料，并且当地盛产木材、太阳能丰富。该住宅的基地被绿树环绕，而它的周围是一些建于20世纪50年代的多层建筑，地面标高低于街道水平面2m，有一条小溪从旁边流过。

根据以上情况，赫尔佐格所考虑的是如何使建筑与有生命力的自然环境形成对比，如何使建筑与自然之间达到能量平衡，如何实现建筑对太阳能的直接利用，以及如何使木材与工业化的生产体系结合起来等。

为了达到以上目标，赫尔佐格与景观建筑师、生物学家和物理学家通力合作，对木材和玻璃结构及构造、夏季植物对轻型玻璃结构的遮挡效用以及建筑外皮的动力控制进行了深入研究。在设计最初，赫尔佐格设想将这个住宅的南侧设计为一个单坡的温室形式，根据温度状况，温室空间可以和主要的生活空间连接或隔离。这个概念一提出来，他就尝试着用大尺度的模型去理解整个空间和构造上的效果。当建筑的基本设计概念确定以后，赫尔佐格开始和艺术家温滕博恩一起探讨，最后将温滕博恩的作品“树与阴”的理念运用到这个建筑中。场地中尽可能多地保留了当地的树木，在顺应生态条件的同时，为人们提供了荫蔽。

为了使建筑与这些有生命力的自然环境形成对比，赫尔佐格设计了一栋结构简洁的住宅。无论是室内还是室外设计都充分考虑了几何美学特征。屋顶以倾斜玻璃顶的形式一直延伸到地面，南面的阳台和温室起到温度过渡区域的作用。这些空间并不是建筑的附加部分，而是整体布局中不可缺少的部分。外在的设计反映了与功能要求的一致性：对太阳能的直接应用，以及创造内部空间与精心设计的外部空间之间的联系。较高的透明度可使人们感受由室外转化为室内的过程。可滑动的分割也给建筑带来了意想不到的变化可能性。建筑由大面积的玻璃覆盖，这意味着在建筑内部可观察到狂风、细雨的天气变化，而雪后整个别墅被覆盖，看不到外面的景色，直到积雪沿着大面积的玻璃表面滑落，在此过程中也顺便清洗了玻璃。

在木骨架的构造处理上，赫尔佐格采取一种三角形断面设计，它由层叠胶粘在一起的软木构成，这是一种有效抵抗风力的支撑形式。雷根斯堡住宅室内风环境示意图如图 1-9 所示。鉴于当地水位较高，别墅被支撑在地面以上。高绝热外墙背部的通风外皮使用的是俄勒冈松板。这些技术和构造细节被刻意显露出来，并且被整合到建筑的几何秩序中，形成了独特的美学效果。雷根斯堡住宅外观模型如图 1-10 所示。

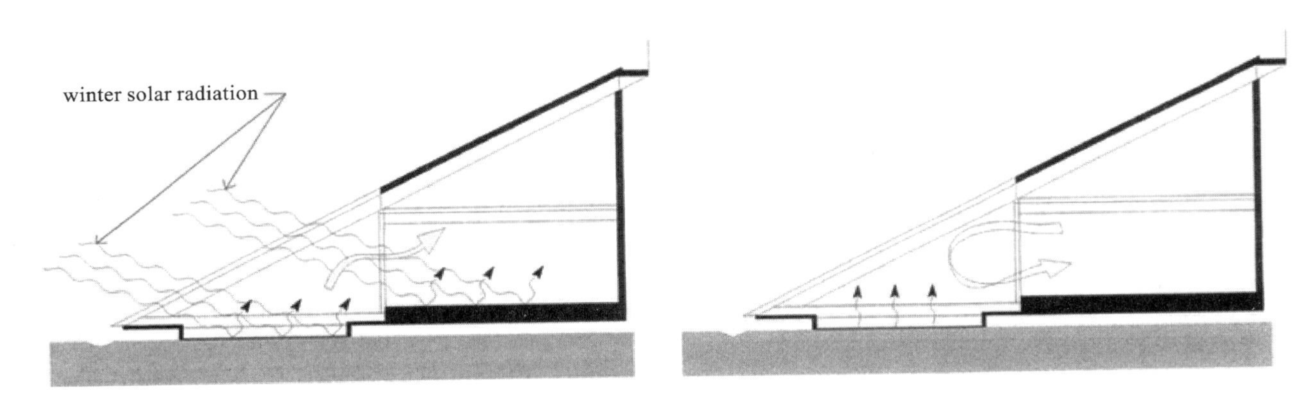

图 1-9　雷根斯堡住宅室内风环境示意图

图 1-10　雷根斯堡住宅外观模型

1997年，以雷根斯堡住宅的设计研究为标志，赫尔佐格的“玻璃之翼”的特点初步形成。雷根斯堡住宅的建筑形式和外表设计受到了“被动式技术”的影响，例如朝南倾斜的三角形体量有利于充分利用太阳能，而北侧又与南侧有不同的建筑处理等。按现代的标准来衡量，雷根斯堡住宅不再被认为是低能耗建筑，但在当时，它的能耗是相同造价的独立住宅平均能耗的一半，并且很好地解决了大面积使用玻璃的房屋的降温问题。

2. 林茨设计中心

林茨设计中心的业主是林茨的市政局。林茨市长宣布将建设一个能够展示当地经济和地域文化的展览中心，以此来进一步发展城市的中心地区。这座建筑同时要为容纳宴会而准备，因此需要良好的温度稳定性。

在这个项目中，赫尔佐格面临的挑战是如何使大面积玻璃顶棚在提供优良的采光质量的同时，又不使室内温度在冬季时过低、夏季时过高。因为在传统的观念中，大面积的玻璃外墙或者玻璃顶棚都不利于建筑热量维持，如何通过合理的设计和使用，使这类建筑同样能达到很高的能源效率，就是该项目设计的出发点。

把空气的体积减到最少是赫尔佐格最初的设计目的之一。中心的室内高度限制在12m以内，但并非要求室内每处都达到这个高度，所以屋顶的结构被设计成一个扁平的、全部由玻璃表面覆盖的拱形结构。可承受荷载的钢梁架使屋顶跨度达到了76m，形成了一个204m×80m（长×宽）的室内空间。为了保证使用功能达到最大的灵活性，所有的展览和会议空间（可容纳650～1200人）都和一个公共的休息空间相连接。各个入口做了精心设计，使得同时前往不同地点的人流不至于混在一起。纵向通道沿两边设置，将不同的展厅和展示空间结合在一起。同样的，休息空间也被设计成了线性空间。由于划分这些区域的隔板是可以移动的，随着使用功能的变化，空间可以灵活地变化。

林茨设计中心大面积的展览区域由玻璃包围着。这一建筑以各种方法弥补了玻璃建筑的热稳定性差的不足。赫尔佐格要解决的问题是如何保证展示区高标准的采光质量，却又不以牺牲室内热舒适度为代价，同时也不增加额外的能耗。他通过与巴腾巴赫事务所合作解决了这一难题，他们将一种新开发的建筑构件用于透光屋面上。

这种构件将一种塑料格栅装配在屋顶面板上，通过复杂的反射、折射，保证只有来自北向的漫射光能够进入建筑，而把南侧的直射光屏蔽掉，这样就可以避免夏天室内产生过热的现象。这种光反射格栅厚度仅为16mm，覆盖有薄薄的纯铝作为反射涂层，置于屋顶双层玻璃之间，如图1-11、图1-12所示。格栅的几何划分是通过计算机程序确定的，其设计考虑到以下各项因素：太阳在不同季节的高度角和方位角；对建筑的遮挡和建筑的朝向以及屋顶的坡度。经过隔热处理的钢结构构件用于减少太阳光穿过建筑表层的热损失。

除了热工和光照方面的设计，还有一项特别的挑战，就是如何保证在这个扁平、大进深的建筑内有足够的空气交换。赫尔佐格在地板平面上设置了复杂的送风系统，新鲜空气从地板的小孔和大厅四周的通风孔进入室内，而室内经过使用的热空气根据热压原理升上屋顶。在这个加热过程中，空气通过圆管传送到一个热回收器中。一年中，废空气不停地从屋顶顶端的一个巨大的、连续的开口中逸散出去。这个开口配备有可关闭的、百叶式的通风板。为了保证在不适宜的气压下废空气仍能顺利地逸散，屋顶的顶端设计了一个阻流板式的封盖物。这个7m宽的构件内侧凸起，利用“文丘里效应”来保证室内空气的逸散。林茨设计中心的最终形式是通过风洞试验确定的。

图 1-11　林茨设计中心屋顶外观

图 1-12　林茨设计中心屋顶内部

3. 德国汉诺威博览会 26 号展厅

德国汉诺威是著名的贸易城市，经常举办各类大型的国际贸易博览会。汉诺威的贸易展览中心是世界上著名的永久性展览设施。这里每年涌来上百万的人群，大量的展览场馆也因此建立起来。国际贸易展区的面积达 200 余万平方米，拥有 26 座大型展览设施。在众多的展馆中，矗立在 Deutsche Messe AG 贸易展区内的 26 号展厅以其鲜明的个性和完善的功能成为这些展馆的代表，如图 1-13 所示。

图 1-13　德国汉诺威博览会 26 号展厅外观

赫尔佐格设计初旨在于提供一个在造型上独特、功能上灵活多变的展览建筑，同时这一设计要尽可能地体现生态建筑的理念，为周围环境的改善做出贡献，充分贴近 2000 年汉诺威博览会的主题“人、自然、技术”。这座建筑因为具有以下特征成为同类建筑形体的代表，这是赫尔佐格设计的另一目标。

（1）使用作为大跨度建筑理想形式的悬浮屋顶结构。

（2）以有代表性的形式在满足大面积展厅功能所需空间高度的同时，满足最大限度的自然通风，很好地利用了热气上升的原理。

（3）允许自然光进入大面积的建筑内，同时限制直射光的射入。明亮的光线被认为是展厅的重要品质。

这个展厅包括了两种区域：一是宽阔的、无柱的展览空间，以便展品灵活布置；二是展览空间之间的交通空间和服务区，这些附属设施被布置在了大厅周边的6个立方体中，可以避免对主体空间产生干扰。

造型上，充满动感的、波浪形的屋顶是建筑明显的标志。这一充满张力的屋顶结构不但在造型艺术上相当成功，同时也是能有效促进能源节约的环境控制系统。建筑的轮廓设计由两个因素形成：①张拉结构屋顶的形式原则；②内部小气候的自然控制和利用日光的需要。建筑屋顶由三个单元构成，最大高度为29m。锯齿形屋顶被转换成飞升的动势，规则配置的屋顶悬挂系统由三列铆钉连接的钢桅杆支撑，使得室内空间表现出很强的向上动感。

在材料的运用上，屋面板的材料选用的是木材和钢，在300mm×400mm的钢缆上铺木板构成。因为木材不仅是可再生的原材料，可以在工厂预制，便于现场安装施工，维护和更换起来也更容易；并且轻质的木板屋顶的隔热效果非常好。立面材料基本上由钢和镀膜玻璃构成。镀膜玻璃可以防止过度的热辐射进入室内。

这种用于展览会的大厅必须承受载重卡车的进出，因此它的地面和地下管道的强度非常高，每平方米可以容纳10吨的负载。为配合大型展品安置特别的基础以满足荷载要求，部分地面必须挖开。通过结构计算，在这样的荷载条件下，在地面开设满足自然通风所需要的开口将使建筑造价增加。其解决方法是：使新鲜空气通过高度4.7m的大通风口进入大厅，并沿着服务区的透明管道补充进来，气流向下均匀地分配于整个地面范围，与新鲜空气从地面开口进入建筑达到了同样的效果。通过建筑师和工程师对热流运动的仔细研究，巨大的室内空间中机械通风被减到最小。夏天新鲜空气被距离地板4m的玻璃管道吸入室内，冷空气下降，吸收室内人群、机械设备等的温度后变热而上升，最后从锯齿形屋顶的开口自然排出。空气的回流则被可调节的翼片所阻挡，翼片安装在屋脊上，可根据外界风的方向调整。在冬季，将事先加热过的空气直接通过管道送入室内。建筑风环境及光环境设计如图1-14所示。

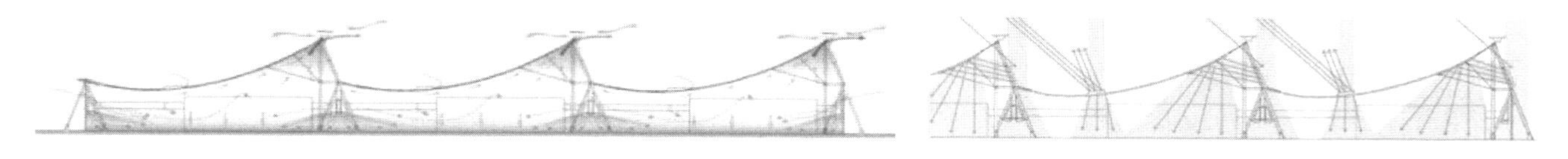

图1-14 建筑风环境及光环境设计

4. 德国贸易博览会公司办公楼

在20世纪70年代能源危机时期，许多建筑师建议把摩天楼和大型建筑的全玻璃幕墙改成小一些的密封窗。人们设想，使采暖和制冷能量不散失到室外就可以减少用电量。然而这导致建筑过分依赖于机械空调和人工照明，室内空气质量恶化。当然，这其中也有例外，如赫尔佐格就成功地解决了建筑物的日光照明问题，用既能透气又能降温隔热的双层窗来解决自然通风问题。现在，自然通风和照明的建筑策略已经成为诸多建筑师的共识。

赫尔佐格设计的出发点是：空间与功能相结合，结构形式与能源理念相互协调，对环境资源的合理应用，结合建筑物理知识，实现一个“可持续发展”的建筑，并最大程度地满足办公建筑的灵活性。

在这座高层办公楼建筑设计中，赫尔佐格开发了一种以预制为主的结构系统，从而减少了浩大的现场施工量，包括预制柱子、用于窗和通风道的预制装配构件以及预制混凝土墙板。建筑采用双层幕墙通风系统，一个高起的通风塔驱动室外空气通过窗户流入建筑，使室内空气根据不同的需求升温或是降温。

除了环境方面的相关问题，工作空间的高品质和使用的灵活性仍是首要考虑的问题，这可以使建筑能够在很长一段时间内适应办公场所的要求。

大楼的平面布局为一个 24m×24m 中心工作区以及包括辅助性空间的交通出入核心区。这保证了这座 20 层高的大楼在使用上有巨大的灵活性。三层高的入口大厅之上是 14 层专用于办公的空间。大楼顶部是会议和讨论的空间，其中有一层用于公司的管理部门。每层楼根据需要可划分为开放式的、组合的或独立单元的办公室，每个工作区都可得到相似的空间质量。大楼外形与轴测图如图 1-15 所示。

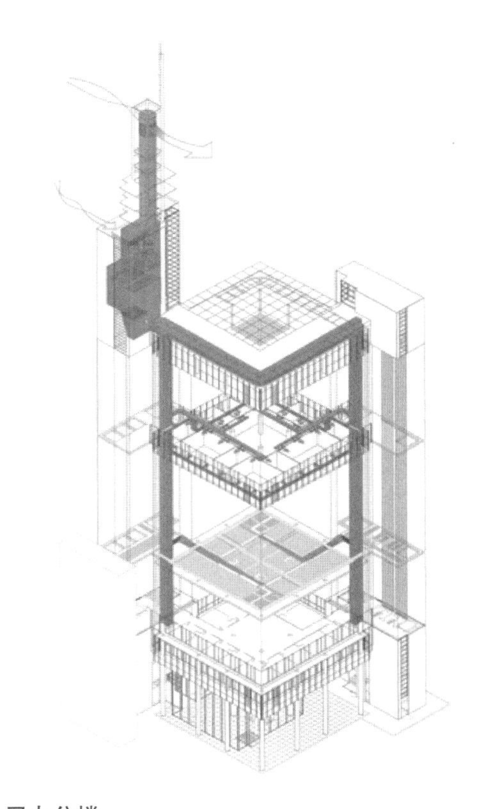

图 1-15　德国贸易博览会公司办公楼

办公区域的双层立面有如下优点。

（1）外层的玻璃表面阻挡了高速的气流，起到屏障作用，由此保证了建筑物的自然通风。

（2）遮阳板可以以一种简单的方式安装在外立面的背后，这样能保护遮阳板，并易于进行维护和清洗。

（3）双层表面之间的狭长空间形成温度缓冲层，并且双层玻璃具有高保温性，有助于减少内部表面附近的日光直射影响，并增加了内部空间的舒适感。

（4）采用悬臂结构的钢筋混凝土楼板，从其防火性能考虑允许按楼层的高度设置玻璃构件，并作为大楼立面的构造形式。这也有利于最大程度上开发利用日光，并创造出内部空间的宽敞感觉。

（5）外部的表皮使用了具有隔热效果的双层玻璃，这意味着楼板的悬臂部分不必因热工方面的原因与主体区域相隔离。另外，将承重柱置于双层立面的中空部分，这样承重结构就不会对功能性的楼层空间产生影响。

1.8.2 杨经文

杨经文 1948 年生于马来西亚槟城，是马来西亚第三代华裔。杨经文的祖父原是中国广东的一个木匠，早年从广东来到马来西亚，祖父对杨经文的影响还是相当大的，杨经文功成名就之后经常说自己实际上就是一个匠人。

在剑桥攻读博士的四年里，杨经文确立的研究方向对他今后的设计道路产生了巨大的影响。他的博士论文题目是《一个在建成环境的设计和规划中将生态思考融汇进来的理论框架》，后来他出版的著作《联系自然的设计：生态设计基础》就是以这篇论文为基础的。

成为建筑师之后，杨经文在生态设计的方向继续研究，其著述之多令人惊叹。从 1981 年起，杨经文出版的论著和编写的书籍已经有 11 本之多。除了两本是关于马来西亚的建筑以外，其他的都是关于生态设计方面的。可以看到，在以博士课题研究为开端确立了研究框架之后的三十年里，杨经文将生态设计的思想运用到热带城市设计、热带建筑设计（特别是绿色高层建筑设计）等方面。他的整个研究路线是执著而清晰的。1986—1987 年，他出版了《热带城市地区主义》《热带骑楼城市》。

在此之后，杨经文的重点就转向了高层建筑的生态设计领域，这是由于高层建筑对能量和资源的消耗大，但又是现代社会要建造的主要建筑类型。因此，杨经文认为有必要探讨这一建筑类型的生态设计问题。2006 年，杨经文出版了《生态设计手册》。该书运用了大量的图解和有深度的研究来告诉人们如何通过规划、设计、建造和使用绿色建筑和产品来实现可持续发展的目的，为设计师们提供了一整套的设计策略。这些策略包括：如何在建筑设计中利用不可再生资源；如何选用绿色材料；建筑在拆除之后如何使大部分材料可以降解或回收再利用；如何使建筑与生态环境的关系成为良性的、友好的，把不利的影响降到最低。这本书告诉人们，在创造生活的过程中，应结合生态设计的理念，建立以生态价值观为基础的生活方式，达到环境可持续性发展的目的。杨经文还阐述了关于生态建筑的美学和生态设计的未来等方面的问题。

尤为可贵的是，杨经文的理论探讨并非只是纸上谈兵，他在马来西亚进行了多个建筑项目的设计实践。其理论研究的出版物都是英文文献，在国际建筑界得到传播。生态设计的理念与当代追求环境可持续发展的大背景不谋而合，杨经文的探索引起了国际建筑界的广泛注意。

1.ROOF ROOF 住宅

杨经文首先是在自家的独立式住宅（ROOF ROOF 住宅）中进行了生物气候学试验。杨经文说，他从马来西亚的传统庙屋中获得启示，因为庙屋有包括遮雨和阻挡入侵者的百叶等多层过滤设施，他将外墙设计成具有过滤功能的形式。从外形来看，它并没有对马来民居进行建筑形式上的模仿，更像一座盖了一把雨伞的柯布西耶式的现代主义建筑，如图 1-16 所示。

图 1-16　ROOF ROOF 住宅

在这个设计中，杨经文的基本出发点是把这个建筑设计成一个“环境过滤器”。通过在独立式住宅的平屋顶上加一个伞状的百叶屋顶来达到遮阳、遮雨、通风、纳凉的作用。他认为，热带建筑的作用就像一把伞，在遮阳避雨的同时，让风穿过使人感到清凉。通过建筑设计引导风穿过水池降温，起到自然空调的作用。住宅内部还有一个空气通道，这条通道上控制空气流通的阀门是格栅、玻璃门、百叶和后面的玻璃。这些元素都可以根据当时的天气打开或关闭，以此调节建筑中的小气候。

2. 梅纳拉大厦

梅纳拉大厦是杨经文将生物气候学运用于高层建筑的代表作。这栋建筑建成于 1992 年，1995 年获得阿·卡罕建筑奖。梅纳拉大厦高 15 层，是 IBM 公司马来西亚代表处的办公大楼，大厦外观如图 1-17 所示。杨经文将被动式节能方式与主动式能源方式相结合，将高层建筑的垂直交通系统放在东部以遮挡曝晒，西边则采用不同层的平台、遮阳的百叶、外伸的翼片来防晒。杨经文对电梯筒的不同朝向对节能影响有具体的分析计算。他为每层办公空间设计了空中平台，可以配置植物形成空中花园，这为办公人员创造了良好的休息环境。这些空中花园在带来绿化和生态效益的同时，也为以人为本的环境设计创造了条件。

空中平台是以顺时针盘旋而上的，为这个圆形建筑带来了独特效果。

底部三层用种满植被的斜屋顶来覆盖入口大厅以及地下停车场。建筑顶部有钢结构和铝合金构成的遮阳棚，既可以遮挡顶层过强的阳光，又可以为未来安装光电蓄电池留下空间。大厦相应设计细节如图 1-18 所示。对此，英国的艾弗·理查兹教授评论道：建筑的最终形式来源于纯粹的设计原则和几何构图，没有任何痕迹显示它受到实用型建筑外观形式或者马来西亚传统建筑形式的影响，它只是适应当地气候和地理位置。

图 1-17　梅纳拉大厦外观

图 1-18　梅纳拉大厦细节

3. 梅纳拉 UMNO 大厦

梅纳拉 UMNO 大厦是一栋 21 层高的建筑，底部 6 层为银行和停车场，其余楼层为写字楼，建筑外形如图 1-19 所示。对气流和太阳轨迹进行研究是杨经文的一贯方法，设计时运用自然通风来节省空调系统的耗能，而对气流的研究在这个设计中尤其突出，该建筑的外形也明显表现出空气动力学对建筑美学的影响，这成为杨经文设计造型的新的来源。

图 1-19 梅纳拉 UMNO 大厦

针对当地的主导风向，杨经文设计了导风的翼型墙体，从进风口导入的气流通过专门设计的平台，这些平台发挥类似“空气锁”的气囊作用，配合可开合的落地门引入自然风。在热带气候中，通风是给人体带来舒适性的重要条件。在建筑中，流动的空气可以加速人体汗液的蒸发，所以在湿度较大的时候，风速对人体舒适性的影响是相当大的。翼型墙体的导风作用原理是在气流与建筑呈夹角的时候，位于建筑开口处的迎风翼型墙体可以产生一个压力梯度，与建筑开口结合起来形成一种类似气囊的作用，引导风流向建筑内部。设计这种翼型墙体需要了解当地的主导风向，结合建筑的平面进深和建筑的形态，运用风洞试验或计量流体动力学模拟试验（CFD）来验证，以此为依据来确定建筑开口的大小、翼型墙体的形态、建筑墙体的朝向以及内部平面布局等。在这个设计中，加迪夫大学的菲尔·琼斯教授采用 CFD 的模拟试验方法进行了专项研究计算，布莱登大学的杰恩·凯西姆和普特里·希林对自然光和遮阳进行了研究和计算，对该建筑西部幕墙立面的遮阳处理提出解决方案。这些专家的研究咨询为杨经文的生物气候学设计提供了更为坚实的科学依据，杨经文的生物气候学设计方法进一步发展深化。

4. 新加坡国立图书馆

新加坡国立图书馆新楼是杨经文在 1998 年参加的一项国际设计竞赛的中标设计。这个项目由新加坡图书馆委员会进行国际招标，在格雷夫斯·塞弗迪、日建设计等著名设计事务所参加的竞赛中，杨经文脱颖而出。杨经文的设计让业主看到了更多的可能性。业主的招标并没有提出要一个绿色建筑的设计，他们要的是一个城市标志。

杨经文的设计将建筑划分成两部分。东边建筑用于展览和文化活动，西边的建筑用于图书的收藏等。在这两者之间是一个高大的中庭以及一条从二者之间穿过的街道，街道由天桥连接。杨经文设计了一个有顶的广场，创造了一个公共开放空间。这个宽敞的、有遮阴的空间可以作为室外咖啡座，并为一些图书展售活动和市民的演艺活动提供场所。建筑外形如图 1-20 所示。

评审委员会对杨经文的设计所提出的创造市民公共空间的想法印象深刻。业主告诉杨经文，这个设计使他们重新思考图书馆所能发挥的作用。因此，1999 年该委员会把设计委托给杨经文。该项目 2001 年开始动工。2005 年 11 月建成开业，建筑造价是 2.04 亿美元，建筑有 6 层高，面积 70000m^2。

图 1-20　新加坡国立图书馆

该建筑的方位既避开日晒，又有利于主导风向。服务设施放在建筑的西侧以遮挡曝晒，东边建筑避免阳光直射，而且在外墙采用 low-E 玻璃的情况下，仍然在玻璃外侧做了数量充足的遮阳片。在导风方面，设计了宽度达到 6m 的导风翼板。建筑底层采用架空设计，空气的流通使建筑的冷却作用得到发挥，同样，南北向的有顶中庭能够吸纳主导风，通过在中庭屋顶上装置百叶，使得热空气可以对流出去。

在设计了大面积遮阳设施的同时，杨经文充分利用自然采光，减少对电器照明的依赖。该建筑安装了两套传感器来自动地调节室内灯光，以保证室内照度，并可以节约照明用电。在温度控制方面，杨经文同样运用了不同的温度控制策略。在阅读室、藏书空间和会议厅采用全空调方式和电气照明（主动模式），在底层的架空广场采用自然通风和自然采光（被动模式），在门厅和休息厅等过渡空间采用自然通风和机械通风混合的方式。

在这个建筑中，杨经文采用竖向绿化系统，总计有 6300m^2 的绿化空间。大多数楼层都有绿化的角落或退台，6 个空中庭院散布在建筑中。向自然学习、把有机物和无机物结合起来是杨经文设计的基本理念之一。地下层布置了一个花园，让阳光能够照到地下室。在建筑的第五层和第十层还设置了两个 15m 高的空中花园，里面种植了大树，还有弯曲的小径和可供人休息的长凳。出于环保和生态的考虑，该建筑由新加坡钢结构设计师布诺・哈泼德设计了钢结构。

1.8.3 诺曼・福斯特

诺曼・福斯特是世界著名建筑师之一。他是高技派的代表人物，但同时他也是生态建筑的领军人物。他运用生态学的原理，以高信息、低能耗、可循环和自调节性的绿色生态设计观念去创造一个生态节能的系统，通过“技术性思维”来改变传统的设计观念。诺曼・福斯特有许多作品，如德国法兰克福商业银行总部、柏林国会大厦、法国加里艺术中心、日本东京千年塔、英国伦敦市政厅、瑞士再保险大楼、中国香港国际机场、中国首都国际机场扩建工程等。他对生态技术的大胆使用，为他的建筑创作增添了极大魅力。本文在此以诺曼・福斯特的作品为出发点，阐述生态技术策略在建筑设计中的应用。

1. 德国法兰克福银行总部大楼

德国法兰克福商业银行总部大楼位于法兰克福市中心，建于 1997 年，高 298m，是当时欧洲最高的建筑物，也被誉为“世界上第一座高层生态建筑”，是生态建筑与高新技术相结合的典范。它将绿色生态体系移植到了建筑内部，既可以借助其自然景观软化建筑的硬质，达到与周围环境和谐共生的目的，同时协同机械调控系统，使建筑内部具有良好的室内气候条件和较强的气候调节能力，创造出生态宜人的建筑空间环境。

法兰克福商业银行总部大楼的平面呈三角形，标准层由 3 个花瓣形的形体围绕中庭构成。在任何一层平面，3 片“花瓣”中的其中 2 片是办公空间，第 3 片设计为花园，中庭则为自然通风道。这些花园设计有 3 层楼高，并环绕中庭盘旋错落上升，即沿建筑的三边交错排列，这一手法使得每一层都能获得很好的视野。花园根据方位种植各种植物和花草，南面的花园是地中海风情，西面的花园是北美洲风情，东面的花园则是亚洲风情。花园的设计将自然景观引入到了建筑内部，并与内部环境相融合，整个建筑由此形成了多个朝向不同的空中花园，营造出了令人愉快和舒适的“绿色”办公环境，避免了大面积连续办公空间的重复单调感。同时，空中花园的设计能够让自然光照射到办公室内，可以满足“所有的工作人员距离窗口小于 7.5 m”的要求。此外，办公区各部分既有适宜管理的尺度，又有足够的进深使周围的专用办公室能面对一个随意的内部空间，提供了一种促进相互交流的办公氛围。总部大楼外形如图 1-21 所示。

该建筑另具特色的设计是自然通风外墙。在一栋高层建筑里，完全采用开启的窗户进行通风会使机械系统失去平衡，甚至一个微小的开口都能吸入空气，使表面形成一个大旋涡。为了能够达到自然通风效果，诺曼・福斯特设计了一个能随气候变化调节的双层玻璃幕墙，它包括固定的外层（高压吸热的单层玻璃）、中间通气层和内层可开启的双层玻璃窗。外层玻璃是用来遮风挡雨和抵御气候变化的屏障；内层可开启的双层玻璃窗不仅可以从室外获得新鲜空气，起到室内自然通风换气和排烟的作用，而且可以减少空调系统的能耗。两层玻璃幕墙之间形成的通气层能调节夹层内的空气温度，并可有效防止热空气凝聚。在冬季供暖时，使用者能够关闭内层窗来抵御外面的冷空气，同时空气夹层通过气流速度的减小及夹层内空气温度的提高来减弱玻璃表面的热传递，以减少建筑物内部的热损失；在夏季，当阳光的辐射热使空气夹层内温度上升并产生向上的气流时，可通过外层玻璃幕墙窗台处的进风口让新鲜空气自然进入夹层内，并通过外层玻璃幕墙百叶窗外的出风口将热气流自然排出，以此进行循环。

图 1-21　德国法兰克福银行总部

2. 英国伦敦市政厅

伦敦市政厅是英国重要的建筑物之一，它的设计力求显示整体上的可持续性和保护环境不受污染的潜能。

伦敦市政厅位于泰晤士河畔的塔桥旁边，建于2002年，建筑面积为17000m^2。其主要功能用房包括会议大厅、市长办公室、议员办公室、公共服务用房等，可容纳440人工作，还有一个可容纳250人的礼堂。市政厅是为公众提供服务的设施，因此整个建筑的外墙采用高透明度的玻璃幕墙。其意图在于强调政府工作的透明度，使伦敦市民可以从外部了解内部的办公情况，体现了公众的参与性。同时，在建筑物顶层设置有对公众开放的展览馆，可容纳200人。大楼的垂直交通由电梯和平缓的坡道组成，为人们高效率地利用这座建筑内的各种设施提供了最大限度的便利。人们在螺旋上升的坡道上行走的同时，可以看到政府工作人员工作的情形。

伦敦市政厅采用了不规则球体的建筑外形，如图1-22所示，这在建筑设计中是一种相对少见的形式，也不同于福斯特本人的其他高技派作品。但这种独特体形是通过计算和验证而来的。这种形式尽可能减少建筑暴露在阳光直射下的面积，以减少夏季太阳辐射热吸收和冬季内部热损失，从而获得最优化的能源利用效率，这充分体现了诺曼·福斯特的生态理念。建筑向阳面逐层向外挑出，自然形成优美的弧面，从而减少建筑外墙表面积。弧线的曲率通过全年的太阳光分析求得，这一研究成为建筑外表面装饰工程设计的重要依据。建筑外表面积的减少可以促进能源效率的最大化，经过计算得知这一类似于球体的形体表面积比起同体积的长方体表面积减少了25％。

图1-22　英国伦敦市政厅

伦敦市政厅采用自然通风，所有办公室的窗户都可以打开。供暖系统由计算机进行系统控制，这一系统通过传感器收集室内各关键点的温度数据，然后协调供暖；同时建筑内部产生的热量也可以加以循环利用。这些措施可以最大限度地减少不必要的能耗。此外，该建筑还采用了一系列主动和被动的遮阳装置。建筑朝南倾斜，各层逐层外挑，外挑的距离经过计算，刚好能遮挡夏季最强烈的直射阳光，在保证内部空间自然通风和换气的同时，巧妙地使楼板成为重要的遮阳装置之一。

该建筑的冷却系统充分利用了温度较低的地下水，以降低能耗。大楼内设有机房，从地层深处抽取地下水，通过管道输送到冷却系统中，循环冷却建筑内部后，一部分水送到卫生间、厨房、花园等处，其余的水再次进入地下被自然冷却。这样可以避免在夏季消耗大量的电能。

上述各类节能技术的综合使用，可以保证该建筑在夏季并不需要常规的冷却系统，同时在比较寒冷的季节也不需要额外的供暖系统。实验证明了这些措施的有效性，大楼的供暖和冷却系统的能源消耗仅相当于配备有典型中央空调系统的相同规模办公大楼的 1/4，这一水平达到了英国节能建筑评估的先进标准，是真正意义上的“绿色环保建筑”。

3. 瑞士再保险大楼

瑞士再保险大楼是伦敦第一座高层生态建筑，同时也是一座精心设计的环保智能型建筑，位于英国伦敦金融城。它外形奇特，被人们亲切地称为“小黄瓜”，也是伦敦街头一道独特的风景线。诺曼·福斯特借助对空气动力学的研究，在大楼设计时采用螺旋状的外观设计，以尽可能地利用自然采光和自然通风，将建筑运行能耗降至最低。2004 年，瑞士再保险大楼以“最新颖设计的建筑”获得了“英国皇家建筑师协会斯特灵奖”。

瑞士再保险大楼的外形打破了传统办公建筑千篇一律的方盒子结构，采用了圆曲面的外形，整个外立面完全是平滑的曲面，这样可以将大楼轮廓线最大限度地融入周围环境之中，并且使底层广场获得充分的日照，以减少冬天的热量损失。同时大楼的平滑曲面设计符合空气动力学原理，可以顺畅地引导气流，而不会产生明显的“风影区”“强风区”“狭管效应”等不利影响，降低因为建筑导致的微气候变化对底层及周围步行者带来的影响。

该大楼的表面分布着 6 条上升的螺旋线，它们对应的是大楼内部 6 条引导气流的通风内庭。螺旋状分布的内庭扮演着采光井和通风井的双重角色，可有效降低建筑内部对空调系统的依赖程度。中庭和平滑状外观形态的设计能使建筑最大限度地获得自然光线，降低了大楼内部的采光能耗，同时也使楼内工作人员获得了足够的视野空间。自然通风和自然采光手段可使该建筑每年节省约 40％的能耗。

整个大楼的支撑系统是大楼中央的核心筒部分，办公空间分布在核心筒的周围，这使得每间办公室都能够三面采光，建筑与自然界有了更大的接触面，充足的阳光采集降低了对人工照明的需求，也就大大节约了照明能耗。同时中庭内安装有运动感应器，使得建筑更加智能化，进一步减少了大楼的能源消耗。

大楼外围护结构由 5500 块平板三角形和钻石形玻璃组成，在玻璃幕墙的处理上根据内部功能空间的不同而有所区分。幕墙体系按照不同功能区对照明、通风的需要为建筑提供了一套可呼吸的外围护结构，同时在外观上进行了区分，使建筑自身的逻辑贯穿于建筑内外和设计的始终。整个玻璃幕墙可分为 2 个部分，即办公区域幕墙和内庭区域幕墙。办公区域幕墙由双层玻璃的外层幕墙和单层玻璃的内层幕墙构成，同时配备有由计算机控制的百叶窗及天气传感系统，实现了对气温、风速和光照强度的实时监测，在必要的时候自动开启窗户引入新鲜空气，这种自然通风可以在很大程度上降低室内空调能耗。螺旋状上升的内庭区域幕墙则由可开启的双层玻璃板块组成，采用灰色着色玻璃和高性能镀层有效减少阳光照射。幕墙外设有开启扇，周边气流被开启扇捕获之后，在上下楼层间风压差的驱动下，沿螺旋排布的内庭盘旋而上。种种适宜的节能措施，使得这座大楼的能耗只有同等规模办公楼的 50％。根据 LEED 绿色建筑评级标准，从场址规划的可持续性、节水节电、能效和可再生能源、节约材料和资源、室内环境质量等 5 个方面评测，瑞士再保险大楼达到了绿色建筑的先进水平。瑞士再保险大楼如图 1-23 所示。

图1-23 瑞士再保险大楼

案例分析

1. 上海申都大厦既有建筑绿色改造

申都大厦坐落于上海西藏南路1368号，建于1975年，为原上海围巾五厂的3层厂房，混凝土框架结构。1995年由上海建筑设计研究院加建成6层办公楼。原申都大厦立面破旧、内部空间拥挤、采光不足、层高压抑，办公条件已不能满足现代办公的需求。随着2010年上海世博园区建设，西藏南路马路拓宽，东面居民楼拆除，该楼已成沿街建筑。由于房屋本身的原因和环境变化带来的机遇，需重新定位进行旧房改造。

（1）采光设计策略

拆除原本东、南立面的填充墙体，老的墙体框架结构完成加固后成为内立面上的框架梁柱，而老的填充墙被替换成Low-E双层夹胶钢化玻璃。内导平移推拉门扇也设计成通高开启，可内倾5°通风换气，也可完全平移打开。打开后的安全护栏特别选用车边玻璃栏板，专门采用四角点式卡固在竖向立挺上，取消了横向扶手，延续着竖向的立面主题。

自然光线在东向和南向被最大限度地获取，并通过标准绿化模块让入射光线达到柔和、均好的理想效果。西向则考虑日晒问题基本保持原窗墙比不变，北向在保留原立面的基础上更换了老式钢窗，安装断热铝合金节能窗。经测算，改造后75%以上的主要功能空间可以满足采光系数的要求。

（2）通风设计策略

老建筑中部电梯厅的公共空间没有采光，没有共享空间，上下层被楼板完全分隔；改造时切除了局部的混凝土楼板，紧临电梯厅设置首层到屋顶通高的玻璃采光“天井”。天井的最上部设有联动式侧向电动可开启扇，而通往天井的上升气流就是各个办公室空气流通的主要动力，可以降低空调机械负荷，起到节能作用，尤其在春秋过渡季节，天井的拔风起到非常理想的自然通风效果。

为了辅助中庭拔风，设计团队还做了针对性的辅助空间设计，旨在加强空气的对流，弥补因中庭高度差不足而可能导致的速度场过低。在首层东南角设置一系列通高的180°中轴旋转门以及调节局部微气候的景观浅水池，作为东南主导风向的导风进口，并一定程度上调节导入空气的温湿度；在南侧2层以上设置层间错落的开敞边庭，增加南侧的通风导入口，可以有效扩大自然通风的影响范围。所谓“被动式通风体系”，就是指这一系列的小空间共同协作去提高整个室内的体感舒适度，这种模式非常适用于小规模建筑风环境的改善。

（3）垂直绿化外遮阳模块

整个绿色立面的设计，最大的特点就是创新的垂直绿化外遮阳系统。该系统由东立面的82块标准绿色斜拉模块和南立面的60块标准绿色垂直模块吊装构成，标准模块由单榀钢桁架、藤本攀爬植物、不锈钢攀爬网、金属延展网、定制花箱、草本植物、同程微灌喷雾系统及灯光照明共同构筑而成。与一般意义上的垂直绿化不同的是，它的特点非常鲜明，即在否定了垂直绿化的实体依托后，观赏的局限性被打破，维度更自由化，受众更多元化。

采用1.2m×3m模数的斜拉金属网和1.2m×3.6m模数的垂直金属网，再通过改变拼装模块的数量去适应不同的柱跨，并确定了根据各层层高的公约数计算而来的3.9m单榀钢桁架的高度模数来适应不同的层高。另外，标准化的模块也将更加适应工厂预制和现场拼装的精准化施工作业。

自然带来生机，这是任何人造材料所不能比拟的。标准模块上的植物选配非常讲究。首先，作为立面呈现的关键元素，设计团队希望它是整体地呈现，而不是分层的或是片断式的表达，它与模块式外遮阳的目标是一致的，创建均一化的新秩序来协调原有结构体系的不确定性。接下来，就是如何实现标准绿化模块。采用多品类混种的配植模式，按照常绿植物50%、落叶植物30%和开花植物20%的数量比配进行交替种植，为的是利用品类植物不同的生长习性以期达到一年四季不同的立面景观效果（见图1-24）。

所有的绿化模块都在植物培育基地经过一定时期的预栽培。当施工现场的立面金属构建基本完成后，成品绿屏就被移栽到定点的立面金属模块之上，工人再按照预留孔进行简单的锚固安装即可。一旦投入使用后单一模块的绿化出现坏死，专业人员就可以根据定位标号进行绿屏模块的整体拆除更替。

（4）绿色技术与绿色运营

改造方案中主要技术亮点为集景观、遮阳、通风、降噪多种功能于一体的垂直绿化外遮阳系统，自然通风及自然采光的被动式设计，紧凑空间增设的循环资源再利用系统（包括雨水回用系统、太阳能光热系统、太阳能光伏系统，新风热回收系统），建筑能效监管系统平台，阻尼器消能减震加固体系。这些绿色技术都是以适宜为原则，以精简为核心，坚持绿色技术与建筑的一体化设计。而绿色运营管理则是这些技术真正落地的关键。由绿色建筑技术团队特别开发的可视化在线能效监管平台，可对建筑内各种机电设备进行分项计量与能效监测，确保系统在全生命周期高效、节能运转。经能耗模拟分析，本项目的能耗为 59.56kW·h/m²，节能率为 78.6%。

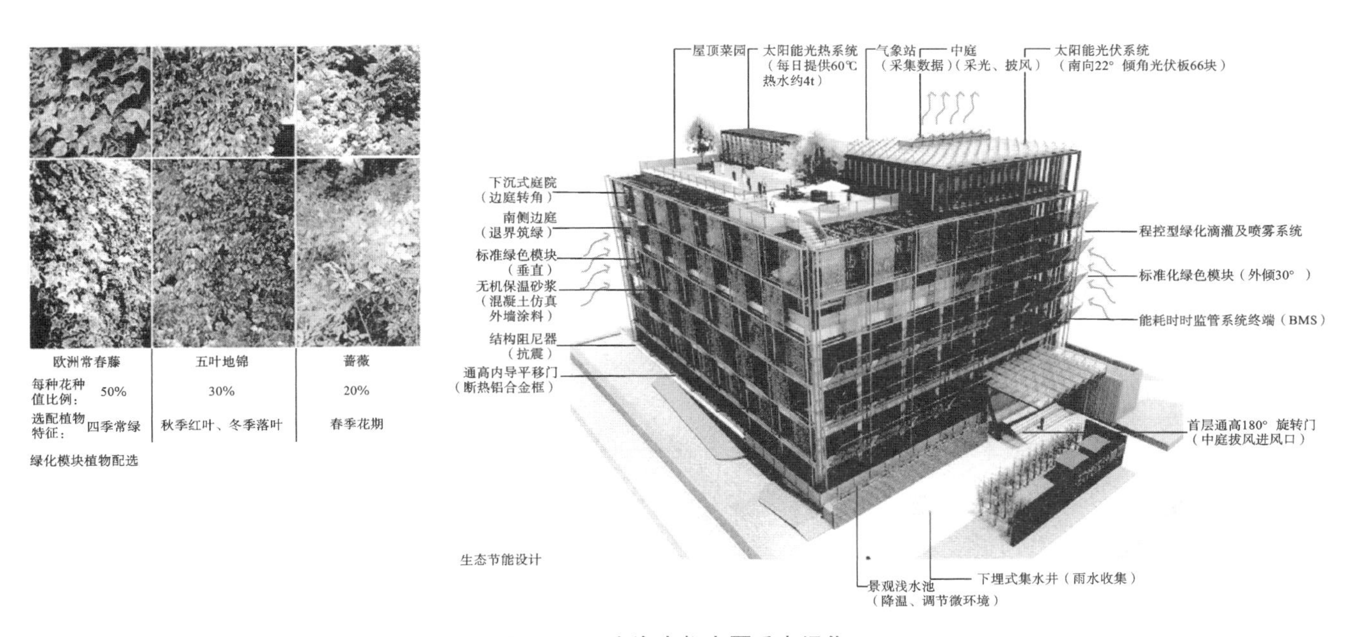

图 1-24　上海申都大厦垂直绿化

2. 霍茨大街住宅开发

这个开发项目是为了适应公共福利住宅的状况，因此要尽可能达到高密度和高容积率，同时造价上的控制也是一个制约因素。赫尔佐格在建筑规划和设计的出发点是希望在满足密度、造价等要求外，能够创造出优美的居住环境，改善福利住宅在人们心目中的印象。

在总体规划和景观方面，建筑由两个带形住宅组成，赫尔佐格通过合理分布的建筑体量，安排了利于自然通风的车道和地下车库，达到了很高的建筑容积率。基地内一半的用地用作景观规划，这样，在小区内可以俯瞰一片开阔的、乡野的绿色景观。

在节能方面，这个方案充分地利用了太阳能和天光，以减少建筑对于不可再生能源的依赖。建筑的一个显著特征是带玻璃顶的宽阔的中心入口门厅的设计。门厅提供自然通风和部分绿化的公共聚会空间，住宅起居室的某些部分也可朝向这些空间，由此赋予福利住宅良好的内部空间品质。这个玻璃厅也在设计的能源概念中起着很重要的作用。阳光直射和从周围墙体中传递出的热量使厅内的气温升高。在冬天，对于联排住宅来说，会大大降低其所需的暖气供应量。在夏天，热量从门厅经由屋顶的巨大通风口排出，而冷空气从地面流进，由此保证建筑内部贮存的热量在夜间冷却下来（见图 1-25）。

南北纵深方向的外墙具备良好的保温性能，外面贴有带通风夹层的外墙砖，房间内通高的竖条窗使内部通风良好。在夏季，外带护栏的法式落地窗的大面积开启给起居室以凉亭般的特别感受。东面的凸窗扩展了起居空间，并使太阳能在冬季也能得到直接的利用。

在住宅户型设计上，赫尔佐格关注平面和使用的灵活性，以适应不同的住户以及将来的住户。400 套大小不同的住房已经建成了。由于设计了灵活的内部空间和使用了可移动的内部隔墙，住宅可以被改成其他形式（包括布局），以适应将来的变化需求。严格的造价限制，低能耗要求，以及对能源的绿色利用方式，要求一种以标准单元为基础的合理的建造形式，而且这些标准单元可以通过简单的制造程序进行大量生产。事实证明这些要求都可以在设计中得到满足。

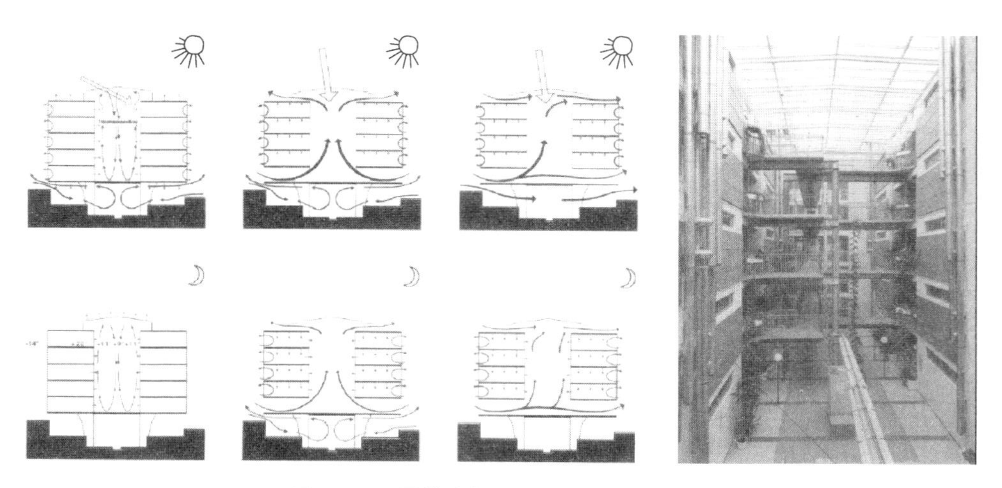

图 1-25　霍茨大街住宅门厅及节能分析

▶ 知识归纳

1. 持续发展战略旨在促进人类之间以及人类与自然之间的和谐。

2. “绿色建筑”的内涵包含了建筑与自然环境之间关系的隐喻，即建筑犹如绿色植物对环境做出贡献，而不是对环境进行索取。

3. 绿色建筑的研究内容大致分成如下三大体系：

（1）绿色建筑理论研究体系；

（2）绿色建筑设计实践体系；

（3）绿色建筑的评价体系。

4. 绿色建筑理论属于自然科学领域，用于解决能源利用率低、环境污染加剧等诸多问题。

▶ 独立思考

1. 绿色建筑的概念提出的背景是什么？

2. 绿色建筑的最终目标是什么？

3. 绿色建筑的研究体系是怎样的？

4. 绿色建筑理论研究的主要组成部分是什么？

5. 绿色建筑设计实践原则是什么？

6. 试分析各国绿色建筑评价标准之间的异同。

第2章

绿色建筑发展沿革

20世纪70年代开始，人类面临着严重的能源危机和环境问题。如何既能改善人居环境品质，又能提高资源和能源的有效利用，减少污染，保护环境，成为建筑行业发展面临的关键问题。

2.1 国外绿色建筑的发展

绿色建筑理念的发展，始于20世纪60年代。它的发展源自社会经济发展与资源消耗和环境影响的深刻矛盾。人们逐渐认识到，以消耗大量资源和破坏环境为代价的发展模式是不可持续的。其中，建筑业作为消耗资源和能源最甚的产业，首当其冲面临着根本性的改变。学术界和产业界开始探讨如何以最佳的建筑资源配置和最小的环境影响来实现建筑的目的。

1969年，美籍意大利建筑师保罗·索勒瑞（Paola Soleri）综合生态和建筑两词，首次提出了生态建筑的新理念。同年，美国风景建筑师伊恩·麦克哈格出版了《设计结合自然》（*Design with Nature*）一书，分析了人与自然相互依赖的关系，探讨了以生态原理进行规划和设计的方法，生态建筑学理论初见雏形。

20世纪70年代，空调、采暖和照明技术借力于煤炭和石油的大量开采而迅速发展，人们过分依靠这些机械电力设备来维持舒适环境，而石油危机的爆发为建筑业这种以高耗能为代价的快速发展敲响了警钟。在这种背景下，节能建筑的呼声渐高，太阳能、地热、风能、节能维护结构等各种建筑节能技术应运而生。一些国家开始推行建筑节能设计标准和规范，实现了从学术探讨和业界试行到政府政策法规的关键转变。

1972年，罗马俱乐部发表了研究报告《增长的极限》（*the Limits to Growth*），提出有限的自然资源无法支持人类经济持续的增长，引起了公众对环境与发展问题的密切关注。1972年6月，联合国人类环境会议于斯德哥尔摩举行，通过了《人类环境行动计划》（*Action Plan for Human Environment*）与《斯德哥尔摩人类环境宣言》（*The Stockholm Declaration on Human Environment*），旨在制定共同的原则指导各国人民保护和改善人类环境。1983年，联合国成立了世界环境与发展委员会（WCED），该组织于1987年向联合国大会提交了《我们共同的未来》（*Our Common Future*）的长篇报告，正式提出了“可持续发展”（sustainable development）的概念和模式。报告首次给出了“可持续发展”的明确定义，即“既满足当代人的需求又不危害后代人满足其需求的发展”。该报告从人口、能源、资源、环境与发展等各个方面系统地研究了实现可持续发展的对策。1992年，联合国在巴西召开了联合国环境与发展会议，这次会议通过了《里约环境与发展宣言》（*The Rio Declaration on Environment and Development*）、《21世纪议程》（*Agenda 21*）、《关于森林问题的原则声明》（*Non-legally Binding Authoritative Statement of Principles for a Global Consensus on the Management, Conservation and Sustainable Development of All Types of Forests*）、《联合国气候变化框架公约》（*The United Nations Framework Convention on Climate Change*）、《联合国生物多样性公约》（*The United Nations Convention on Biological Diversity*）。这些纲领性文件标志着可持续发展已经成为全世界共同的行动纲领。

同时，可持续发展的理念也逐渐被引入到建筑领域。1991年布兰达·威尔和罗伯特·威尔（Brenda and Robert Vale）出版了《绿色建筑：为可持续发展而设计》（*Green Architecture: Design for a Sustainable Future*），提出了绿色建筑的六项原则以及综合考虑住户、气候、环境、资源和能源等多重因素的整体设计观。1993年，国际建筑师协会UIA在美国召开第18届国际建筑师大会，此次会议以“可持续发展建筑”为主题，发表了《芝加哥宣言》（*Declaration of Interdependence for a Sustainable Future*），号召全世界建筑师关注环境和社会的可持续性。1999年，UIA第20届国际建筑师大会在北京召开，会议发布的《北京宪章》阐明了应该综合辩证地考察影响建筑环境的各种因素，并明确建筑行业的未来发展必须走可持续发展的道路。

为了更有效地实现绿色建筑由理念到实践的转变，各国逐步开发了适合本国国情的绿色建筑评估体系，以科学量化的工具来指导和衡量绿色建筑设计。1990年，英国率先推出了世界上第一个绿色建筑评估体系，即BREEAM。该体系提供了一个比较全面完善的评估框架，成为后来多个国家和地区制定评估体系的参考依据。在此之后，美国的LEED，澳大利亚的NABERS，日本的CASBEE，新加坡的GREEN MARK，中国的《绿色建筑评价标准》，德国的DGNB等也相继问世。

2.2 我国绿色建筑的发展

2.2.1 我国绿色建筑发展的相关政策

1992年巴西里约热内卢联合国环境与发展大会将绿色建筑的概念引入我国，自此政府部门开始大力推动绿色建筑的发展，推广绿色建筑的理念，倡导大众积极参与保护环境，控制污染，努力建设资源节约型环境友好型社会。我国绿色建筑发展以国家和地方政策推动和法律法规为主，以行业标准和规范体系为辅。绿色建筑的相关政策，至今历经了四个阶段的发展演变，依次为“建筑节能”“节能省地”“四节一环保”“生态城区”。

1. 相关规范和指导性文件

为了推进绿色建筑的发展，政府陆续发布了一系列相关规范和指导性文件。20世纪80年代，行业标准《民用建筑节能设计标准（采暖居住建筑部分）》（JGJ26—86）的编制标志着建筑节能工作的正式开展。从2001年开始，在世界各国绿色建筑评估体系的基础上，结合我国国情，制定了《中国生态住宅技术评估手册》。2003年，在绿色奥运的宗旨之下，科技部和北京市科委组织编制了《绿色奥运建筑评估体系》（简称GOBAS）。2004年建设部“绿色建筑创新奖”的设立标志着我国的绿色建筑开启了全面发展阶段。2006年，建设部正式颁布了《绿色建筑评价标准》。2007年，建设部又出台了《绿色建筑评价技术细则（试行）》和《绿色建筑评价标识管理办法（试行）》，开始搭建适合中国国情的绿色建筑评价体系。为了贯彻我国节约资源、保护环境和可持续发展的国策，自2005年以来我国相继颁布了《民用建筑节能管理规定》（第143号部令）、《国务院关于加强节能工作的决定》（国发〔2006〕28号）、《民用建筑节能条例》等文件。发展绿色建筑被连续列入我国国民经济和社会发展“十二五”规划和“十三五”规划，相关部委也出台了一系列支持文件，如《关于加快推动我国绿色建筑发展的实施意见》（财建〔2012〕167号）、《“十二五”绿色建筑科技发展专项规划》（国科发计〔2012〕692号）、《绿色建筑行动方案》（国办发〔2013〕1号）、《“十二五”绿色建筑和绿色生态城区发展规划》（建科〔2013〕53号）、《被动式超低能耗绿色建筑技术导则（试行）（居住建筑）》（建科〔2015〕179号）、《建筑节能与绿色建筑发展“十三五”规划》（建科〔2017〕53号）、《绿色建筑创建行动方案》（建标〔2020〕65号）等文件。这些政策文件为绿色建筑的发展奠定了坚实的基础。

《建筑节能与绿色建筑发展“十三五”规划》

2. 绿色建筑的相关激励和强制政策

2011 年 5 月，住房和城乡建设部发布了《中国绿色建筑行动纲要》，提出将全面推行绿色建筑“以奖代补”的经济激励政策。2014 年，中共中央在发布的《国家新型城镇化规划（2014—2020）》中提出了我国绿色建筑发展的中期目标。根据文件要求，我国“十二五”期间应完成新建绿色建筑 10 亿平方米，到 2015 年和 2020 年绿色建筑占城镇新建建筑的比例将分别达到 20% 和 50%，并明确主要通过“强制”与“激励”相结合的方式推动绿色建筑发展。

为了落实国家关于绿色建筑全面推进的目标要求，在各级政府发布的相关规划发展、标准规范和管理制度政策引导和支撑的基础上，中央和地方政府陆续出台了针对不同星级绿色建筑的激励性政策和针对不同建筑类型的强制性政策。在强制性政策方面，各地结合实际情况对所有新建建筑、主城区公共建筑、政府投资建筑、大型公共建筑、公益性建筑、保障性住房或大型住宅小区提出了不同的强制性要求。在激励方面，主要分为资金补贴类和政策优惠类，通过设置土地转让和土地规划前置条件、财政补贴、城市基础设施配套费减免、新型墙体材料专项基金返还、容积率奖励、建筑面积奖励、行政审批程序简化、建筑奖项优先参评、企业评级加分、税收和信贷优惠、表彰奖励等激励措施，调动各方建设绿色建筑的积极性。

在土地转让和土地规划方面，广东、山西等地方政府提出在土地出让规划阶段将绿色建筑作为前置条件，明确绿色建筑比例。在财政补贴方面，《国家新型城镇化规划（2014—2020）》表明，凡新建建筑全部是绿色建筑的且两年内开工建设面积在城区不少于 200 万平方米，国家财政一次性给予补助 5000 万元，并命名为绿色建筑示范城区。对二星级以上的高等级绿色建筑，中央财政直接补贴，其中三星级每平方米补贴 80 元，二星级每平方米补贴 45 元。

此外，多个省份及直辖市明确了对不同星级绿色建筑的财政补贴额度，资助范围约为 10260 元 / 平方米。各地区根据当地的具体情况设置不同标准，江苏和福建针对一星级绿色建筑提出了明确的奖励标准，而北京和上海等地从二星级开始资助，在容积率激励方面，有两种方式，一种是根据不同星级赋予最多 3% 的容积率奖励，如福建和贵州；另一种是对应用绿色建筑技术措施而增加的建筑面积不纳入计算，如山西。在城市配套费方面，各地基于不同星级实施城市配套费减免或返还，内蒙古可减免 15230 元 / 平方米，海南规定二星级以上可减免 30288 元 / 平方米。在绿色建筑项目审批方面，多地明确提出建立行政审批的绿色通道，由于审批周期的长短影响项目资金回流的速度，对于投资量大的工程项目来说具有较大的激励作用。在项目和个人评奖方面，将绿色建筑作为优选甚至是必备条件，并对促进绿色建筑发展方面做出重要贡献的企业或个人给予奖励。在针对大众的消费引导方面，安徽出台了相关的政策，为了引导消费者购买绿色建筑，金融机构对绿色建筑的消费贷款利率可下调 0.5%。

相关政策的目标是一致的，就是要提高绿色建筑在城镇新建建筑中的比重，推动绿色建筑的大规模发展。以上海市为例，上海市绿色建筑协会 2018 年发布的《上海绿色建筑发展报告（2017）》显示，截至 2017 年底，上海市已获得绿色建筑评价标识认证项目共 482 项，总建筑面积超过 4000 万平方米，其中二、三星占比超八成。

2.2.2　我国绿色建筑评价体系的发展

我国在绿色建筑标准化方面的探索始于 21 世纪初。2001 年建设部组织国内外的专家编制并发布了《中国生态住宅技术评估手册》，首次明确了生态住宅的量化标准；2003—2004 年《绿色奥运建筑评估体系》《绿色奥运建筑实施指南》先后出版，尝试在奥运建筑中贯彻“绿色建筑”理念，推动绿色理念在建筑中的落实，也为在全国城市建设中推广绿色建筑理念探索积极有效的发展模式；2005年，建设部和科技部联合印发了《绿色建筑技术导则》，明确给出了绿色建筑的定义，而且对于绿色建筑的规划设计、施工、智能、运营管理等技术要点提出了指导性意见，将原有分散的绿色建筑技术统一在“节能、节水、节材、节地与环境保护”的技术框架之下，使绿色建筑技术从研发到应用目标更明确、体系更集成化。2006年发布实施的《绿色建筑评价标准》是我国总结实践和研究成果、借鉴国际经验制定的第一部多目标、多层次的绿色建筑综合评价标准，确立了以“四节一环保”为核心内容的绿色建筑发展理念和评价体系。为响应绿色建筑发展的新变化，2014年，住房和城乡建设部公布了《绿色建筑评价标准》修订稿（GB/T50378—2014）。新版《绿色建筑评价标准》比2006年的版本“要求更严、内容更广泛”，将适用范围扩展至各类民用建筑，进一步明确了评价阶段，采用了更科学合理的评价方法。《绿色建筑评价标准》（GB/T50378—2019）修订版已于2019年8月1日起实施。此次修订将上一版标准的“节地、节能、节水、节材、室内环境、施工管理、运营管理”七大绿色建筑评价指标体系，更新为“安全耐久、健康舒适、生活便利、资源节约、环境宜居”五大指标体系；重新设定评价时间节点，以保证绿色技术措施的落地；在原本三星级的基础上，新增了绿色建筑等级“基本级”；简化了计分评价方式，将原本的得分率计分方式修改为直接累计计分。新标准引入了“以人民为中心”的发展理念以及“以人为本”的核心要求，更加关注使用者的体验，更有利于推动新时代绿色建筑的实践和评价工作。

为了拓展绿色建筑标准体系对不同建筑类型的兼容性，同时也响应政府要求建立健全绿色建筑标准体系，除了修订《绿色建筑评价标准》外，住房和城乡建设部陆续启动了针对不同建筑类型和阶段的相关评价标准和技术文件的编写工作，如表2-1所示。

表2-1 现有绿色建筑评价标准和技术细则

序号	标准名称	实施日期
1	《绿色建筑评价标准》（GB/T 50378—2019）	2019年8月1日
2	《绿色建筑评价技术细则》（建科[2015]108号）	2015年8月1日
3	《绿色建筑评价技术细则补充说明（规划设计部分）》（建科[2008]113号）	2008年6月1日
4	《绿色建筑评价技术细则补充说明（运行使用部分）》（建科函[2009]235号）	2009年9月1日
5	《烟草行业绿色工房评价标准》（YC/T396—2011）	2011年7月15日
6	《民用建筑绿色设计规范》（JGJ/T 229—2010）	2011年10月1日
7	《建筑工程绿色施工评价标准》（GB/T 50640—2010）	2011年10月1日
8	《绿色超高层建筑评价技术细则》	2012年05月14日
9	《绿色校园评价标准》（CSUS/GBC04—2013）	2013年4月1日
10	《绿色工业建筑评价标准》（GB/T 50878—2013）	2014年3月1日
11	《绿色办公建筑评价标准》（GB/T 50908—2013）	2014年5月1日
12	《绿色铁路客站建筑评价标准》（TB/T 10429—2014）	2014年8月1日
13	《绿色保障性住房技术导则（试行）》	2015年1月1日
14	《被动式超低能耗绿色建筑技术导则（试行）（居住建筑）》	2015年11月10日
15	《绿色商店建筑评价标准》（GB/T 51100—2015）	2015年12月1日

续表

序号	标准名称	实施日期
16	《绿色数据中心评价技术细则》	2015年12月21日
17	《绿色医院建筑评价标准》（GB/T 51153—2015）	2016年8月1日
18	《既有建筑改造绿色评价标准》（GB/T 51141—2015）	2016年8月1日
19	《绿色饭店建筑评价标准》（GB/T51165—2016）	2016年12月1日
20	《绿色博览建筑评价标准》（GB/T 51148—2016）	2017年2月1日
21	《绿色建筑运行维护技术规范》（JGJ/T 391—2016）	2017年6月1日
22	《绿色生态城区评价标准》（GB/T 51255—2017）	2018年4月1日

现有绿色建筑评价标准和技术细则文件资料

此外，地方住房和城乡建设主管部门依据国家《绿色建筑评价标准》，基于当地自然环境、气候、资源、经济的特点，组织编写了一系列更具地方特点的绿色建筑评价地方标准，截至2015年底已有25个省市颁布实施了地方标准（表2-2）。为贯彻落实国家的相关政策和目标要求，许多省市都陆续出台了地方“绿色建筑行动方案”和其他加快推动绿色建筑发展的政策文件，提出了绿色建筑的总体发展目标，并明确了针对不同星级绿色建筑的激励性政策和针对不同建筑类型的强制性政策。

表2-2　地方绿色建筑评价标准

序号	地区	评价标准名称	实施日期
1	浙江	《浙江省绿色建筑评价标准》	2008年1月1日
2	广西	《广西壮族自治区绿色建筑评价标准》	2009年2月23日
3	江苏	《江苏省绿色建筑评价标准》	2009年4月1日
4	江西	《江西省绿色建筑评价标准》	2010年5月1日
5	河北	《河北省绿色建筑评价标准》	2011年3月1日
6	广东	《广东省绿色建筑评价标准》	2011年7月15日
7	北京	《北京市绿色建筑评价标准》	2011年12月1日
8	山东	《山东省绿色建筑评价标准》	2012年3月1日
9	上海	《上海市工程建设规范绿色建筑评价标准》	2012年3月1日
10	海南	《海南省绿色建筑评价标准》	2012年8月1日
11	辽宁	《辽宁省绿色建筑评价标准》	2012年10月1日
12	四川	《四川省绿色建筑评价标准》	2012年12月1日
13	甘肃	《甘肃省绿色建筑评价标准》	2013年8月1日
14	贵州	《贵州省绿色建筑评价标准》	2013年12月1日

续表

序号	地区	评价标准名称	实施日期
15	宁夏	《宁夏回族自治区绿色建筑评价标准》	2014年4月1日
16	内蒙古	《内蒙古自治区绿色建筑评价标准》	2014年9月1日
17	福建	《福建省绿色建筑评价标准》	2014年10月30日
18	重庆	《重庆市绿色建筑评价标准》	2014年11月1日
19	吉林	《吉林省绿色建筑评价标准》	2015年2月9日
20	河南	《河南省绿色建筑评价标准》	2015年3月1日
21	青海	《青海省绿色建筑评价标准》	2015年4月15日
22	黑龙江	《黑龙江省绿色建筑评价标准》	2015年6月6日
23	云南	《云南省绿色建筑评价标准》	2015年7月1日
24	湖南	《湖南省绿色建筑评价标准》	2015年12月10日
25	天津	《天津市绿色建筑评价标准》	2016年1月1日

《绿色建筑评价标准》自颁布实施以来，作为我国各地方绿色建筑相关标准编制的重要基础，提供了一个相对统一的绿色建筑评价体系框架，有利于不同评价标准之间的协调，形成了一个较为完整的标准体系，实现了不同气候区绿色建筑的主要工程阶段和主要功能类型的全覆盖。该标准体系为全国范围绿色建筑的设计、施工及运营提供了技术支撑和目标导引，有效推动了绿色建筑的实践发展工作。

2.2.3 目前所存在的问题

中国绿色建筑评价标识制度的起步较晚，因此有机会充分借鉴国际绿色建筑评价体系架构和评价模式的先进经验，然后结合自身的情况来建立符合中国国情的标准。中国绿色建筑产业发展至今，遵循的是政府引导、产学研相结合的发展模式。这样的模式适合中国当前的社会和经济发展水平，使得绿色建筑发展迅速，但在迅速发展的过程中也显现出如下问题。

（1）缺乏绿色建筑相关的法律法规。

《中华人民共和国建筑法》和《中华人民共和国城乡规划法》都没有与绿色建筑相关的条目；行政法规不完善，《民用建筑节能条例》和《公共机构节能条例》也缺乏与绿色建筑相关的内容要求。绿色建筑是建筑节能工作更深层次的目标，但目前出台的绿色建筑相关政策文件均为各部委的部门规章，并非专门的法律法规文件，各部门之间无法统筹协调开展绿色建筑发展工作，进而影响到相关政策的执行力度。

（2）绿色建筑地域发展不平衡。

目前绿色建筑发展的地域不平衡现象严重，绝大部分绿色建筑评价标识项目分布在东部沿海经济较发达地区，而中西部等经济欠发达地区的发展速度明显较慢。

（3）绿色建筑设计标识多，运行标识少。

根据统计，部分绿色建筑评价标识项目只申请了设计评价标识，申请绿色建筑运行评价标识的项目仅占标识项目总量的6%。由此出现了一些问题：绿色建筑的设计与建造、运行环节脱钩，绿色建筑设计策略未得到落实以及使用者的实际体验均不能得到保障。

（4）绿色建筑产业链不完善。

由于我国建筑行业的设计、建造和管理技术水平的滞后，产业链应该具备的产品和技术都跟不上，使得绿色建筑的优势难以体现，形不成市场需求，无法带动市场供给的发展。比如在绿色建材方面，我国尚缺乏完善的绿色建材认证体系，难以为绿色建筑的建材提供快速有效的选择。

（5）市场积极性不足。

基于各地的强制性推行政策和激励政策的实施，我国绿色建筑在过去的十几年中获得了跨越式的发展，但是绿色建筑产生的增量成本依然是阻碍开发商积极性的重要因素，当财政补贴不足以覆盖增量成本时，开发商缺乏动力去承担其所带来的风险。

2.2.4 我国未来绿色建筑的发展方向

绿色建筑发展有利于国家建设资源节约型环境友好型社会、推进健康城镇化，是实现国家发展方式转型的重要手段。在国家可持续发展战略的指导下，绿色建筑发展面临前所未有的机遇与挑战。

2018 年，住房和城乡建设部发布了《住房城乡建设部建筑节能与科技司关于印发 2018 年工作要点的通知》（以下简称《要点》），明确了今后的发展任务：以绿色城市建设为导向，深入推进建筑能效提升和绿色建筑发展，稳步发展装配式建筑，加强科技创新能力建设，增添国际科技交流与合作新要素，提升全领域全过程绿色化水平，为推动绿色城市建设打下坚实基础。对于如何推动新时代高质量绿色建筑发展，《要点》也提出了明确的目标：整合健康建筑、可持续建筑、百年建筑、装配式建筑等新理念新成果，扩展绿色建筑内涵；开展绿色城市、绿色社区、绿色生态小区、绿色校园、绿色医院创建，组织实施试点示范；引导有条件的地区和城市全面执行绿色建筑标准，扩大绿色建筑强制推广范围，进一步完善绿色建筑评价标识管理，建立第三方评价机构诚信管理制度，加强对绿色建筑特别是三星级绿色建筑项目的建设及运行质量评估。

《绿色建筑创建行动方案》

2020 年 7 月，住房和城乡建设部联合七部委印发《绿色建筑创建行动方案》，明确了创建目标：到 2022 年，当年城镇新建建筑中绿色建筑面积占比达到 70%，星级绿色建筑持续增加，既有建筑能效水平不断提高，住宅健康性能不断完善，装配化建造方式占比稳步提升，绿色建材应用进一步扩大，绿色住宅使用者监督全面推广，人民群众积极参与绿色建筑创建活动，形成崇尚绿色生活的社会氛围。

由此，可看出绿色建筑未来发展将呈现出如下的趋势：

（1）绿色建筑健康化发展。

当前绿色建筑评价体系对室内环境质量的要求比较基础，尚未达到“健康”的程度。而且已经获得绿色建筑标识认证的项目多为设计标识，运行标识较少，使用者对绿色建筑的真正体验和感知未能得到保障。中国建筑学会推出的《健康建筑评价标准》（T/ASC 02—2016）响应了用户日益增长的健康需求，从与使用者切身相关的空气、水、舒适度、健身、人文和服务等方面入手，将使用者的直观感受和健康效应作为关键性评价指标。绿色建筑关注建筑与环境之间的关系，而健康建筑更侧重于建筑环境的健康和使用者的实际体验。健康建筑是绿色建筑在健康方面向更高层次的发展目标。

（2）绿色建筑规模化发展。

2012年，财政部以及住房和城乡建设部联合出台的《关于加快推动我国绿色建筑发展的实施意见》，提出推进绿色生态城区建设，规模化发展绿色建筑。之后各相关政策文件也为绿色城市的建设奠定了坚实的基础。我国建设了多个国家级绿色生态示范区，绿色建筑的发展逐渐从单体拓展到区域，为推动我国绿色生态城区和绿色城市的发展进行了积极的探索。未来，绿色建筑将向规模化进一步发展。

（3）绿色建筑存量优化式发展。

城市建设正从大规模的新建转向存量优化的阶段，绿色建筑实践在逐渐覆盖新建建筑之后，将侧重于存量巨大的既有建筑。对大规模的既有建筑进行绿色改造，才能真正提升建筑领域的绿色发展水平。2016年开始实施的《既有建筑绿色改造评价标准》（GB/T51141—2015）为既有建筑的绿色改造提供了技术引导和具体目标，助力绿色建筑的存量优化式发展。

（4）绿色建筑工业化发展。

《工业化建筑评价标准》（GB/T51129—2015）对工业化建造方式的定义为“设计标准化、生产工厂化、现场装配化、主体装饰机电一体化、全过程管理信息化”。绿色建筑采用工业化建造方式，有利于实现设计、生产、施工全过程的资源整合，最大化节省资源和能源，推动绿色建筑向更高层次发展。

▶ 知识归纳

1.世界各国和组织对绿色建筑的定义各有侧重，但有一点是共同认可的，即绿色建筑在全生命周期各个阶段都要考虑能源利用、室内外环境质量、建材选择和对周边环境的影响。

2.1990年，英国推出了世界上第一个绿色建筑评估方法，即BREEAM。随后，美国的LEED、澳大利亚的NABERS、日本的CASBEE、新加坡的GREEN MARK、中国的《绿色建筑评价标准》、德国的DGNB等绿色建筑评价体系相继问世。

3.我国绿色建筑的相关政策历经了四个阶段的发展演变，依次为“建筑节能”“节能省地”“四节一环保”“生态城区”。

4.我国绿色建筑评价标准已经形成了一个较为完整的标准体系，实现了不同气候区绿色建筑的主要阶段和主要功能类型的全覆盖。

▶ 独立思考

1.绿色建筑的概念与节能建筑、零能耗建筑/近零能耗建筑、低碳/零碳建筑、生态建筑以及可持续建筑有什么不同?

2.我国绿色建筑评估标准经历了几次修订?

3.绿色建筑的激励政策有哪些?

4. 如何提高消费者对绿色建筑的认可度?

5. 如何提高企业建造绿色建筑的积极性?

6. 如何降低绿色建筑的增量成本?

7. 如何提高专业设计人员在绿色建筑实践中的话语权?

8. 如何确保绿色建筑技术策略在建造和运营过程中的真正落实?

第3章

太阳能应用与绿色建筑

太阳能是一种免费、清洁的能源，如何在建筑中充分应用太阳能是建筑师孜孜以求的目标。借助科技的力量，通过建筑师们创造性融合，今后会有越来越多的太阳能建筑呈现在大家眼前。

太阳能一般是指太阳光的辐射能量。太阳能每年辐射到地面上的能量相当于燃烧 1.3×10^6 亿吨标准煤所产生的能量。太阳能是有利于保护环境的清洁能源。现阶段，太阳能建筑应用领域是太阳能应用最具有潜力的领域之一。

太阳能建筑应用领域的科研、技术、产品开发和工程应用的总体目标，就是利用太阳能替代传统能源来满足建筑的日常运行要求，而且还要满足建筑使用者的舒适度和使用需求。太阳能的利用主要通过光－热、光－电、光－化学、光－生物质等多种方式实现，太阳能在建筑上的具体应用包括被动式太阳能利用、太阳能光热利用和太阳能光伏利用等几种方式。

3.1 被动式太阳能利用

3.1.1 概述

被动式太阳能利用通常指被动式太阳能供暖，是合理利用环境条件，通过建筑朝向的合理布置，内部功能的巧妙处理和安排，以及建筑材料、结构和构造的恰当选择，使房屋在采暖季充分收集、存储、利用太阳能，解决建筑室内采暖问题的一种方式。使用被动式太阳能供暖技术进行设计建造的建筑称为被动式太阳房。被动式太阳房无需采用复杂设备，不增加或少量增加建造成本，是一种经济实用的太阳能利用技术，在寒冷地区应用效果更佳。

3.1.2 设计要点

被动式太阳房可以划分为两大类：直接受益式和间接受益式。直接受益式是指太阳辐射直接穿过建筑透光面进入室内；间接受益式是指通过一个接受部件（或称太阳能集热器），太阳辐射在接受部件处转换成热能，再经由送热方式对建筑供暖。

1. 直接受益式

（1）集热及热利用过程。

直接受益式是使太阳光通过透光材料直接进入室内的采暖形式，是建筑物利用太阳能采暖的常用方法。在白天，太阳辐射通过南向的大面积玻璃进入室内，照射到地面与墙体上，被地面或墙体内的蓄热材料吸收转化为热量。其中，一部分热量以对流的方式加热室内空气，一部分热量以辐射的方式与其他围护结构的内表面进行热交换，还有一部分热量被墙体或地面中的蓄热材料储存起来在夜间为室内继续供暖。在夜间，关闭保温窗帘和保温窗扇后，储存在地板和墙体内的热量逐渐释放，使室温能维持在一定水平。

（2）特点和适用范围。

直接受益式的特点是构造简单，施工、管理及维修十分便利，建筑物大面积的南向玻璃窗使得室内光照条件良好，与建筑功能配合紧密，有利于建筑一体化设计。然而直接受益式的南向大窗在太阳光较强时会导致室内升温较快，白天室温较高，且温度波动幅度较大，室内热稳定性不强。

根据直接受益式太阳房在白天迅速升温的特点，其适用于冬季需要采暖且晴天较多的地区，如我国华北和西北地区等。从建筑功能上来看，直接受益式太阳房适用于主要在白天使用的房间，如办公室、学校教室等。

2. 集热蓄热墙式

（1）集热及热利用过程。

集热蓄热墙的设计方式是在直接受益式太阳窗后面筑起一道重型结构墙。结构墙的外表面涂有高吸收率的涂层，用以提高太阳辐射吸收率，其顶部和底部分别开有通风孔，设有可控制空气流动的活动门，以根据不同时间段和需要控制对流换热的模式。

集热蓄热墙式太阳房收集与利用热量的过程是：太阳辐射透过玻璃外罩照射到集热蓄热墙上，集热蓄热墙吸收到的热量可以通过三种途径对室内进行加热。①一部分热量用于加热玻璃外罩和墙体之间的空气，使空气的温度升高，进而与室内空气形成热压，通过蓄热墙的孔洞实现对流换热加热室内空气；②一部分热量通过集热蓄热墙体向内部辐射热量，加热室内空气；③蓄热体将第三部分热量储存起来，在夜晚时刻以辐射和对流两种方式继续向室内供热。

（2）特点和适用范围。

集热蓄热墙式太阳房的特点在于既能使南向玻璃外罩充分吸收太阳辐射，又能使室内保留一定的墙面以便进行室内布置，能够适应不同房间的使用要求。在墙体顶部设置的排气口可根据季节和室内外环境，适时地通风换气，调节室内温度；砖石材料构成的集热蓄热墙在白天蓄热，夜间向室内辐射热量，进而减小了室内昼夜温差波动幅度，克服了直接受益式太阳房温度波动幅度较大的缺陷，因此热舒适性较好，适用于全天或主要在夜间使用的房间（如卧室）。但集热蓄热墙的构造要比直接受益式复杂，成本较高，清理及维修也较为困难。此外，蓄热体一般都是不透光的实墙，会阻挡室内观景视线，也会降低建筑的日间采光能力。

3. 附加阳光间式

（1）集热及热利用过程。

附加阳光间式太阳房采用玻璃等透光材料建造在建筑南侧能够封闭的空间，并用蓄热墙（也称公共墙）将房间与阳光间隔开，墙上开有门窗。白天，阳光间内的空气以及公共墙被加热，热量直接通过传导和辐射的方式加热室内。同时，打开公共墙上的门窗，能够让阳光间的热空气直接流入房间，进一步增强加热效果。夜间，关闭公共墙上的门窗，阳光间变为了一个热缓冲区，能够放缓房间内热量的散失，对室内起到一定的保温作用。

（2）特点和适用范围。

附加阳光间式太阳房与集热蓄热墙式太阳房相比，增加了地面作为集热蓄热体，且阳光间内室温上升快。与直接受益式太阳房相比，采暖房间的温度波动及眩光程度均较小。附加阳光间可以结合建筑功能空间设置（如南廊、入口门厅、休息厅、封闭阳台等），作为采暖房间与室外环境之间的热缓冲区，减小采暖房间因冷风渗透造成的热损失。此外，阳光间本身还可作为白天休息活动室或温室花房使用。阳光间与相邻内层房间之间的公共墙设置则比较灵活，既可以设成砖石墙，也可以设成落地门窗或带揽墙的门窗，适应性较强。

在采用附加阳光间式太阳房时，可以加强阳光间与室内的空气对流，及时将热空气传送到内层房间，以减缓阳光间中午及下午易出现的过热现象。另一方面，附加阳光间式太阳房需要增加玻璃层数或增设其他活动保温装置以减缓夜间热损失。

4. 蓄热屋顶式

（1）集热及热利用过程。

蓄热屋顶是指利用设置在建筑屋面上的集热蓄热材料，白天吸收热量，晚上通过顶棚向室内放热的屋顶。从向室内供热的特征上看，这种形式的被动式太阳房类似于不开通风口的集热蓄热墙式被动式太阳房。其蓄热物质通常是具有吸热和蓄热功能的贮水塑料袋或潜热蓄热材料，放置在屋顶上，设置有可以开闭的隔热盖板，冬夏兼顾。

在冬季，白天打开隔热盖板，将蓄热物质暴露在阳光下，吸收热量；夜晚将盖板盖上保温，使吸收了太阳能的蓄热物质释放热量，并以辐射和对流的形式传到室内。在夏季，白天关闭隔热盖板，阻止太阳能通过屋顶向室内传递热量，夜晚移去盖板，利用天空辐射、长波辐射和对流换热等自然传热过程降低屋顶池内蓄热物质的温度，从而达到室内降温的目的。

（2）特点和适用范围。

蓄热屋顶适用于冬季不太寒冷且纬度较低的地区，尤其是在冬季采暖负荷不高而夏季又需要降温的情况下。但这种采暖方式要求屋顶具备较强的承载能力，而且隔热盖板的操作也相对繁琐，因此实际应用较少。在高纬度地区，冬季太阳高度角太低，水平面上集热效率有限，蓄热屋顶并不适用。蓄热屋顶式太阳房要求屋顶隔热盖板的热阻要大，蓄水容器密闭性要好，热效率可以通过使用相变材料得到提高。蓄热屋顶的优势在于它的布置不受方位的限制，而且将屋顶作为室内散热面，能使室温均匀，也不影响室内的布置。

5. 对流环路式

对流环路式太阳房采用太阳能集热器和蓄热物质（通常以水或卵石作为蓄热体），它借助了“热虹吸流”的原理：太阳能集热器中产生的热空气经由风道被提升到蓄热装置中或直接为房间供暖。与此同时，较冷的空气从蓄热装置下沉并经由回风管流入集热器中，可再次加热后用来供暖。依据热空气上升原理，将集热器安装在蓄热装置的下方是保证对流环路式采暖效果的关键。由于蓄热装置中的水或卵石自重较大，将其置于高处的做法应单独加以考虑，理想情况是建筑南向立面拥有一块倾斜的坡地。对流环路式太阳房的集热量和蓄热量大，能获得较好的室内热舒适性。但它对建筑场地有一定要求，且构造较为复杂，造价较高。

6. 综合式

综合式太阳房是指将上述两种或多种基本类型组合而成的被动式太阳房，采用互为补充、效果更佳的被动式太阳能供暖系统。

3.2 太阳能光伏发电应用

3.2.1 太阳能光伏发电系统原理及分类

太阳能光伏发电系统是利用光伏电池板将太阳辐射能直接转化成电能的系统，以下简称光伏发电系统。

光伏发电的基本工作原理就是在太阳光的照射下，根据光伏效应原理，将太阳光能直接转化为电能。经过串联的太阳能电池进行封装保护可形成大面积的太阳能电池组件，和功率控制器等组件一起组成光伏发电装置。光伏发电系统生产直流电，并通过转换器转化成220V、50Hz的交流电。在这些系统中，多余的电能被储存在蓄电池中。光伏发电系统可分为独立光伏发电系统与并网光伏发电系统。

（1）独立光伏发电系统也称为离网光伏发电系统，如图3-1（a）所示。其构件主要有太阳能电池组件、控制器、蓄电池等。若为交流负载供电，还需要配置交流逆变器。独立光伏电站是指包括边远地区的村庄供电系统、太阳能户用电源系统、通信信号电源、阴极保护、太阳能路灯等各种带有蓄电池的、可以独立运行的光伏发电系统。

（2）并网光伏发电系统将产生的直流电经过并网逆变器转换成符合电网要求的交流电之后直接接入公共电网，如图3-1（b）所示。集中式大型并网光伏电站一般都是国家级电站，其主要特点是将所发电能直接输送到电网，再由电网统一调配向用户供电。但这种电站投资高、建设周期较长、需要较大占地面积。而分散式小型并网光伏发电系统，特别是光伏建筑一体化发电系统，由于投资小、建设快、占地面积小、政策支持力度大等优点，是目前并网光伏发电的主流设施。

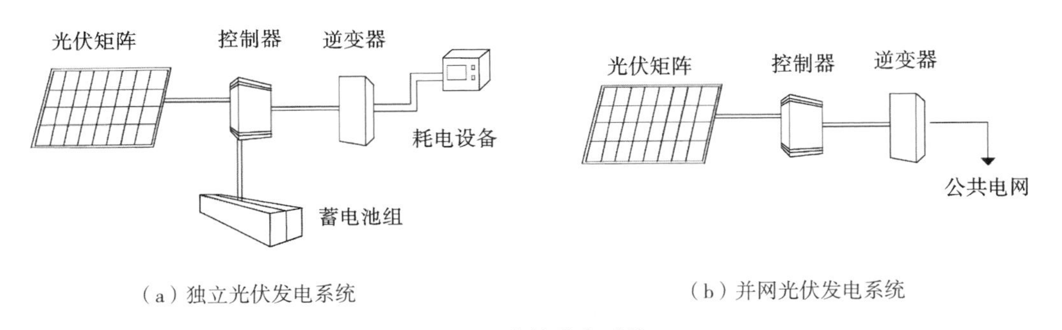

（a）独立光伏发电系统　　（b）并网光伏发电系统

图3-1　光伏发电系统

3.2.2 光伏发电系统的组成

光伏发电系统主要由以下构件组成：太阳能电池板，蓄电池，控制器，逆变器以及负载等，如图3-2所示。

1. 太阳能电池板

（1）太阳能电池分类。

太阳能电池板是太阳能光伏系统的关键设备，主要材料为半导体。从晶体结构来分，有单晶硅太阳能电池、多晶硅太阳能电池和非晶硅太阳能电池。从材料体型来分，有晶片太阳能电池和薄膜太阳能电池。从内部结构层数来分，有单节太阳能电池、多节太阳能电池或多层太阳能电池。

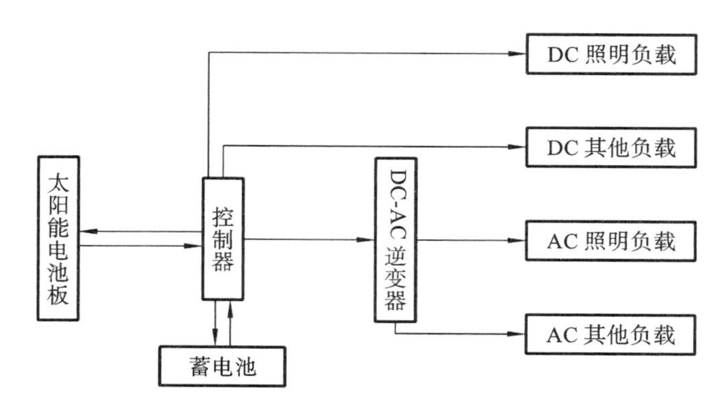

图 3-2 太阳能光伏发电过程示意图

按照半导体材料的不同，太阳能电池可分为如下几类，如表 3-1 所示。

表 3-1 各类太阳能电池比较

<table>
<tr><th colspan="2">分类</th><th>优点</th><th>缺点</th><th>光电转换率</th></tr>
<tr><td colspan="2">单晶硅太阳能电池</td><td>1. 光电转换效率最高。
2. 使用寿命长。
3. 制作技术成熟</td><td>1. 制作成本最高。
2. 透光性差。
3. 弱光条件下光电转换率低</td><td>最高可达 24.7%，规模生产时的效率为 18%</td></tr>
<tr><td colspan="2">多晶硅太阳能电池</td><td>1. 光电转换效率较高。
2. 制作工艺简单，节约能耗</td><td>1. 使用寿命略短。
2. 透光性较差。
3. 弱光条件下光电转换率低</td><td>为 12%</td></tr>
<tr><td colspan="2">非晶硅太阳能电池</td><td>1. 工艺过程大大简化。
2. 透光性好。
3. 弱光条件下也能发电。
4. 可做柔性材料易于塑性</td><td>1. 使用寿命短。
2. 转换效率低。
3. 转换效率会随着时间而衰减</td><td>为 10%</td></tr>
<tr><td rowspan="2">多元化合物太阳能电池</td><td>铜铟（镓）硒太阳能电池</td><td rowspan="2">1. 透光性好。
2. 可做柔性电池。
3. 电池性能稳定</td><td rowspan="2">1. 使用寿命较短。
2. 制作成本较高</td><td>最高达 18%</td></tr>
<tr><td>碲化镉太阳能电池</td><td>最高达 14%</td></tr>
</table>

①单晶硅太阳能电池。

目前所有类型的太阳能电池中，单晶硅太阳能电池的光电转换效率为 18%，最高可以达到 24%，光电转换效率较高，但由于制作成本高，并没有得到大量的发展与应用。

常见的单晶硅电池多为蓝色或者黑色，原有的颜色是银灰色，通过涂层改变了电池的外观。单晶硅电池片的形状为圆形或者八角形，一般由多个单晶硅电池片组成矩形单晶硅模块，规格由大到小根据发电量的需求而定。单晶硅太阳能电池如图 3-3 所示。

②多晶硅太阳能电池。

多晶硅太阳能电池由方形或矩形的硅锭切片而成，四个角为方角，表面有类似冰花一样的花纹。多晶硅太阳能电池的制作成本低于单晶硅电池，其转换效率没有单晶硅电池高，但仍可达到 12% 的光电转换效率。近年来，多晶硅薄膜电池在太阳能电池市场上占据主导地位。

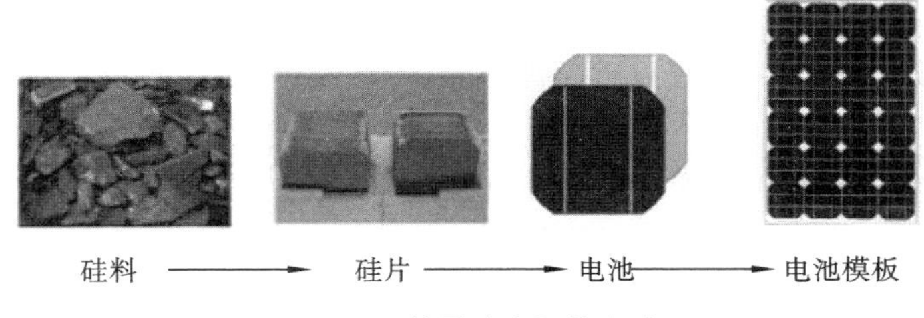

图 3-3 单晶硅太阳能电池

常见的多晶硅电池为蓝色或者黑色，其硅纯度没有单晶硅电池高，但透光率高于单晶硅电池，目前已有多种颜色的多晶硅太阳能电池。

③非晶硅太阳能电池。

非晶硅太阳能电池与单晶硅和多晶硅太阳能电池的制作方法完全不同，其制作过程要简单许多，在200℃左右的温度下就可以生产制造，所消耗的硅材料很少，电耗更低，能够实现连续的大面积生产。它的主要优点是在弱光条件下也能发电。缺点是光电转换效率较低，约为10%。

非晶硅材料的颜色通常呈现黑色或者暗棕色，纹理均匀不透明，但可以根据需要达到半透明的效果。非晶硅材料可做成薄膜电池，因此其可塑性强，非常适合与不规则表面的建筑结合进行一体化设计。

④多元化合物太阳能电池。

多元化合物太阳能电池的制作材料为半导体材料以及无机盐。目前主要的种类有铜铟硒太阳能电池、铜铟镓硒太阳能电池和碲化镉太阳能电池等。

多元化合物太阳能电池具有制作工艺相对简单、使用寿命长、在使用周期内不存在衰退问题、可回收继续使用等优点，且质地柔软，塑性很好，可做成膜状结构，具有很强的建筑表现力。

（2）太阳能电池、组件和方阵。

单体太阳能电池是太阳能电池的基本单元；多个电池片串联构成太阳能电池组件。将多个太阳能电池组件组装在一起构成光伏方阵。

（3）组件的串联和并联。

太阳能电池件组件同普通电源一样，也采用电压值和电流值标定。在充足的阳光下组件的标称电压是12V，电流强度大约为3A。组件可以根据需要组合在一起，以得到不同电压和电流的太阳能电池板。

2. 蓄电池

由于太阳能辐射随天气条件变化较大，光伏电站发电系统的输出功率和能量随时在波动，无法获得持续而稳定的电能供应，电力负载和电力生产量之间无法匹配。为解决上述问题，必须利用某种类型的能量储存装置将光伏电池板发出的电能暂时储存起来，并将其输出与负载平衡。

目前，光伏发电系统中广泛使用的能量储存装置是蓄电池组，将白天转换来的直流电储存起来，并随时向负载供电；在夜间或阴天时再释放出电能。在光照强弱相差过大或设备发生耗电变化时，蓄电池组能起到一定的调节作用。

3. 控制器

在运行中，控制器通过报警或自动切断电路，来保证系统负载正常工作。

4. 逆变器以及负载

逆变器的功能是将直流电转变成交流电。负载是将电能转化成其他形式的能的装置。

3.2.3 影响太阳能光伏发电效率的因素

任何一种光伏材料的使用都离不开光，无论是直射光还是漫射光，因此对太阳辐射能的接受、转换效率是影响光伏发电效率的重要因素，这是光伏幕墙设计的前提。只有在光伏电池达到一定发电效率的前提下，光伏幕墙建筑才有实际意义。影响发电效率的因素有很多，以下重点分析方位角、倾角、光伏板间距以及光伏板运行环境等因素。

1. 方位角和倾角

太阳辐射量取决于建筑所处的环境。在气候环境确定的情况下，光伏板的方位和角度决定了吸收的太阳辐射能否达到最大值。方位角是从某点的指北方向线起，依顺时针方向到目标方向线之间的水平夹角；倾角是指光伏板与水平面所成的角。当太阳光垂直于光伏板照射（即入射角为 0°）的时候，光伏板吸收太阳辐射效率最大；入射角越大，光伏板吸收太阳辐射的效率越低。因此，要根据光伏板安装的具体地理位置，确定其最佳的安装方位角和倾角。

2. 光伏板间距

在光伏系统的应用过程中，通常将光电模板连接成组以便增大系统的电压。也就是电流会通过串联电路的每个模板。一个模板有阴影就会限制其他模板的电流产出，很小的阴影（例如天线投下的影子）都会使其性能明显降低。因此，避免光伏设备表面出现阴影是非常重要的。在光伏板的设计过程中，要避开建筑物与周边环境对光伏板的遮挡，同时要避免光伏板之间相互遮挡。

3. 运行环境

除角度和阴影遮挡之外，光伏设备的具体运行环境对其转化效率也有重要影响。

光伏板一般会暴露在空气中以便更好地接受太阳光，然而空气中灰尘的覆盖会阻挡光伏板接受太阳辐射，进而影响光电板的转化效率。有些灰尘较为严重的地区，由于光伏板尘积较厚而又没有及时清洁，会导致蓄电池长期无法使用。因此，除了依靠自然界的风和雨雪冲刷掉部分光伏板上的灰尘，在光伏幕墙的设计过程中也要考虑如何减少积尘，并定期进行维护和清洁。

光伏设备运行环境的另一方面就是温度。一般商用的太阳能电池的转化效率为 6%~15%。在运行过程中，照射到光伏板上的太阳能只有一部分被转化为电能，而大部分的太阳辐射被反射到空气中或者被光伏板吸收转化为自身热能。如果这些热能无法及时排出，光伏板温度就会逐渐升高。计算结果显示，假设太阳能电池在 25℃时的效率为 15%，则温度每升高 1℃，效率会下降 0.75%。太阳能电池的效率降低还会使光伏转换的热量升高，且光伏板长期在高温下工作会迅速老化而缩短使用寿命。因此光伏幕墙整体设计阶段应为光伏板的通风散热预留空间及路径，从而控制光伏板温度的升高。

3.2.4 太阳能光伏构件与建筑结合方式

太阳能光伏构件与建筑结合的方式包括，竖直立面结合、倾斜立面结合、水平向锯齿状墙面、竖直向锯齿状墙面、弧形立面结合、水平遮阳和竖向遮阳等方式，如图 3-4 所示。

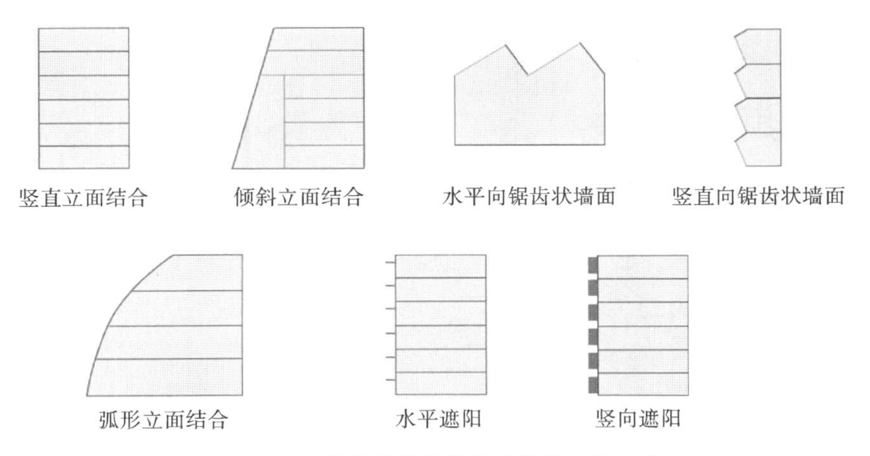

图 3-4 太阳能光伏构件与建筑的结合方式

1. 竖直立面结合

竖直立面是光伏构件与幕墙常见的结合部位，设计时需要注意安装部位，避免阴影遮挡，以达到最佳的发电效率。

竖直立面结合的典型案例是加拿大 William Farrell 大厦。始建于 1940 年的加拿大 William Farrell 大厦，如图 3-5 所示，在 1999 年进行改建并融入了多项环保节能策略。在立面的改造中，原有结构保持不变，用新的双层呼吸式幕墙替换掉原有的墙面砖。多晶硅电池的模块尺寸为

图 3-5 加拿大 William Farrell 大厦

2370mm×800mm。考虑到双层幕墙的通风散热能力，只在建筑的东南面和西南面最上部安装了光伏系统，整个光伏列阵规模为 47.4m×0.8m，系统功率为 2.2kW。整个光伏构件与建筑完全融为一体，并在建成后高效地运作，为建筑幕墙的环保改造设计提供了很好的范例。

2. 倾斜立面结合

在满足功能要求的同时，在设计之初应将光伏幕墙作为重要的设计要素。为了充分利用太阳能资源，可将建筑的主要采光面设计为倾斜式幕墙。幕墙的倾角和方位角可根据项目所在地的经纬度和基地情况综合考虑。中国山东德州的皇明太阳谷“日月坛”也采用大面积倾斜式光伏幕墙。

倾斜立面结合的典型案例是英国 Doxford 国际商务区太阳能办公大楼。该大楼共 3 层，建筑南向立面为宽 66m 的大面积倾斜式多晶硅光伏幕墙，如图 3-6 所示。倾斜式幕墙与地面倾角为 60°，幕墙后是建筑的中央大厅，既作为交通空间又作为光伏幕墙后的热缓冲空间，冬季可被动式采暖，夏季可通风降温。中央大厅幕墙的正面安装了 9 种不同规格（尺寸、透明度、发电效率）的光伏模板，以解决自然采光与发电效率之间的矛盾。光伏电池系统功率为 76kW，每年产生 55100kW·h 电能，相当于该建筑物全年预计使用电量的 30%。

图 3-6　英国 Doxford 国际商务区太阳能办公大楼入口

3. 水平向锯齿状墙面

由于采光、功能或者景观设计的需要，幕墙设计成水平向锯齿状，可作为独特的造型元素，打破单调的建筑形象，形成丰富的光影效果。设计时可结合自然条件来确定锯齿形墙面的角度，以充分获得太阳辐射。

水平向锯齿状墙面的典型案例是兴业太阳能湘潭九华总部，如图 3-7 所示。

图 3–7　兴业太阳能湘潭九华总部

4. 竖直向锯齿状墙面

为使光伏构件获得更多的太阳辐射，并丰富立面设计效果，可采用竖直向锯齿状墙面的设计方式。具体设计方法为：每层建筑幕墙的上半部分墙面倾斜向上，倾斜角度可参考当地最佳倾角，其上可布置光伏构件，兼有遮阳功能；下半部分的墙面倾斜向下，为窗和墙体，满足采光通风需求。从剖面上看，建筑每层锯齿状凸出，开阔景观视线并解决遮阳问题。

竖直向锯齿状墙面的典型案例是德国霍兹明登某百货公司，如图 3–8 所示。

图 3–8　德国霍兹明登某百货公司外立面

5. 弧形立面结合

弧形立面通常是建筑造型的重要元素。它将立面与屋顶连为一体，形成更加流畅的建筑形象。在光伏材质的选择上，要注意弧形光伏立面与采光玻璃的材质相协调。

弧形立面结合的典型案例是荷兰能源研究基金会（ECN）42 号楼，如图 3-9 所示。

图 3-9　荷兰能源研究基金会（ECN）42 号楼

6. 光伏遮阳

夏季降低建筑能耗的有效方式便是减少太阳辐射对建筑室内热环境的影响。遮阳便是一种有效的建筑手段，运用相应的材料和构成，与日照光线成某一有利角度，遮挡影响室内热性的日照且不减弱采光的手段和措施。

充足的太阳辐射、灵活的安装角度、良好的通风条件使遮阳板在与光伏模板结合时具有无可比拟的优势，但应确定合适的遮阳板尺寸间距，以达到遮阳、采光和光伏发电功率之间的平衡。

光伏遮阳的典型案例是荷兰能源研究基金会（ECN）31 号楼，如图 3-10、图 3-11 所示。

图 3-10　水平光伏遮阳外观

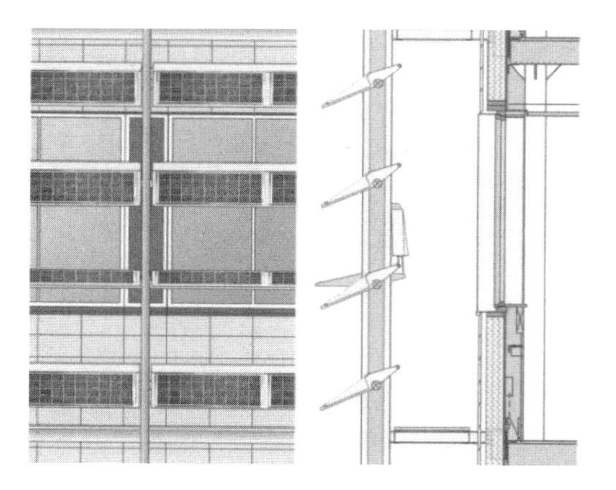

图 3-11 水平光伏遮阳剖面节点

3.3　太阳能光热利用

3.3.1　太阳能热水系统组成

太阳能热水系统是指利用温室原理，将太阳辐射转化为热能，并向冷水传递热量，从而获得热水的一种系统。它主要是由太阳能集热器、贮水箱、泵和连接管道、支架、控制系统以及辅助能源等组成。

1. 太阳能集热器

太阳能集热器是太阳能热水系统中把太阳辐射能转化为热能的主要部件，是吸收太阳辐射并将产生的热能传递到传热工质的装置。目前使用的太阳能集热器主要分为平板型太阳能集热器和真空管太阳能集热器。

2. 贮水箱

贮水箱是用于储存由太阳能集热器产生的热量的装置。贮水箱是太阳能热水系统的重要组成部分，其容量、结构、材料、保温性能都将直接影响整个热水系统的运行。贮水箱一般设有进出水管、溢水管、泄水管、通气管、液位仪、入孔、传感器安装接口、辅助能源安装接口等附件。贮水箱内胆材料一般为不锈钢板、镀锌钢板或钢板，并对其进行内防腐处理，外壳材料一般采用镀锌板或薄壁钢板，外表面喷漆。为减少热量损失，贮水箱设有保温层，其保温材料一般选用聚氨酯。

3. 泵和连接管道

泵和连接管道将热水从集热器输送到保温水箱，并将冷水从保温水箱输送到集热器，使整套系统形成一个闭合的环路。循环管道对太阳能系统是否能达到最佳工作状态至关重要。热水管道必须做保温防冻处理，并保证有 20 年以上的使用寿命。

4. 支架

支架用于保持集热系统接受阳光照射的角度以及保证集热器安装的牢固性。支架主要由反射板、尾座及主支撑架组成。

5. 控制系统

控制系统用于保证整个热水器系统的正常工作。系统主要包括显示屏、机柜、处理器、输入输出元件等。通过显示屏，使用者可以实现对太阳能热水器供水水位和水温的控制。

6. 辅助能源

由于太阳能是一种不稳定的热源，受当地气候因素的影响很大，雨、雪天几乎不能使用，所以必须和其他能源的水加热设备联合使用，才能保证稳定的热水供应。这种水加热设备常被称为辅助能源。其作用是当太阳能不足时作为太阳能热水系统的热能补充。常见的辅助能源有电加热器、锅炉、地源热泵、空气源热泵等。辅助能源宜靠近贮水箱布置。

3.3.2 太阳能热水系统分类

太阳能热水系统分类如下。

（1）按生活热水与集热器内传热工质的关系划分为直接式系统（也称一次循环系统）和间接式系统（也称二次循环系统）。

直接式系统是指水在太阳能集热器中直接加热后供给用户的系统。直接式系统一般需要对自来水进行软化处理。

间接式系统是指太阳能集热器先加热某种传热工质，再利用该传热工质通过热交换器加热水供给用户的系统。考虑到与建筑一体化效果、用水卫生、减缓集热器结构压力以及防冻等因素，在投资允许的条件下，一般优先采用间接式系统。在间接式系统中集热器与贮水箱可分开放置，集热器常作为建筑的一个构件集成到屋面或者墙面中，而贮水箱可放置在阁楼或室内，连接各部件的管道可预先埋设，因而在太阳能建筑一体化方面的优势较为突出。但间接式系统的结构相对复杂，造价也较高，还有待进一步推广。

（2）按贮水箱与集热器的关系划分为紧凑式系统，分离式系统和闷晒式系统。

紧凑式系统是指集热器和贮水箱两者相互独立，贮水箱直接安装在太阳能集热器上或相邻位置上的系统。分离式系统是指贮水箱和太阳能集热器分开安装的系统。闷晒式系统是指集热器和贮水箱结合为一体的系统。在与建筑工程结合的同步设计中主要使用分离式太阳能热水系统。

（3）按辅助热源的安装位置划分为内置加热系统和外置加热系统。

内置加热系统是指辅助热源加热设备安装在太阳能热水系统的贮水箱内。外置加热系统是指辅助热源加热设备安装在贮水箱附近或供热水的管路上，包括主管加热系统、干管加热系统和支管加热系统等。

（4）按辅助热源启动方式划分为手动启动系统、全日自动启动系统和定时自动启动系统。

手动启动系统根据用户需要随时手动开启辅助热源水加热设备。全日自动启动系统采用辅助热源水加热设备，始终自动启动，确保 24 小时供应热水。定时自动启动系统也采用辅助能源水加热设备，定时自动启动供应热水。

（5）按供水范围划分为集中供热水系统、集中 – 分散供热水系统和分散供热水系统。

①集中供热水系统采用集中的太阳能集热器和集中的贮水箱供给一幢或几幢建筑物所需热水。常见的做法是在建筑屋顶布置集热器，水箱可以同样放置于屋顶之上，也可以结合建筑的阁楼、设备层、地下室、车库来布置。该系统的优点是：立管少，仅需热水供水管和热水回水管两根便可，能够有效地节省管道井面积；集热器部分集成化程度高，集热效率高，集中储热有利于降低造价并减少热损失。该系统的缺点是：集热器和贮水箱集中布置于屋顶，会增加屋顶负荷，需要另外进行结构计算；热水用户越多，集热器面积和贮水箱体积越大，屋顶空间可能不足；水箱布置在屋顶也影响建筑美观，管线长，管内流动工质热损失大，且热损失随管道长度的增加而增加；底层住户用水点与贮水箱距离长，需用热水时要先放一段冷水造成浪费；系统局部一旦出现故障，所有用户用水不能得到保证。这种系统适用于旅馆、医院、学校、住宅等建筑。

②集中 – 分散供热水系统是指采用集中的太阳能集热器和分散的贮水箱供给热水的系统。集热器可集中布置于屋顶和墙面，贮水箱可灵活地布置于室内和阳台。该系统的优点是：立管少，只需供水、回水和同程回水三根管道即可，占用空间少，检修方便，系统结构简明，屋顶或墙面只需放置集热器，结构负荷小；分户储热，管理界限明确，方便维修管理，计费简单，可以减少物业纠纷；可采用双循环方式，用户用热水不必参与循环，保证用水卫生。该系统的缺点是：每户用水量大小不均，贮水箱温度不尽相同，可能造成循环回水温度过高而降低集热效益；可能出现贮水箱温度高于管内工质温度，引起热量倒流增加了管路长度，热损失较大；系统相对复杂，整体投资增加。这种系统适用于多层和高层住宅。

③分散供热水系统是指采用分散的太阳能集热器和分散的贮水箱供给各个用户所需热水的小型系

统。集热器、贮水箱、辅助热源被分别设置，集热器可布置在屋顶，也可与建筑立面结合，贮水箱可灵活地布置于室内和阳台。该系统的优点是：集热与贮水箱各户独立使用，权责明确，管理和维护简单，若每户集热器独立安装于立面，则集热器和贮水箱之间管线短，热量损失减少。集热器可分散布置，易与建筑外观结合。该系统的缺点是：若将集热器安装于屋顶，则管线较多，每户至少2根管道，且层数越多，住户越多，管线越多，占用建筑空间；若集热器独立安装于立面，处于低层的集热器会因受到其他建筑的遮挡而无法满足日照要求；每户单独一个系统，热水资源无法实现共享，当供热量大于需热量时会造成浪费。这种系统适用于别墅、排屋、多层住宅及高层住宅。

（6）按太阳能集热系统运行方式划分为自然循环系统、直流式系统和强制循环系统。

①自然循环系统是指利用传热工质内部的密度变化来实现传热工质循环的太阳能热水系统，也称为热虹吸系统。该系统中，为了保证必要的热虹吸压头，贮水箱应高于集热器上部，水在集热器中被太阳辐射加热后温度升高，由于集热器中的水与贮水箱中的水温度不同而产生密度差，形成热虹吸压头，使热水由上循环管进入水箱的上部，同时水箱底部的冷水由下循环管进入集热器，形成循环流动。

②直流式系统是指传热工质一次流过太阳集热系统加热后，直接进入贮水箱或者热水供应处的非循环太阳能热水系统。直流式系统一般采用变流量定温放水的控制方式，集热器内的水经太阳辐射加热后，温度逐渐升高。安装在集热器出口处的温度传感器会控制流量阀，根据集热器出口温度来调节集热器的进口水流量，使出口水温保持恒定。直流式系统可以采用非承压集热器，集热系统造价较低，在国内中小型建筑中使用较多。缺点是生活用水可能被污染、集热器易结垢等。

③强制循环系统是通过利用泵，使传热工质通过集热器（或换热器）进行循环的太阳能热水系统。在这种系统中，水依靠泵的作用进行循环，系统中装有控制装置，当集热器顶部的水温与贮水箱底部水温的差值达到某一限定值的时候，控制装置就会自动启动水泵；反之，当集热器顶部的水温与贮水箱底部水温的差值小于某一个限定值的时候，控制装置就会自动关闭水泵，停止循环。强制循环系统一般适用于大型热水系统，在该系统中，贮水箱的位置比较灵活，不一定要高于集热器。一般把贮水箱设置在室内， 热损耗小，防冻也不易结冰，且循环管道易于布置。

3.3.3 太阳能光热构件与建筑结合方式

1. 屋面太阳能光热系统

（1）坡屋面集成太阳能集热器。

将太阳能安装在南向的屋顶上，使集热器的倾角与屋顶坡度保持一致，能够较好地体现集热器与建筑的一体化设计。形式不同的集热器能够表现出不同的屋顶形式，如平板型集热器的玻璃质感能够形成类似天窗的效果。坡屋顶可利用的集热面积比平屋顶要小，集热器与坡屋顶相结合，有利于充分利用屋顶的面积，但这种方式在安装技术方面较平屋顶更为复杂，需要考虑对屋顶防水、保温、排水、布瓦的影响。按照屋面和集热器的关系，目前常用的形式有架空式和嵌入式。

Ⅰ. 架空式是坡屋顶与集热器结合的常用形式，它将集热器安装在原有屋面结构预设的金属支架或支座上，集热器通过支架与屋顶固定，支架两侧及下部需设置排水板，应满足如下要求。

①顺坡架空设置的太阳能集热器支架应与埋设在屋面板上的预埋件连接牢固，能承受风荷载和雪荷载，预埋件及连接部位应做好防水处理。

②埋设在屋面结构上的预埋件应在主体结构施工时埋入，同时其埋入位置要与设置的太阳能集热器支架相对应。

③在坡屋面上设置太阳能集热器时，屋面雨水排水系统的设计应保证太阳能集热器与屋面结合处的雨水排放通畅，并且不得影响太阳能集热器的使用安全。

Ⅱ.嵌入式是将集热器完全嵌入屋面的保温防水层中，此种方式对安装技术要求较高，安装时应注意不破坏屋面的保温防水构造及屋面排水的顺畅，要特别注意避免雨水在集热器安装部位积存。在构造设计和安装方面要满足如下要求。

①顺坡度嵌入坡屋面的太阳能集热器与屋面材料的连接部位应做好构造处理，关键部位可做加强防水处理（如做防水附加层），使连接部位在保持立面效果的同时，保证正常的防水、排水功能。

②太阳能集热器顺坡嵌入于坡屋面上时，屋面整体的保温、防水、排水应满足屋面的防护功能要求。太阳能集热器（无论平板型集热器还是真空管集热器）有一定的厚度，需要采取局部降低屋面板的方法或增加屋面保温层厚度的方法来满足整体屋面保温防护的功能要求。

③管线穿过屋面时，应预先设置好相应的防水套管，防水套管需做防水处理，并在屋面防水施工前安设完毕。

（2）平屋面集成太阳能集热器。

平屋面集成太阳能集热器安装简便，集热器与屋面的连接构造简单，系统管线易隐蔽，便于后期维护。平屋面能够提供的面积相对较大，因此集热器安装对建筑外观和建筑朝向没有特殊要求。一般而言，太阳能集热器只需通过基座和支架固定在屋面上，并按照一定角度和间距整齐排列即可。平屋面集成太阳能集热器按照集热器支架形式可分为阵列支架式、整体支架式两种。

Ⅰ.阵列支架式是平屋面安装集热器时的一种常见形式，集热器按照最佳角度安装在单排支架上，支架下设基座，多排布置。在构造设计和安装方面要满足如下要求。

①太阳集热器日照时数应保证不少于 4 小时，前后排之间要有足够间距（包括安装维护的操作距离），相互不遮挡、排列整齐有序。

②太阳能集热器在平屋面上安装时应充分考虑太阳能集热器（包括基座、支架）的荷载。

③固定太阳能集热器的预埋件（基座或金属构件）应与建筑结构层相连，支座的上部、地脚螺栓周围要加强密封处理。

④应在屋顶设置屋面上人孔，用作安装检修入口。太阳能集热器周围、检修通道以及屋面上人孔与太阳能集热器之间的人行通道应敷设刚性保护层，可通过铺设水泥砖等来保护屋面防水层。

⑤太阳能集热器与贮水箱相连的管线穿过屋面时，应预埋相应的防水套管，对其做防水构造处理，并在屋面防水层施工之前埋设安装完毕。

⑥屋面防水层上方放置集热器时，基座下部应加设附加防水层。

Ⅱ.整体支架式用混凝土支架或金属支架搭建具有倾角的大型支架，集热器纵横连续布置。这种形式不需要考虑集热器之间的单排间距，增加了可利用的屋顶集热面积，管线布置方便，日常检修便利。混凝土支架的耐久性与安全性要优于金属支架。当混凝土支架柱距较大时，屋顶其他设备的布置不会受到影响。

2. 立面太阳能光热系统

建筑的屋顶往往不能提供足够的集热器安装面积，此时一般将太阳能集热器与墙体结合布置。此种方式在有效减少管线长度的同时又丰富了立面效果。应保证集热器能获得充足的日照条件，集热器可安放在建筑立面的窗间墙、窗下墙、女儿墙、阳台等位置。

（1）墙面集成太阳能集热器。

集热器在墙面的安装位置可分为窗间墙、窗下墙两种。例如，利用窗间墙面布置，集热器与临近的窗户上下等高，由于户型本身的阳台和开窗具有规律性，集热器的加入可以加强建筑立面上的横向线条感。同样，利用窗下墙布置集热器，集热器与其上方及下方的阳台或窗户左右等宽，可以加强建筑立面上的纵向线条感。

（2）阳台集成太阳能集热器。

在建筑阳台上布置太阳能集热器也是较为常见的方式。从太阳能热水系统设计的角度来看，阳台上可以统筹布置集热器、贮水箱、空调室外机等设备，实现了空间的高效利用。集热器设置在阳台上与贮水箱及用水点之间的连接管线较短，便于局部热水系统的管理与维护，在阳台上的安装操作更加方便、安全，也利于后期维护与管理。

在阳台安装集热器的构造形式与在墙面安装类似，集热器可与混凝土墙体以及金属栏杆结合。另外，还有将集热器布置在阳台出挑的板上，或将集热器倾斜布置的做法，此类做法应考虑对下面楼层采光的影响。

3.4　太阳能综合利用

太阳能在建筑中的综合利用，即利用太阳能满足运行功能所需要的大部分能量供应，如供暖、热水供应、供电等，进而提升房屋居住者舒适水平。

3.4.1　光伏光热系统

光伏光热系统，即实现太阳能光伏和光热综合利用的系统。其所用设备称为光伏光热一体化组件。试验表明，硅光伏发电模块的实际发电量不仅取决于吸收和传输的太阳辐射，还取决于电池的实际工作温度，温度每升高 1K，则光伏发电模块的发电量将降低额定容量的 0.5%。因此，在太阳能光伏板背部回收热量，降低光伏板温度，既可以提高电池发电效率，又可以获得额外的热量，即实现太阳能热电联产。

根据光伏板背面冷却介质不同，光伏光热系统一般分为风冷却光伏光热系统、水冷却光伏光热系统、制冷剂冷却光伏光热系统等。

（1）风冷却光伏光热系统。

风冷却光伏光热系统采用空气冷却光伏板背面，降低光伏板温度；加热后的空气也可以用于供暖。一般风冷却采用自然对流，热风不做回收，主要目的是提高太阳能发电效率。

（2）水冷却光伏光热系统。

水冷却光伏光热系统采用水冷却光伏板背面，降低光伏板温度；加热后的水可以用作其他用途，如供暖、生活热水、空调制冷。这样的系统一般称为非直膨式光伏热泵系统。

（3）制冷剂冷却光伏光热系统。

制冷剂冷却光伏光热系统采用制冷剂吸取光伏板热量，降低光伏板温度，提高光伏板效率，并为热泵系统提供热能，提高热利用率。这样的系统一般称为直膨式光伏热泵系统。

直膨式光伏热泵系统和非直膨式光伏热泵系统是光伏热泵系统的两种主要形式，但由于成本较高，目前大多处于试验阶段，在建筑中应用很少。

3.4.2 其他太阳能综合利用

根据建筑物的用能特点，供暖负荷和空调负荷具有季节性特征。热水负荷是全年性的，太阳能供暖系统和太阳能制冷系统在设计阶段就需要考虑到太阳能的综合应用，即在非供暖季和非空调季利用太阳能。

根据太阳能功能与建筑物结合的方式，太阳能的综合利用可以分为以下几种系统形式。

（1）集热器－蓄热器系统。

集热器与蓄热器均安装在南向的墙面上，并作为建筑结构的一部分。这种系统主要用来实现冬季供暖。

（2）集热器－散热器－蓄热器系统。

集热器、散热器和蓄热器安装在屋面，并设置可以移动的隔热装置。系统在供暖季的白天吸收太阳能，实现冬季供暖和夏季制冷的功能。

（3）集热器－散热器－热泵系统。

集热器没有盖板，白天集热，夜间散热，利用贮水箱给建筑物供暖或者制冷。系统中安装的热泵用于保持冷、热水箱之间的温差。集热器安装在屋面，散热器为顶棚辐射板，可作为围护结构的一部分。系统冬天以供暖方式运行，夏天以空调方式运行，过渡季以供暖和空调方式运行。

以上三种系统适用于层数不多的建筑物，要求建筑物有足够的位置能够安装集热器等相关附件。

▶ 知识归纳

1. 被动式太阳能利用通过对周围环境的合理组织，建筑朝向的合理布置，内部功能、形态的巧妙处理和安排，以及建筑材料、结构和构造的恰当选择，使房屋在采暖季可以充分收集、存储、利用太阳能，解决建筑室内的采暖问题。被动式太阳房是一种经济的被动式太阳能利用技术，包括直接受益式、集热蓄热墙式、附加阳光间式、蓄热屋顶式、对流环路式以及综合式等。

2. 太阳能光伏发电利用太阳能电池将太阳光能直接转化为电能。大面积的太阳能电池组件配合功率控制器就形成了光伏发电装置。该装置主要由太阳能电池板、蓄电池、控制器、逆变器以及负载等组成。

3. 太阳能热水系统是指利用温室原理，将太阳辐射转化为热能并向冷水传递热量，从而获得热水的一种系统。其主要由太阳能集热器、贮水箱、泵和连接管道、支架、控制系统和辅助能源等构件组成。

4. 太阳能综合利用是指将多种太阳能利用方式结合，最大限度地利用太阳能来满足建筑功能所需要的大部分能量供应，主要有光伏光热系统以及其他太阳能综合利用。

▶ 独立思考

1. 被动式太阳能利用的定义是什么?
2. 被动式太阳房都有哪几类?
3. 光伏发电系统的原理是什么?
4. 影响太阳能光伏发电效率的因素有哪些?
5. 光伏构件与建筑结合方式都有哪些?
6. 太阳能光热系统的原理是什么? 太阳能光热系统由哪些部件组成?
7. 太阳能光热系统的分类都有哪些?
8. 太阳能光伏光热系统有哪几类?
9. 坡屋面建筑可以采用什么方法安装集热器?
10. 列举出你所知道的利用太阳能的建筑，并分析其所用技术。

第4章

建筑自然通风与绿色建筑

绿色建筑的自然通风设计包括室内外自然通风的利用和协调。通过室内外协作，改善建筑周边及室内的风环境，达到绿色环保、节能可持续的目的。

4.1 风的基本知识

风是大气在水平方向上的运动。由于地球表面各处的大气压力不相等，导致气流从高气压向低气压流动。因地球表面接收的太阳辐射不同，导致各处增温不同，大气压力不同，进而产生了大气流动。

4.1.1 风的分类

风可以分为大气环流和地方风。

（1）大气环流。

受地球的形状、自转与公转等因素影响，太阳在地球上照射并不均衡，因此地球各处吸收的太阳辐射不同，形成了赤道和两极的温度差，大气在赤道和两极之间的流动，称为大气环流。大气环流构成了全球大气运动的基本形势，是全球气候特征和大范围天气形势的主导因子，也是各种尺度天气系统的活动背景。

（2）地方风。

地方风包含海陆风、季风、山谷风、庭院风及巷道风等。地方风由局部昼夜温差引起，以昼夜为周期。但季风是例外，季风是由海陆之间的季节温差引起的：由于海面和陆地对太阳辐射热的吸收不同，夏季海面温度低，陆地温度高，海面气压高于陆地，风由海面吹向陆地；冬季海面温度高，陆地温度低，陆地气压高于海面，风由陆地吹向海面。季风变化以年为周期。

4.1.2 风的特性

风具有风向和风速两个特性。

风向通常指风吹来的地平方向，例如来自西南方向的风的风向就是西南向。通常将风向分为 16 方位，即北，北东北，东北，东东北；东，东东南，东南，南东南；南，南西南，西南，西西南；西，西西北，西北，北西北。其中，正北为 0°，按顺时针方向，每一方位增加 22.5°。

风速是指空气相对于地球某一固定地点的运动速率，单位是 m/s，是风力等级划分的依据。一般情况下，气象台采用距地面 10m 处的风向和风速作为当地的资料数据。

4.1.3 风玫瑰图

通常用风玫瑰图来直观地表示当地的风向情况。风玫瑰图分为风向玫瑰图和风速玫瑰图两种。风向玫瑰图表示某一地区某段时间内的风向和风向频率，其绘制方法是根据这一地区这一阶段平均统计的各个风向的频率，按一定比例绘制在 8 或 16 方位所表示的极坐标图上，再将各方向端点相连形成闭合折线。用这种统计方法表示各方向的平均风速的图，就被称为风速玫瑰图。根据我国各地 1 月份、7 月份和年的风向频率玫瑰图，按其相似形状进行分类，可分为季节变化、主导风向、双主导风向、无主导风向和准静止风（风速＜1.5m/s）等五大类。

4.1.4 风压

当风遇到建筑物时，由于建筑物的阻挡，四周空气受阻，建筑物表面动压下降，静压升高。建筑物侧面和背面静压下降，动压升高，产生局部涡流。这其中的静压与动压之和就是风压，风压是指垂直于气流方向的平面所受到的风的压力，单位是 kgf/m^2，风压和风速的数值关系可以用下式表示：

$$P=Kv^2 \qquad 式（4.1）$$

式中，P 为风压，kgf/m^2；

K 为常数；

v 为风速，m/s。

4.2 自然通风

4.2.1 基本概念

自然通风是指不依靠机械设备，依靠合理的建筑朝向、形体、布局、空间、开口设置等设计方法实现空气流通的一种通风方式。合理的自然通风可以减轻建筑对空调等设备的依赖，降低建筑的能源消耗。

通常，利用自然通风实现绿色节能包括以下两个途径。

（1）通过对建筑进行合理的设计安排，提升建筑内部通风换气能力，进而实现内部空气质量改善以及被动制冷的目标。例如合理设计建筑开口的形状、大小、相对位置等，影响建筑内部的空气流动，科学利用风压和热压通风的原理，提高建筑内部自然通风的效果，减少建筑内机械通风的需求。这种内部的通风换气不仅可以改善室内空气质量，在特定季节条件下，也会有被动制冷的作用。

（2）利用植被、日光、腔体等被动手段对进入室内的空气提前加热或者冷却。例如利用垂直绿化蒸腾冷却空气，利用太阳能腔体加热空气，利用土壤恒温加热或冷却空气等。这种方式可以提升建筑内部热环境稳定性，减少建筑内空调系统的运行时间，达到绿色节能的目的。在有适量能源可供利用的情况下，这种方式甚至可以完全替代空调系统。

总的来说，自然通风是一种可以不利用传统能源，通过对建筑周边环境的合理认识和建筑本体的恰当设计，改善建筑内部微气候的方式。合理的建筑通风设计可以提升室内空气质量，改善室内热环境。

4.2.2 基本方式

自然通风的基本方式包括风压通风、热压通风。

1. 风压通风

风压通风是利用风作用于建筑物上时，建筑迎风面与背风面之间的压力差实现的空气流动方式，是常见的自然通风方式。当风吹向建筑物时，由于受到建筑物的阻挡，建筑物的迎风面上压力会大于大气压，进而产生正压区；气流绕过建筑后，在建筑背面会形成阴影区，即区内压力低于大气压，形成负压区。气流会从正压区流向负压区，形成空气的流动。

根据伯努利方程，可得风压的计算公式为

$$w_0 = \frac{1}{2} K\rho_e v^2 \qquad 式（4.2）$$

式中，w_0 为室外风压，Pa；

K 为空气动力系数；

ρ_e 为室外空气密度，kg/m^3；

v 为室外风速，m/s。

垂直于建筑物表面的风压一般通过风洞模型实验法测定。它与建筑体型、风向、风力有关，即建筑表面产生的压力值与风压、建筑体型、风速等有关。风压与风速的平方成正比。

建筑设计中，常在建筑迎风面与背风面的相应位置开窗，使得空气在压力差的作用下从正压区一侧向负压区一侧流动，促进室内通风效果。对于风压作用下的空气流动，正压区一侧开口起进风作用，将空气补充进负压区，负压区一侧起排风作用，进而保持室内空气通畅。

2. 热压通风

空气的密度与温度成反比，因此温度越高，空气的密度越低。空气在浮力的作用下上升，进而在建筑底部形成负压区。当室外空气温度较低时，其密度较高温空气大，则形成了正压区。正压区的空气不断向负压区流动，这就是热压通风的作用原理。利用这一原理，在建筑上部设置排风口，建筑下部设置进风口，当室内温度较高时，即使室外风速较低，也可以通过热压作用保证室内拥有良好的通风环境。

热压的计算公式为：

$$\Delta P=gH(\rho_e-\rho_i) \approx 0.043H(t_i-t_e) \qquad 式（4.3）$$

式中，ΔP 为热压，Pa；

g 为重力加速度，m/s^2；

H 为进、出风口中心线间垂直距离，m；

ρ_e 为室外空气密度，kg/m^3；

ρ_i 为室内空气密度，kg/m^3；

t_i 为室内气温，℃；

t_e 为室外气温，℃。

热压作用的大小与进出风口的高度差、室内外温度差、室内外空气密度差成正比。也就是说热压作用的大小主要取决于进出气口高度差和由室内外空气温度差导致的空气密度差，因此这种通风方式在竖向空间内作用明显，也是建筑中常见的“烟囱效应”的作用原理。热压通风常用于外部风环境不稳定的情况下。

4.2.3 自然通风研究方法

1. 实验法

（1）风洞模型实验法。

风洞模型实验法是利用相似性原理，将建筑做成几何相似的小尺度模型，保持某些参数一致，模拟计算建筑表面及建筑周围的风压力场和速度场，确定风压系数，从而预测建筑的自然通风情况。

（2）示踪气体测量法。

示踪气体测量法通常用于预测建筑的通风量和气流分布情况，可分为定浓度法和衰减法。定浓度法常用于处理渗透问题或自然通风问题，其方法是在测试期间保持所有测试房间示踪气体浓度不变，记录示踪气体注射量来评估建筑室内通风情况。衰减法是在测试房间内注入一定量的示踪气体，通过对示踪气体在房间中扩散时其浓度衰减趋势的测量，来评估建筑的自然通风效果。

（3）热浮力实验模型法。

热浮力实验模型法可以直观地模拟热压驱动下的自然通风过程。目前主要有 4 种方法：带有加热装置的气体模拟法，带有加热装置的水模型法，盐水模拟法和气泡技术。但这种方法不能模拟建筑热特性对自然通风的影响，且实验模拟风压与热压共同作用下的自然通风较为复杂。

2. 数值模拟法

（1）计算流体力学（CFD）。

在对室内通风的研究中，为了方便计算，我们通常会假定室内空气呈匀质分布状态，即假定室内各点温度与气流速度相等，然而这种假设与现实情况出入较大，常导致计算结果与实际的室内人员活动区域空气质量有明显差异，而 CFD 的引入可以大幅改善室内风场研究的精确度。CFD 利用空间网格，将计算对象划分成多个立体微元，再对各个立体微元进行计算，最后将结果整合。只要立体空间划分得足够小，就可以认为最终的结果等同于整个房间内实际的空气通风状态。研究表示，利用 CFD 对室内通风进行模拟计算的误差较小，是目前较为精确的一种通风研究方法。目前，基于 CFD 的风环境模拟软件有 Fluent 系列、WindPerfectDX、Phoenics 等。

（2）多区模型方法。

多区模型方法是一种简便、快捷的模拟方法。利用这种方法，可以预测通过建筑整体的风量，但无法计算各个房间内部的温度与空气流动状态。这种方法假设每个房间的特征参数分布均匀，再将建筑内的每个房间看作一个节点，通过开口与其他节点房间相连，最终对这一简化模型进行计算。它适用于预测建筑内各房间参数性质较相似的建筑通风量，但无法对建筑内部的局部气流分布进行预测。

（3）区域模型方法。

区域模型方法是介于多区模型方法和 CFD 之间的一种计算方式，其复杂度低于 CFD，但比多区模型方法更为精确。由于多区模型方法对建筑过度简化，尤其是在室内温度有明显分层，在室内以热压通风为主的自然通风情况下误差较大。区域模型方法基于多区模型方法，将各个房间均划分为有限的宏观区域，假设区域内各参数相等，区域间存在热质交换，充分考虑区域间的压差和流动关系，进而对房间内的温度、空气流动情况进行模拟预测。目前，基于区域模型方法的气流分析软件有 SPARK、

COMIS、CONTAM 等。

4.3 室外自然通风

建筑环境是处于整体物理环境中的元素之一，与外部环境息息相关。因此其自身内部的自然通风必然要受到大环境的约束（即受到室外自然通风情况的约束）。影响建筑室内自然通风的因素包括城市风环境、建筑群风环境、建筑单体风环境。

4.3.1 城市风环境

风对建筑热环境设计起到了重要的作用。良好的外部气候环境可以大幅改善建筑内的物理环境，弥补技术的不足。

作为建筑的群体组合，城市设计及区域规划是目前的研究热点。建筑群体环境的小气候对建筑单体影响较大。因此，对建筑自然通风的研究必然由大到小，注重建筑群体的区域设计。目前，城市面临着高温、高湿、低风速等恶劣的热环境现状，利用建筑群体布局引导通风是改善城市风环境的主要方式之一。

1. 风道作用

在流体力学中，讨论的流体都假定在管道中进行，进而再引申出流体定常流动、稳定流动以及流体经典的公式与定理。从流体力学的研究方法可以发现，正是由于平整光滑的管壁存在，流体形成了稳定的定常流动，也因此减弱了管道壁对流体的阻力。

实际上，室外空气的流动是一个无边界的紊流流动，当遇到地面上突出的构筑物或树木等时，则流动加剧，进而影响城市环境、建筑周边的通风质量。

英国专家 Thomas D.A 与 Dick J.B 提出风速修正率，以此来评价地表建筑因素对空气流动质量的影响。在市区的建筑密集分布地带，风速修正率可达 0.3，即由于地表构筑物的存在，风速将下降 2/3。

为了削弱地表建筑对风速的影响，我们引入流体在平滑管道中定常流动的原理，提出形成“风道作用”这一建筑布局方法，减少由于不规则的构筑物突起导致的地表阻力增加，减少风速损失，改善市区建筑密集区域的空气流动质量。

形成良好导风巷可保证风道作用的有效性，如图 4-1 所示。

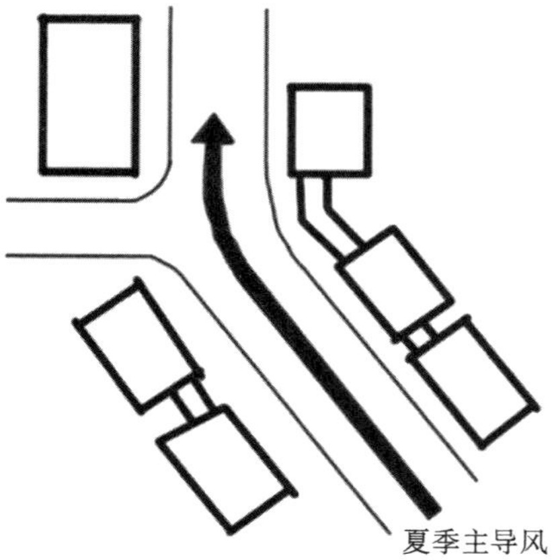

夏季主导风

图 4-1 导风巷构成

在城市区域设计和建筑单体设计时应关注以下因素。

（1）巷道连续性。

在风道作用中，导风巷的功能类似于空气流动的虚拟管道，因此必须保证其连续、延伸，这要求一方面要保证巷道足够长，另一方面要保证巷道两侧建筑单体之间有良好的连接性，尽量避免出现尺度较大的开口空间。

（2）巷道平整性。

为模拟定常流动中的平滑管道，导风巷两侧建筑立面应尽量保证平整，避免紊乱空气流动、降低风速。

（3）巷道方向性。

为达到加强夏季室外自然通风效果的目的，应保证导风巷与夏季主导风向一致，通过自然风流与风道作用的双重叠加提升城市建筑密集区内的风环境质量。

（4）巷道汇合性。

为了适应室外气流方向的不确定性，可将巷道设计成东南和西南两个主导向，最后在城市热岛区汇合。由于热岛区气温较高，在热压作用下可以引导风继续向上流动，提高巷道的导风效率（见图4-2）。

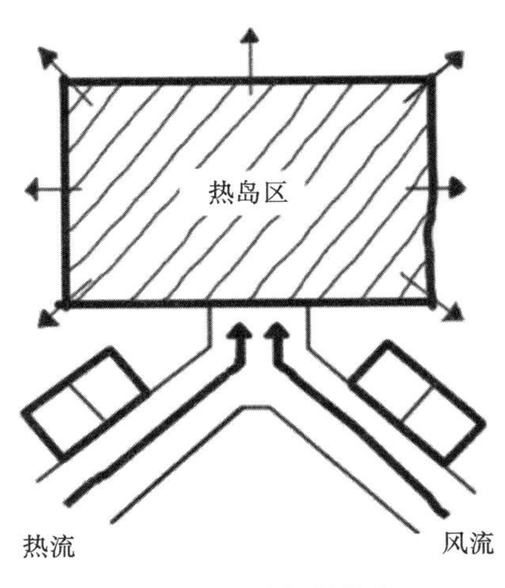

图4-2　解决热量堆积

这一设计方法实质上就是利用城市街道两侧建筑以及围合空间形成一个相近的、宏观尺度的“管道”，在管道内空气流动所受的壁面阻力降低时（因建筑物在空气流动方向没有凸出），可以克服原有城市规划下因建筑凸凹导致的风速损失，保证城市的空气流动质量。这种方法符合热力学、流体力学的相关原理，同时也易于在城市设计、建筑设计尺度上实施。

2. 漏斗作用

在热力学第二定律的表述中，热量可以自发地从温度高的物体传递到温度低的物体，其热量传递过程具有明确的方向性。同时，由热量散失定律可知，热量传递具有从热密度高区向热密度低区传递的趋势。

根据以上热力学原理，我们可以利用城市空间形成“漏斗”，以促进城市环境的自然通风，减少城市热量聚集，减轻城市热岛效应。

在城市建筑密集区域内，由于建筑空调及交通工具等设备排热高度相对更接近地表一侧，导致地表侧热量较城市空间上部更为密集，温度也更高，这种情况已经具备了热压通风的条件。考虑到热量总是从高温侧向低温侧运动，同时也从热密度高区向热密度低区传递这两大规律，利用漏斗空间可以形成上疏下密的空间特征，促使上半部热密度降低、气压降低，进而加强空间内的自然通风使热量向上扩散、稀释，避免热量堆积。

总的来说，在建筑组群之间，结合建筑设计，使其外部空间形成有利于热量散失的“漏斗”形状，是一种改善城市热环境、风环境的有效措施。为此，规划和建筑设计应该关注以下因素。

（1）尖塔造型。整个建筑群组内，建筑单体可以遵循“上大下小”的造型手法，均采用逐层或多层收缩的设计手法，使多个建筑单体的外部空间组合后形成漏斗式空间形态，进而促进热量散失。

（2）避免高空出挑。在高密度城市中，高层建筑的顶部常采用高空出挑的方式，一方面来获得更有特点的造型形态，另一方面也可以争取更多的建筑面积。但这种方式对城市的风环境有不良影响。高空出挑的部分会削弱漏斗作用，乃至形成反向漏斗，即上密下疏的空间形态，导致空气流动和热量散失减缓。同时在出挑空间的下部会形成空气涡流，致使热量堆积，影响建筑自身的物理环境。

（3）空中廊道。在高密度城市的环境下，为增强建筑之间的联系、完善公共交通体系、保证人车分流，常采用建设空中廊道的方式（如香港的上环、中环地区），但这种方式会对城市环境造成不良影响。空中廊道会破坏自然通风路径，在廊道底部形成涡流区，导致热量堆积。因此对于空中廊道的设置，一方面要按需设计，避免廊道泛滥遍布，另一方面要在满足消防的条件下尽量缩小廊道宽度，同时将廊道底部设计为倒锥形，促使空气流动。

3. 开放作用

从流体力学的原理可知，涡流的存在会严重阻碍流体的流动。为了使流体处于较为稳定的定常流动状态，一方面要降低壁面粗糙度，另一方面也应避免在流动过程中产生过多的涡流区域。据此，在夏季主导风向的迎风侧留出一定开放空间，可以比较显著地减少建筑对风速的影响，提升自然通风效果，同时可减轻城市的热岛效应。

开放空间是一种国外城市设计中的常用设计手法，通过这种手法在城市密集空间内创造开放场地供人们停留休息，并在场地内利用绿化、水体等元素改善城市的室外空间景观。同时，开放空间对增强城市自然通风、改善城市自然环境也有着积极的作用。利用开放空间加速空气对流应关注以下因素。

（1）空间指向。以改善城市自然通风、减少热量堆积为主要目的，开放空间的朝向应面对夏季主导风向，避免夏季主导风在流动过程中形成涡流，并尽量保持夏季主导风的风速均匀，进而避免热量堆积。

（2）降低风面。行人活动高度上应有适宜的风速。因此，建筑设计方法应争取降低空气对流面。由流体力学可知，当空气涡流较多时，流动阻力较大，通风量将集中在阻力较小的平面上通过。据此，可以采用三角形洞口的开放空间形式，使风量集中在行人高度的较大平面上，提升行人的环境感受。

4. 散点作用

相对于片状障碍，空气流动过程中遇到散点障碍物时穿透能力更强、所受阻力更小，对通风质量的影响较小，可在一定程度上保证室外气流流畅。因此，宜将城市密集区的高层建筑呈散点方式布局。

散点作用的形成需要规划师、建筑师综合城市功能、单体组合、景观效果等多方面因素，对建筑进行合理的布局。

（1）空间分布。一方面，设计者在布置散点建筑时应考虑建筑之间的相互关系，保持一定的建筑间距，保证通风顺畅；另一方面，也要考虑各季节主导风向与散点建筑之间的关系，结合风道作用进行建筑布局。

（2）单体形态。圆形或尖劈平面的建筑形体，由于气流流畅，在迎风面较难产生涡流，因而建筑周边的通风质量较高，风速不会受到影响。但在方形的建筑体量下，其迎风面将出现明显涡流，影响通风。因此在条件允许时，单体建筑的迎风面应考虑空气流动，将其作为设计的依据之一，以降低建筑单体对风流的阻力。

城市的风环境取决于城市的自然条件，并受到城市规划、建筑设计的影响。因此，在城市规划与建筑设计的过程中，设计者应结合城市风环境特征，利用风道、漏斗、开放、散点作用等方式加强城市自然通风，提升城市热、风环境质量。

4.3.2 建筑群风环境

建筑单体处于建筑群的小环境中。即使城市环境的自然通风条件相同，建筑单体在建筑群中所处的风环境与独立的建筑单体所处的风环境也是不同的。因此，为了获得良好的建筑单体风环境，必须考虑建筑物相互之间的关系对风环境的影响。

1. 建筑风影区

风向投射角是指建筑物迎风面法线与风向之间的夹角。当风向垂直于建筑的纵轴时，在该建筑的背后会产生较大的风影区，造成后幢建筑自然通风效果减弱。因此，为了解决后幢建筑通风的需求，同时保证建筑用地高效，常采用将建筑朝向偏转一定角度，使风向对建筑物产生 30° ～ 45° 的风向投射角的做法。这样，在保证了用地效率的同时，也能有效缩短由前幢产生的风影区，保证后幢建筑有较好的通风条件。

除了风向投射角之外，建筑单体体型也会对风影区产生一定影响。总的来说，增加建筑的高度和长度，会导致建筑物后的风影区增大；而增加建筑的深度则可以缩小风影区范围。

2. 建筑群平面布局

一般居住区建筑群的平面布局有行列式、错列式、斜列式、周边式以及与地形结合的自由式等（见图 4-3）。不同的布局方式对建筑群的风环境产生的影响也会不同。通常情况下，采用错列式或斜列式的平面布局形式，相比于行列式可以有更好的场地内自然通风。当采用行列式的布局方式时，场地内的自然通风条件与风向投射角有着密切的关联。而错列式与斜列式虽然也受投射角的影响，但依赖程度低于行列式，可以将风斜向导入建筑群内部。周边式的布置对风有严重的阻挡，但这种方式可以避免冬季过度的通风量导致室内温度降低，因此适用于寒冷、严寒地区。

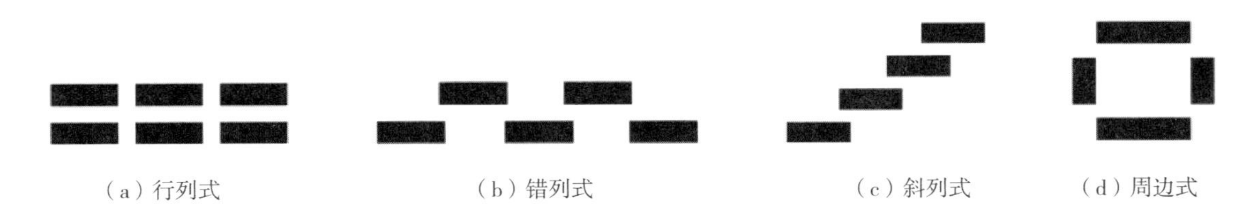

图 4-3 建筑群平面布局图

3. 建筑群空间布局

不同高度的建筑的组合对建筑群的风环境有一定的影响。例如，当建筑按“前低后高”的空间布局方式布置时，会在前方建筑之间造成较强的旋风，场地内风速增大、风向多变，更容易吹起地面灰尘等污染物，影响空气质量。当建筑按“前高后低”的方式布置时，则会在前方高层建筑后形成较大的风影区，影响后部低矮建筑的风环境质量（见图 4-4）。

常见的解决方式包括将建筑按“前低后高”的方式布局，并在后幢高层建筑的下方开口，增大近地处风速。同样，在两栋高层建筑之间，也存在因建筑阻挡气流而产生的负压区，使得该处风速增大而形成风槽（见图 4-5）。这种方式有利于夏季通风致凉，但会产生风速过大、影响行人行走等问题，因此在设计时应该结合当地风环境，综合考虑，合理安排。

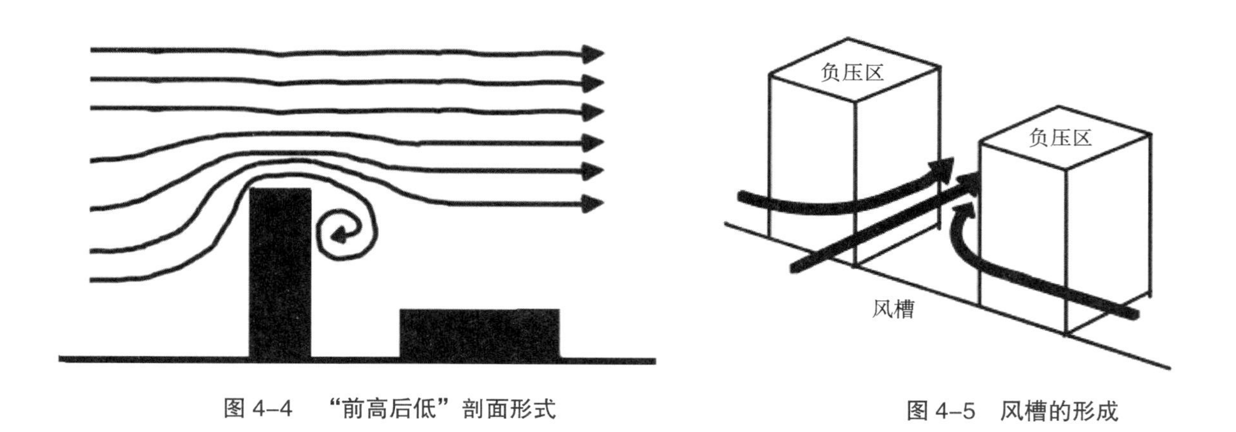

图 4–4 “前高后低”剖面形式

图 4–5 风槽的形成

4.3.3 建筑单体风环境

外界风环境对建筑单体的影响程度主要取决于三个因素：风流特性，建筑体形，建筑高度。可以通过合理设计建筑平面形状和布局，合理选择建筑形态来改善建筑所受的风流影响。

1. 建筑平面形状与布局

在相同的风环境中，由于建筑平面基本形状以及布局的改变可以造成各种不同的风流影响。当讨论外界风环境对建筑的影响程度时，可以通过不同的参数来评价（例如风压、渗透率等）。主导风向风流对建筑表面的覆盖程度是重要指标，表现为：夏季时段，尽量增大建筑表面受到夏季主导风覆盖的面积，为良好的室内通风提供基本的外部条件；冬季时段，尽量缩小建筑表面冬季主导风的覆盖面积，削弱建筑因外界风环境所受的影响。

通过实际经验以及计算，从风覆盖面积的角度出发，可以得到以下建筑布局规律。

（1）当建筑采用正方形平面时。夏季时段，采用正南北布局时，风覆盖面积最大；冬季时段，风向角取 45° 时，风覆盖面积最小。

（2）当建筑采用 2 ∶ 1 矩形平面时。夏季时段，采用平面对角线呈 45°，风覆盖面积最大；冬季时段，采用平面短边呈 45° 时，风覆盖面积最小。

（3）当建筑采用六边形平面时。夏季时段，采用正对角线呈 45°，风覆盖面积最大；冬季时段，采用正对角线与垂直线呈 45°，风覆盖面积最小。

在实际项目中，平面的形态选择是多变的，多数的平面形态将呈现为更为复杂的形式。因此，从室外风流对建筑单体的影响角度来看，通过对典型平面的讨论，我们可以采用以下原则来指导建筑布局。

（1）当建筑物所处气候区以夏季防热为主要目标时，为使建筑有尽量大的吸风面，宜采用将建筑复杂平面内的最长线（一般为对角连线）与夏季主导风向垂直布局的方式。

（2）当建筑物所处气候区以冬季御寒为主要目标时，为使建筑物有尽量小的吸风面，宜采用将建筑复杂平面内的最短线（需具体讨论）与冬季主导风向垂直布局的方式。

（3）当建筑物所处地区为夏热冬冷的气候条件时，风环境设计必须兼顾两季情况，其室外风流特征应满足夏季尽量大的吸风面积，理由有：

①当满足夏季较大的吸风面积时，将导致建筑在冬季吸风面积较大，但此时可以通过加强冬季迎风面围护结构的密闭性、抗渗透能力和保温性能来达到防寒要求。

②为防止因吸风面增大而导致的不利影响，可以采用改善建筑外部环境（构筑物、绿化、建筑群体组合布局等）的方式进行调整，削弱冬季风对建筑的影响。

2. 建筑体型的选择

（1）垂直方向尖塔体型。

建筑高度是影响建筑所受风流情况的重要因素，这一特征在高层建筑中则更为明显。室外风流与建筑物高度之间的关系遵循下述经验公式：

$$\frac{V_h}{V_0}=\left(\frac{h}{h_0}\right)^n \qquad \text{式（4.4）}$$

式中，V_h为高度h处的风速值，m/s；

V_0为基准高度h_0处的风速值，m/s，通常取h_0=10m时的风速值；

n为与地面粗糙度和垂直温度阶梯有关的指数，在空旷区内n=0.14，对市中心常取n值为0.2~0.33。

在距地面10m以上时，建筑物的室外风流速度将随着建筑物高度的增加而增加。在城市建筑密集环境内，其速度呈指数增长，即建筑物的高层部分将受到更为剧烈的室外风流影响。

对于建筑风环境而言，过高的室外风流速度不论在冬季或是夏季都将影响室内使用者的热舒适感觉。一旦建筑高层部分的室外风流超过了人体舒适的风速值域，风流将成为影响室内物理环境的不舒适因素。因此，建筑的高层部分受室外风流的影响越大，其建筑热环境的稳定性问题和人体舒适问题就越严峻。尤其在寒冷冬季，过强的室外风流对建筑物整体的热环境都有不利影响。在此现实背景下，建筑物沿高度方向的“体型变形”设计方法应运而生。

建筑物沿高度方向的“体型变形”设计方法是在建筑达到一定高度后，建筑的体型平面逐渐缩小，最终形成类似于“尖塔”的建筑物体型特征。

这一特征有以下几个方面的优势。

①室外风流特性影响。“尖塔”体型满足建筑物对高度的要求，同时也通过不断缩小的外墙面积降低高风速对室外热环境的影响，削弱室外风流对墙面的整体压力，提高外围护结构的抗风雨渗透能力。

②建筑使用功能影响。可以通过减少“尖塔”体型垂直交通枢纽的远端面积来削减远端使用人数，减缓建筑内交通压力。从高层建筑人流量的条件来看，这种体型符合建筑使用功能要求。

③建筑结构条件影响。高层建筑顶端容易受到水平方向的风力荷载，“尖塔”体型可以有效减少建筑高层的水平荷载。同时，相比于顶端突然缩小的建筑体型，“尖塔”体型与建筑底部连接更紧密，可以削弱“鞭梢”效应，对建筑抗震有利。

④城市视觉景观影响。减少建筑上部的体量大小，可以在城市内营造比较开敞、面积较大的天空环境，形成“城市天际线”，为城市发展及生态环境提供有利条件。

（2）扭曲或尖劈平面。

为了组织有利的室外风环境，建筑平面应在满足基本功能和形式美的前提下，基于建筑体量与室外风环境的相互影响关系，作出适当的调整与重组，以达到解决室外风流问题的目的，措施如下。

①扭曲平面。使朝向夏季主导风方向的外表面积增大，改善吸风面的风环境（夏季）情况，同时使面向冬季主导风向的外表面积减小。两项措施为建筑热环境设计带来较大的作用。

②尖劈平面。该“变形”主要针对冬季寒风与建筑的关系，通过改善体量形状，避免外表面与冬季主导风向形成垂直关系。同时，风在建筑的“尖劈”作用下得到削弱，降低了外围护结构的风雨渗透压力，为建筑热环境设计和热稳定性创造良好的外部条件。尖劈平面组合中的末端凹部看似会加强风流，但由于“紊流效应”，紊流风将形成气幕，削弱凹部风流，降低墙体压力。

（3）通透空间与开放空间。

建筑在迎风面一侧外表面存在因风速造成的风流压力。为减轻这一风流压力，可在适当部位给强劲风流提供释放路径。这种处理方法主要用于削弱冬季主导风对建筑外表面的影响，并能取得有效的成果。主要的建筑设计手法包括以下两种。

①通透空间：是指在建筑物的每一层设置均匀或者不均匀的开敞空间的设计手法，常用于居住建筑中，使建筑平面具备良好的通风走向。

②开放空间：是指在建筑物的某一部分设置大尺度的洞口空间，也称为“掏空”处理。这种手法常见于室外风流比较突出的环境之中，例如开阔场地或者超高层建筑之中。虽然不排除有许多建筑的“掏空”处理是出于美观目的，但合理的开放空间可以有效地疏导或释放较大的室外风流，减轻建筑表面的风速压力，是基于建筑风环境考量建筑体型的有效途径之一。但在使用该手法的同时要解决开放空间本身的局部风流问题。

4.4　室内自然通风

室内自然通风是直接影响人体热舒适的环境要素，是建筑设计中需要考虑的重要内容。室内风环境设计是促成建筑被动节能、提升热环境质量的常用手法。对于建筑室内而言，自然通风主要通过室外风速形成的“风压差”及由洞口相对位置的温度差形成的“热压差”产生，其效果主要与建筑洞口（窗、门）的面积、形状、相对位置、建筑内部平面布局、室内装修特征、室内陈设、家具的选用与布置等因素有关。

因此，营造建筑室内良好的自然通风环境，一方面要借助适宜的建筑室外风环境，另一方面，应合理考虑建筑室内的各影响因素。以下将介绍几种常见的改善自然通风的建筑设计手法。

4.4.1　选用合适的平面剖面形态

建筑平面设计（尤其是单一空间单元的设计）很大程度上受制于建筑模数、人体尺度和建筑承载的功能活动等因素。实际上，建筑空间单元是通风流动的“管道”，其比例会对建筑通风造成一定的影响。

从流体力学理论的角度来看，可以将空间单元看作是一个承载空气流动的理想管道。为了使室内空气形成有规则的定常流动，而非在空间内形成相互扰动过甚的紊流而影响室内自然通风质量，必须使流体（空气）通过一定长度的室内空间。

基于流体力学的基本原理，流体管径的水力半径 R 是衡量流程中有效断面及特征几何尺寸的必要条件，水力半径可按下式计算：

$$R=\frac{A}{x} \qquad \text{式（4.5）}$$

式中，R 为水力半径；

A 为特征几何尺寸；

x 为各断面的湿周。

任何断面都可以转化为水力半径来衡量。建筑室内通风定量同样可以采取水力半径来计算。从通风特征来看，风流流径长度与特征几何尺寸相关，应保证其流程长度与特征几何尺寸相同，才能保证通风完成稳定的流动特征，即：

$$L=d=4R \qquad \text{式（4.6）}$$

式中，L 为流程长度；

d 为流管管径；

R 为水力半径。

在确定建筑平面尺寸比例时，可以流体水力半径为依据，采用合适的建筑平面形式。通过对不同建筑单元纵断面（垂直于通风方向）的水力半径计算而确定建筑单元进深（平行于通风方向），其比例值一般接近于 1 ：0.85，即建筑平面的比例为 1 ：0.85 时通风效果最佳。

实际上，建筑空间单元比例对通风的影响不仅受平面比例的影响，也受建筑空间高度的影响，即：

$$L=4R=\frac{4ah}{2(a+h)}=\frac{1}{2\left(\frac{1}{h}+\frac{1}{a}\right)}=2\left(\frac{1}{h}+\frac{1}{a}\right)^{-1} \qquad \text{式（4.7）}$$

式中，L 为风流流径长度；

R 为水力半径；

a 为建筑平面比例；

h 为建筑高度。

当保持建筑宽度开间为定值时，为保证良好的室内通风环境，建筑的进深应随着层高的增加而增加。

4.4.2 洞口相对位置及面积

1. 洞口的相对位置

建筑洞口在平面以及剖面上的相对位置，对室内的自然通风质量以及数量有着较大的影响。其中，洞口的平面相对位置主要影响由风压压差形成的自然通风，而洞口的剖面相对位置主要影响由热压压差形成的自然通风。

为通风创造有利条件的建筑洞口相对位置设计应满足以下准则。

（1）保证覆盖面：使自然通风流经尽量大的区域，增加自然通风在室内的覆盖区，可以有效地提高室内通风质量。

（2）保证风速值：洞口位置应尽量保证通风直接、流畅，减少风向的转折和对风的阻力，这也是保证通风质量的必要条件。

（3）避免涡流区：洞口位置应尽量避免造成室内较大的涡流区。涡流区是通风质量较差的区域，其存在也会影响室内的空气品质。

表4-1所示为建筑平面窗洞设计的基本位置。

表4-1　平面窗洞设计的基本位置

名称	图示	通风特点	备注
侧过型	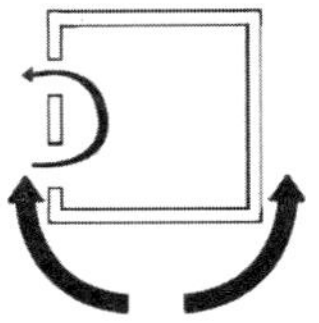	（1）室外风速对室内通风影响小。 （2）室内空气扰动小。 （3）无法创造室内良好的通风环境	尽量避免
正排型	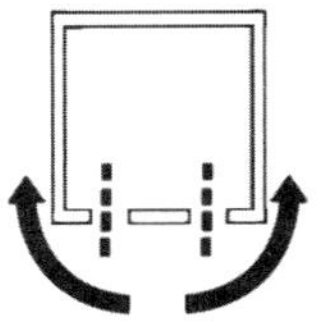	（1）只有进风口，没有出风口，无法形成有效通风。 （2）室内只存在微小气流扰动。 （3）典型的通风不利型	尽量避免
垂直型		（1）气流走向中存在直角转弯，有较大阻力。 （2）室内涡流明显，通风质量下降	少量采取
错位型		（1）有较广的通风覆盖面。 （2）室内涡流较小，阻力较小。 （3）通风直接，较流畅	建议采取
侧穿型		（1）通风覆盖面较小。 （2）室内涡流明显，涡流区通风质量不佳	少量采取
穿堂型	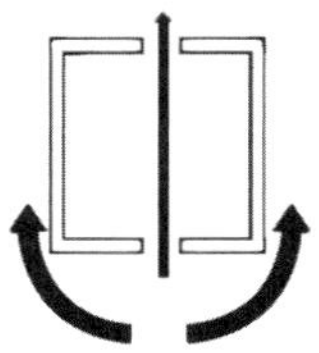	（1）有较广的通风覆盖面。 （2）通风直接，流畅。 （3）室内涡流区较小，通风质量佳	建议采取

在剖面的开口设计中，可以在人体的活动范围内设置通风窗，以保证室内风流流经人体活动范围，加速人体的蒸发散热，保证使用者的热舒适。同时也可以在保证安全的情况下，设置高低通风窗，使风吹过人体，改善热舒适环境，如图 4-6 所示。

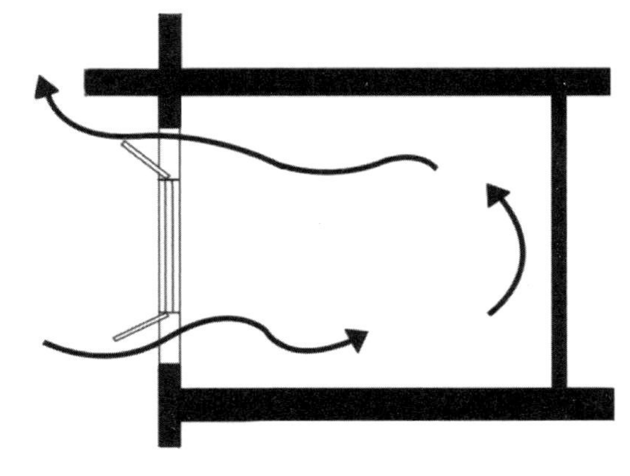

图 4-6　高低通风窗

2. 洞口尺寸与面积

夏季时，室内所需的自然通风气流速度为 0.5~1.5m/s，其下限是人体在夏季可感到的气流的最低值，上限为室内作业可接受的最高值。在城市建筑密度较高的区域内，室外平均风速通常为 10m/s。因此，建筑洞口应选用合适面积，保证室外气流合理引入，同时使室内各位置气流保持风速。经验表明，开口面积宜取室内地板面积的 15%~20%，这种条件下室内通风效率最佳。

另一方面，洞口尺寸与通风覆盖面、风速值、涡流区三者有一定关系。从流体力学的流管流量定义可知，建筑室内的进风口流量等于出风口流量，由此可得如下两式：

$$L_{in}=L_{out} \qquad \text{式 (4.8)}$$

$$L_{in}=v_1 \cdot A_{in},\ L_{out}=v_2 \cdot A_{out},\ \frac{v_1}{v_2}\ \frac{A_{in}}{A_{out}} \qquad \text{式 (4.9)}$$

式中，L_{in} 为进风口流量；

L_{out} 为出风口流量；

v_1 为进风口风速；

v_2 为出风口风速；

A_{in} 为进风口面积；

A_{out} 为出风口面积。

从上式中可以看出，当进风口面积 A_{in} 大于出风口面积 A_{out} 时，出风口风速 v_2 就会大于进风口风速 v_1，气流速度加强，改善室内通风环境；反之，则会减缓室内风速，影响室内自然通风。因此，如果通风口朝向主导风向时，出风口面积应该大于进风口，以加强室内风速。

4.4.3　合理的门窗选用

一般情况下，建筑师在选用门窗时的考虑因素主要包含以下几点：

（1）构造简单，开关方便；

（2）密封性能好，可防风、防水、隔声；

（3）窗体保温隔热性能佳，避免出现热桥。

而在引导室内自然通风的视角下，门窗的开启方式则成为建筑师需要关注和讨论的另一个重点因素。在实际生活中，人们也会自觉地调整门窗的开启角度来引导自然风。如果设计不当，则会对自然通风造成影响，给人们的生活带来不便。因此，建筑师应将门窗开启方式对通风的影响纳入考虑范围。

按建筑学的一般原理，将建筑常用窗归纳总结成了若干个基本形式，分析不同的开启方式对通风的影响程度，可以作为门窗设计时的参考。从表 4-2 中可知，不同窗的开启方式对通风的影响程度是不同的。

表 4-2　不同窗的开启方式对通风的影响

分类		对通风的影响情况		结论
平开窗		外开：窗扇遮挡自然通风	内开：室外风引入，但影响室内活动	可以完全开启，且有一定导风作用，同时具有良好的气密性。但外开和内开均有一定弊端，应适当选用
横式悬窗	上悬窗	外开：风流导向上方，但遮挡自然通风	内开：风流导向下方	有一定导风作用，内开将风导向地面，吹向人体；外开将风导入上方，风掠过人体较少。内开优于外开
	中悬窗	正开：风流导向上方	逆开：风流导向下方	有明显的导风作用，开启角度大，无遮挡。可根据窗洞口高低选择正开或逆开，使风流向人体
	下悬窗	外开：风流导向下方，但遮挡自然通风	内开：风流导向上方	有一定导风作用，外开式将风导向地面，吹向人体；内开式将风导入上方，风掠过人体较少
立式转窗	正轴立转窗	正开：可调整导风角度	内开：可形成导风百叶	导风作用明显，同时能满足最大的洞口有效率
	偏轴立转窗	外开：引导风流，导风效果好	内开：无明显作用	相比于正轴立转窗有更明显的导风效果，但也可能在短轴开口产生过大风速，影响室内舒适度
推拉窗	水平推拉窗	侧置：只有半通风窗口	中置：有效减少室内涡流区	水平推拉窗无明显导风效果，上置法可使自然通风流经人体。但其洞口有效率最大值仅为 50%，效率较低。同时其气密性较差，故不推荐使用
	垂直推拉窗	上置：进风口较低，效果较好	下置：进风口较高，需搭配低窗	

窗的通风效果的评价依据如下。

（1）窗的开启应满足较大的洞口率，以保证足够大的进出风口面积，完成通风目的。

（2）有可调整的开启角度，可以有效实现导风的目的。

（3）尽量使风流从下方进入，满足通风流经人体高度的目的。

门一般位于出风口部位，且开启方式较为单一。故调整门的开启方式并不能有效改善室内自然通风效果，但设计者应以门扇尽可能满足较大的开启面积（即有效洞口率大）为目标。

4.4.4　合理的导风设计

1. 布置导风板

由于体型设计、功能布局等其他方面因素的制约，建筑单体空间内洞口设计可能并不能满足室内的通风需求，例如窗洞口位于同侧。此时可以在窗外设置导风板来引导通风，导风板的作用主要包括以下两点。

（1）遮阳作用：利用挡板可以遮挡夏季太阳热辐射，稳定室内温度，改善室内热环境。

（2）导风作用：通过一定角度或者适当位置的挡板设置，改变气压分布情况，引导自然通风进入室内，增强室内空气流动。

在现代建筑设计实践中，挡板已经成为一种重要的设计元素。在建筑的外立面上，常出现样式多变、功能与装饰性能兼备的外墙挡板，材料也有多种选择，例如：不锈钢、高强塑料、玻璃钢等。在应用挡板的过程中应注意以下几点。

（1）不利气流的逆导问题。当挡板位于热源排出的洞口上方时，挡板的遮挡作用会引导热流进入室内，导致室内温度上升，影响室内热舒适度。其解决方法是将挡板做成百叶或羽板形态，或者将挡板与外墙面脱开一段距离。

（2）自然通风的导向问题。通常，建筑遮阳挡板会以水平遮阳的方式，布置在建筑的南向洞口。但这一朝向也是夏季的主导风向，遮阳挡板的存在将导致主导风向挡板下部风压增大，使建筑风流指向建筑空间的上部，吹向人体的风流减少，影响使用者的热舒适体验。

2. 改善环境布置

改善环境布置实现室内的良好通风，可采用以下方法。

（1）有水体环绕的建筑可利用水体热压差，改变局部气流走向。由于水的热容较大，其温度变化相较于常见的建筑材料和地面更为稳定。在白天时，由于建筑部分温度较高，空气上升导致气压下降，水面处温度较低，气压较高，在气压差的推动下自然形成了由水面向建筑的通风风流。同时由于水面处温度较低，该风流也可以携带低温气流，降低室内温度，大幅改善夏季室内热环境。

（2）利用植被选择，改变局部气流走向。植被的不同配置会影响周边气流走向。由于树木的光合作用和蒸腾作用，其周边温度较低，可引导气流向反方向流动。如乔木可引导气流向下流动；灌木可引导气流向上流动。

4.4.5 合理的室内装修

为满足当今时代的需要，建筑师应设计建筑的合理功能和良好外观，并对室内空间进行充分的布置，以满足形式、视觉上的功能要求。然而不当的室内设计将对室内通风产生难以修复的影响。因此，在设计阶段应结合多重因素，进行合理的室内设计。

（1）室内设计首先包括对墙、顶棚、地面等六个空间围护面的设计。由于功能限制，墙面与地面对室内通风效果影响不大。而顶棚设计则成为影响建筑通风的重要因素。顶棚可以分为直接式顶棚和悬挂式顶棚。不论选用哪种顶棚，都要避免出现凹凸不平的形体，以防室内出现无规则的紊流现象。

（2）室内设计包含了室内家具陈设的选择与布置。在自然通风的视角下，室内家具的选择与布置要保证自然通风的流畅性以及自然通风流经人体。应将经常使用的家具布置在靠近风流的位置。位于风流流经路径上的家具，则要尽量避免选用高大、突出的形体，宜将此类家具布置在房间的角部及墙边，既能保证使用安全，也不影响室内自然通风效果。

4.4.6 高耸空间利用

在高耸空间内，利用热空气上浮的原理，通过温差实现热压通风是一种常见的增强室内通风的建筑设计手段。常见的高耸空间利用方式包括专用式通风高耸空间和功能式通风高耸空间。

1. 专用式通风高耸空间

专用式通风高耸空间是指单纯为了室内通风，并没有其他建筑功能置入的建筑空间，因其体型高耸，类似塔状，也称为通风塔。

通风塔改善室内通风的基本原理是利用热压进行通风（即所谓的烟囱效应）。热压通风的强度与开口之间的温差与高差呈正比关系，因此利用烟囱效应时，通常在通风塔顶端设置出风口，而将进风口设置于天井底部等类似的凉爽低矮空间，这样可以使温差和洞口高差最大化，加强热压通风的效果。同时，也可以通过对通风塔开口朝向的布置，利用风压压差引导室内通风。当室外温度适宜时，可以通过朝向来风方向的通风塔洞口，将室外风流引入室内，提高室内风环境。而当通风塔开口背向来风方向时，由于建筑遮挡，会在背风口形成负压区，进而导致室内空气向外流动。这种通风塔配合天井等底层凉爽空间，可引导天井处凉爽空气流经室内，提高室内热舒适品质。

太阳能烟囱是利用太阳能加强热压效应的一种特殊形式的通风塔。由于热压通风主要受通风口高差和温差的影响，而高差会受到建筑设计的限制，因此在加强热压通风时主要考虑提高进出风口的相对温差。利用太阳辐射能加热空气就是一种简便的增强热压通风的方法。

太阳能烟囱与建筑结合的方式主要有三种：墙体集热式，屋顶集热式和综合式。①墙体集热式主要是在高耸空间外侧围护采用玻璃材料，内侧采用吸热材料，吸收太阳辐射能后利用热辐射加热内部空气。②屋顶集热式常用于坡屋顶建筑，其方法是设置双重屋顶，外侧以玻璃为主要围护，内侧采用吸热材料，通风口设置在屋脊处保证风流。③综合式则是墙体集热和屋顶集热两种方式的集合，同时在墙体和屋顶外侧设置玻璃材料，进而设立烟囱空间。太阳能烟囱不仅能在夏季加强室内通风，降低室温；在冬季开口封闭时，太阳能烟囱空间还可以变成一个太阳能集热间，为室内提供热量。

2. 功能式通风高耸空间

功能式通风高耸空间主要是指建筑内具有高耸空间特征的、具有常规使用功能的空间，例如楼梯间、中庭等。以楼梯间为例，可以在楼梯间顶部设置出风口，利用各个房间的窗户作为进风口，利用楼梯间的高耸性与通透性，组织室内的自然通风。而在中庭利用热压作用组织自然通风则是目前常见的绿色建筑设计手法之一。除了在顶部设置出风口外，中庭也可以结合室内种植、双层屋面等手法加强热压通风效果，有效避免因中庭设计不当而产生的夏季过热现象。

4.4.7 屋顶通风间层

屋顶是建筑围护结构中的主要得热部位，因此顶层空间在夏季容易出现室内环境过热的问题。设置通风间层，既可以阻挡太阳辐射进入室内，也可以加强通风促使屋顶热量散失，是改善顶层空间热环境的有效设计方法之一。

通风间层设计可以应用在平屋顶和坡屋顶中。其原理是利用上层板隔热以及间层中的空气流动带走部分热量。实验表明，带走热量的多少与间层高度和间层内的气流速度有着紧密的联系。

（1）间层高度直接影响通风洞口面积，因此随着间层高度的增加，自然通风增强，隔热效果也会持续上升。但当间层高度超过 0.25m 后，隔热效果就不再明显。

（2）间层内的气流速度也会影响间层内的通风量。这一因素主要是受所处环境风速的影响。当室外风速很小时，间层内难以产生空气流动，自然也无法带走热量。对于自然通风条件一般的地区，可以将通风间层与兜风构造、风帽构造等结合，同时避免一些不利于通风的设计方式，例如在表面覆黑色沥青防水层、开口距离女儿墙过近等。

4.5 自然通风的被动节能途径

在日常生活中，当气温过高时，即使室内存在自然通风，体感温度也不会降低，反而会有所提高。这是因为风流的温度较高，难以给人带来舒适的体验。因此，在我国南方地区，通常在夏季时避免开窗，减少自然通风以保证室内热环境的稳定。而在北方地区的冬季，为了维持室内温度，也会减少开窗频率，并在设计时提高门窗气密性。

封闭的室内环境会对使用者的身心健康造成一定的影响。为同时满足室内热舒适和自然通风量的要求，可以利用被动的设计手法，使风流在进入室内前改变温度。这样既能提升室内的热环境质量，增加自然通风量，保障室内活动人员的健康与体验感，又能减少建筑能耗，保护自然环境。

4.5.1 利用遮阳缓冲空间

遮阳缓冲空间是一种与建筑设计结合紧密、在设计中经常应用的自然通风被动预冷方法。在我国南部气温较高的地区，利用遮阳创造温度较低的建筑灰空间来改善室内的热环境是一种常见的建筑设计手法，例如广东地区的骑楼建筑。遮阳缓冲空间通常是利用建筑自身形体实现自遮阳，也有少量利用遮阳板等附加构件来实现遮阳目的。当太阳辐射较强时，遮阳缓冲的作用十分明显。其主要原理就是通过遮阳降低太阳热辐射的吸收，在遮阳缓冲空间内的气温会低于正常的室外气温，自然风流进入室内之前首先通过低温的遮阳缓冲空间进行预冷降温，避免热风进入室内。但需要注意的是，这种方式的降温能力有限，在室外气温过高时仍可能引入热风。

遮阳缓冲空间可以与建筑的入口、阳台、边廊等功能空间相结合，作为建筑的灰空间。目前，许多建筑师会在建筑中设计一些尺度较大的灰空间，来强调建筑的虚实对比。这种设计手法与遮阳缓冲空间对于尺度的要求是吻合的，因此可以用来改善室内的风环境。

为保证遮阳缓冲空间的效果，要对空间内的通风进行合理的设计。在夏季，保证其内部的冷气进入室内，热气迅速排出。由于热气较轻，会聚集在空间上部，因此要注意遮阳空间上部的通风性，例如阳台上部采用与墙面脱离的遮阳板等设计手段来保证热气不堆积。在冬季，由于缺乏日照可能出现缓冲空间内温度过低的情况，设计师应利用太阳高度角在冬夏两季的差值，设计合理的遮阳角度，保证可以遮挡夏季太阳辐射而不影响冬季太阳辐射采暖。对于非建筑自遮阳的遮阳装置，也可以采用活动式遮阳设施，在夏季时打开，形成遮阳；冬季时关闭，完成得热。

4.5.2 利用内部冷巷

冷巷是一种源自我国传统民居的、解决夏季过热以及通风不畅的设计手法，通常为一条狭长贯通的室外窄道。由于两侧有建筑遮挡（有时也会有挑檐遮挡），冷巷内受太阳辐射影响较少，因此冷巷内温度低于室外环境温度以及建筑内部温度。两侧建筑墙面上设置有朝向冷巷的开窗，当室外风流吹过时，首先经过冷巷进行预冷，紧接着由于风压和热压作用被吸入室内。

在当代建筑中，冷巷有多种建筑形式（如廊道、狭长天井空间、防火通道等）。狭长通道保证自然通风的贯通并增大冷巷内风压，对室内热环境更具影响力。而遮阳则是为了保证冷巷内的温度低于环境温度。也可以在巷道两侧使用蓄热能力较强的墙体材料，以提高冷巷与周边环境的温差。

为实现冷巷的预冷通风效果，在建筑设计阶段应注重结合建筑所处的风环境对冷巷进行布置。①巷道的方向应平行于夏季主导风向，或者与主导风向成45°以下夹角，来保证风流顺利进入巷道。若巷道垂直于夏季主导风向，此时巷道内自然通风能力较弱，为解决这一问题应在出入风口处增设导风板，以改善不利风流方向。②增强墙体的蓄热能力，可以选择蓄热系数高的高密度材料作为墙体材料，并保证一定的墙体厚度，普通的砖墙、混凝土墙均可以满足要求；也可以利用水墙、特朗勃墙等特殊构造墙体来加强蓄热效果。墙体越厚，其蓄热能力也就越强。参考泉州的传统民居中的冷巷形式，砖墙厚度为300～400mm，蓄热效果较好。在白天墙体蓄热后，再利用夜间通风消散墙体内部热量，降低墙体温度。③冷巷要保证两端在立面上的通风口通畅，如果没有条件设置通道空间，可以使用可开启窗户作为替代。

4.5.3 利用蓄热体

实际上，蓄热体也可在缓冲空间中单独使用，来作为提前降低室外风流温度的方式之一。实现蓄热材料的降温效果，应合理利用夜间通风。其原理是在白天利用蓄热体的物理性质进行吸热降温，在夜间利用自然通风进行降温。单独使用一般蓄热材料降温时，需要较大的材料厚度才能有明显的降温效果。为了节省材料以及有效利用建筑面积，通常利用相变材料作为蓄热体。相变材料是指在物理状态发生变化时释放或者吸收大量潜热的材料，储存利用的是材料物理变化产生的热量，其蓄热能力比一般蓄热材料要高出很多。但需要注意的是，蓄热体这种预冷通风方式不宜用在昼夜温度差较小的地区，因为其夜晚无法释放热量有效蓄冷，导致白天时蓄热体无法有效调温。

蓄热体可以布置在腔体的围护结构，也可以布置在其室内。当其用于室内时能起到稳定室内温度的作用。

4.5.4 利用地下空间

土壤也是一种蓄热能力良好的蓄热体，地表以下15～30m的土壤受到太阳辐射的影响较大。这一深度以下的区域受太阳辐射的影响显著减小，称为常温层。因此，在夏季可以利用土壤的常温效应对风流进行预冷。目前利用地下空间进行通风预冷的方式有以下三种。

1. 覆土建筑

覆土建筑或半覆土建筑是一种传统的炎热地区的建筑形式，对于缓解恶劣热环境有着较好的效果。其设计方法也较为简单，即将建筑置于地下空间或半地下空间，在周边留出一定通风空间，再在围护结构上正常设置通风窗口等，也可以利用风塔将自然风流引入地下空间。

对于当代建筑，覆土建筑的适用范围较为局限。当代建筑的体量较大，不适合使用全覆土方法，而半覆土方法又不足以改善建筑整体风环境。

2. 地下风道

将地下管道作为通风道是一种利用土壤常温效应进行预冷通风的方式。其原理是将管道埋在地下一定的深度中，保持其管道内的较低温度，当夏季室外温度较高的风流流入后，就会与低温管道壁接触而被预冷降温。实际上，这种方式也可以用于冬季预热风流。这个通风过程中的出风口一般设置在高处背风口，利用热压差和风压差引导地下风流流经室内空间，同时可以与高耸空间的设计手法相结合，来加强风流强度。

利用地下风道还可以改善夏季室内湿度过高的现象。在我国南方部分地区存在夏季湿度过高的问题，如果单纯利用自然通风，也会提高室内湿度。但由于地下风道内温度较低，可以逐渐降低室外空气温度，析出空气内水分，以减少进入室内的湿空气。这一效果的实现较为依赖地下风道的长度，而且风道长度越长，减湿效果越好。这就要求地下风道的材料有一定的防水效果，同时要设计相应的排水沟槽，防止地下管道破裂或积水过多。

3．地下缓冲空间

地下缓冲空间是结合地下风道和覆土建筑两者优势的一种建筑形式。无法铺设地下风道时，可以利用设计地下缓冲空间来进行风流预冷。其原理也是利用土壤的常温效应，虽然效果略逊于地下风道，但也是一种简便易行的预冷手段。

地下缓冲空间利用捕风塔引入室外热空气，在地下温度较低的空间内冷却后再从地板送入地上空间。区别于覆土建筑，这里并不是将整个建筑或者某个功能房间置于地下，而是将一个辅助的空间置于地下来实现缓冲制冷。这种空间还可作为储藏室使用。需要注意的是，由于地下空间的进深较短，为了保证空气能被充分制冷，要尽量控制进入的风流流速，避免出现风速较快导致空气热交换不足，热风进入室内的现象。

4.5.5 利用周边水体

水在蒸发时会吸收热量，降低周围空气温度，因此将水体布置在合适位置时可以达到预冷风流的作用。当温度增高时，空气的相对湿度会降低，意味着水的蒸发会更强，因此利用水体蒸发预冷的方式在炎热环境中效果更好。但需要注意的是，由于水体蒸发会提高空气内的水蒸气含量，提升相对湿度，因此这种方式主要适用于夏季空气湿度相对较小的区域内，避免使用在原本湿度较高的地区。水体与建筑结合完成通风预冷主要有两种方式：周边水系和立面水幕。

利用建筑周边水系对整体环境以及通风进行预冷在我国的传统建筑中早有应用，如南方的园林建筑。在当代建筑中，也常有为营造场所氛围而设计的水景空间，这些空间的预冷潜力巨大，布置得当就可以有效改善建筑的自然通风质量。

在建筑立面上设置水幕也是一种有效的预冷风流的方式。它利用水蒸发时的降温能力，将热风降温后利用风压作用或热压作用吸入室内。但这种方式通常要搭配机械装置，同时也会有一定的噪音困扰，应用时要综合考虑。用于蒸发降温的水对水质要求不高，在雨量充沛的地区，单纯利用雨水即可以满足蒸发用水的需要。而对于降水贫乏的地区，可以使用建筑中水等作为补充。

4.5.6 利用植被蒸腾

蒸腾是指水从活的植物体表面（主要是叶子）以水蒸气的形态散失到大气中的过程。在蒸腾作用的过程中，由于水的状态改变可以吸收大量热量，一方面降低叶片温度，保证植物自身存活，同时也能降低周围环境温度，改善周边热环境。由于植物可吸收与遮挡太阳辐射，降低环境温度，因此，将植物布置与自然通风结合设计，可以起到预冷风流的作用。但需要注意的是，当温度过高时，叶片会因过度失水导致气孔关闭、蒸腾作用减弱，因此这种预冷方式不适用于夏季过热地区。

一般情况下，植被与建筑物的结合是利用建筑的立面作为种植区，即垂直绿化的方式。这样可以确保室外风流进入建筑立面开口前经过植物的有效冷却范围。为保证冷却路径的长度，通常会在距建筑外围护结构 1 ～ 1.5m 处设立构架，在构架上种植植物。可选用种植自攀援植物，如爬山虎、常春藤等，但攀援植物的攀援高度有限，因此只适用于非高层的低矮建筑。

另外，也可以选用在建筑周围种植植物的方式进行绿化预冷。通常是采用在建筑的西侧和南侧种植高大乔木的方式，以遮挡夏季过多的太阳辐射，同时因为夏季主导风多为南向风，南侧的植物可以充分预冷夏季风流。需要注意的是，对于夏热冬冷地区，考虑到冬天太阳辐射的采暖作用，应选用落叶植物，在冬季既可以起到一定遮风效果，又可以避免遮挡太阳辐射。

案例分析

1. 芝贝欧文化中心

芝贝欧文化中心是伦佐·皮亚诺在新喀里多尼亚的努美阿建造的一所高耸入云的木棚状文化中心。建筑群共有十座雕塑性极强的棚屋，立面上微弧的构造使得芝贝欧文化中心像准备起航的帆船。

芝贝欧文化中心位于南太平洋的热带岛国新喀里多尼亚，这里气候炎热潮湿，利用自然通风来降温、降湿成为适应当地气候、注重生态环境的常用方法。该项目临近海边，海风成为自然通风的切入点。

皮亚诺由此出发，设计了一套十分有效的被动通风系统，如图 4-7、图 4-8 所示。其原理是采用双层结构，背对夏季主导风向，使空气可以自由地在弓形表面与垂直表面之间流通，建筑外壳上的开口用于吸纳海风、引导建筑所需要的空气对流。最初，棚屋呈封闭的圆锥状，木肋的尽端交汇于顶部，外观更接近于当地传统住宅。但为了更利于热带地区的自然通风和减小风荷载，棚屋变得更加通透和开敞，这也是编织的表皮在技术上的体现。而 28m 的加高竖向肋结构符合热空气上升的热力学原理，可以使建筑物内部的空气拔高，从而增强其通风效果。

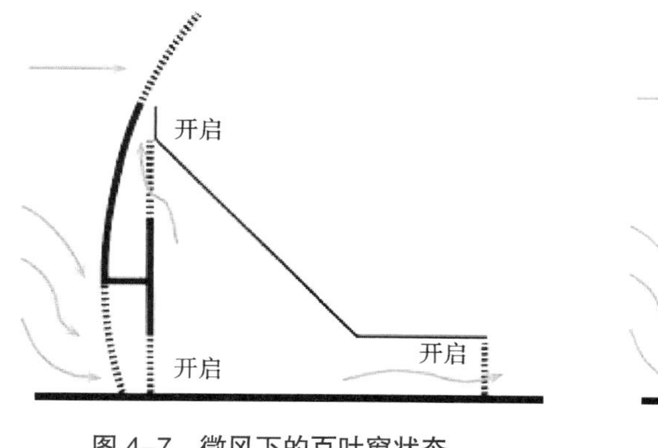

图 4-7　微风下的百叶窗状态

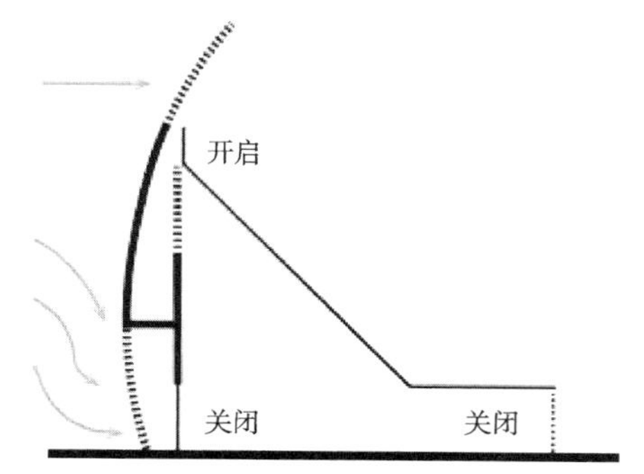

图 4-8　强风下的百叶窗状态

2. 德国法兰克福商业银行

法兰克福商业银行建于 1997 年，总高 298.74m，共 53 层，建筑平面呈现为一个等边三角形，其结构体系为：以三角形顶点的三个独立框筒为“巨型柱”，八层楼高的钢框架为“巨型梁”，二者连接围成巨型筒体系。它是世界上第一座高层生态建筑，有生态之塔的美誉，如图4-9所示。

图4-9　德国法兰克福商业银行

法兰克福商业银行所应用的风环境策略主要是设置半开敞的竖向绿化庭院空间（见图4-10），不仅利用多方位、多层次的绿化系统来增加高层建筑表面对气流的阻力，粗糙的建筑表面质感也增加了建筑对气流运动的摩擦阻力，使得气流能朝不同的方向反射，对建筑上方水平方向的强气流能起到缓冲的作用，有效化解迎风面涡流。

为有效利用自然通风，在经过风洞试验后，设计师在办公空间中设置多个空中花园，每个四层高，一座花园占据三角形平面的一个长边，并且每隔四层楼花园就转到另一边，如此每12层楼就刚好能转移一圈，并且中庭每隔12层还会设置水平玻璃隔断，这样可以让上升的热空气从空中花园排出到室外，并防止过度的向上拔风。空中花园分布在三个方向的不同标高上，作为整栋建筑的进出风口，有效组织了办公空间的自然通风，如图4-11所示。据测算，该楼的自然通风量可达到60%。

图4-10　内部竖向绿化庭院

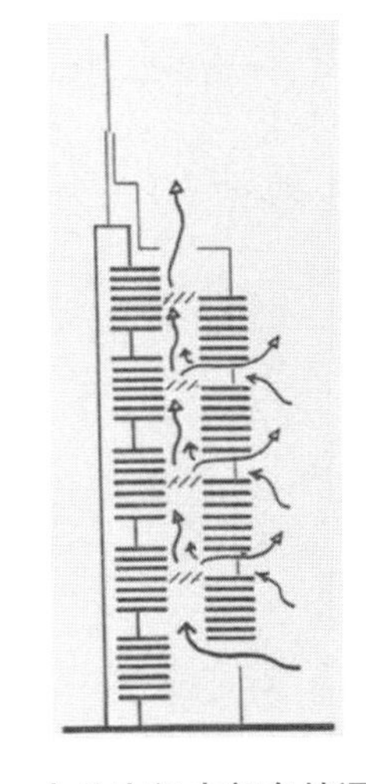
图4-11　办公空间内部自然通风的组织

▶ 知识归纳

1. 风可以分为大气环流和地方风。通常我们用风向和风速两个特性来描述风。

2. 自然通风的基本方式包括风压通风与热压通风，对自然通风的研究方法有实验法和数值模拟法两大类。

3. 利用建筑群体布局可以有效地引导室外自然通风，改善城市风环境。

4. 不同的平面形态、门窗位置、开窗形式等因素都会对室内自然通风产生一定的影响。

5. 通过提前冷却进入室内的风流，可以有效提高夏季室内热环境质量，降低制冷能耗。

▶ 独立思考

1. 中国的传统民居经历了数千年的变迁，聚集了中华民族对环境、对自然的理解与思考。除冷巷外，试列举一例有助于改善风环境的传统民居设计手法。

2. 热岛效应是目前世界各大城市都面临的城市环境问题。对此，结合本章知识点，试对城市未来的建筑设计提出建议。

3. 在夏季，26℃的无风空调房间与27℃的自然通风房间，哪个房间更舒适？为什么？

4. 为保证风道作用的有效性，形成良好的导风巷，在城市区域设计和建筑单体设计时应注意哪些方面？

5. 如图4-12所示，试对比下列几种开窗方式的通风效果。

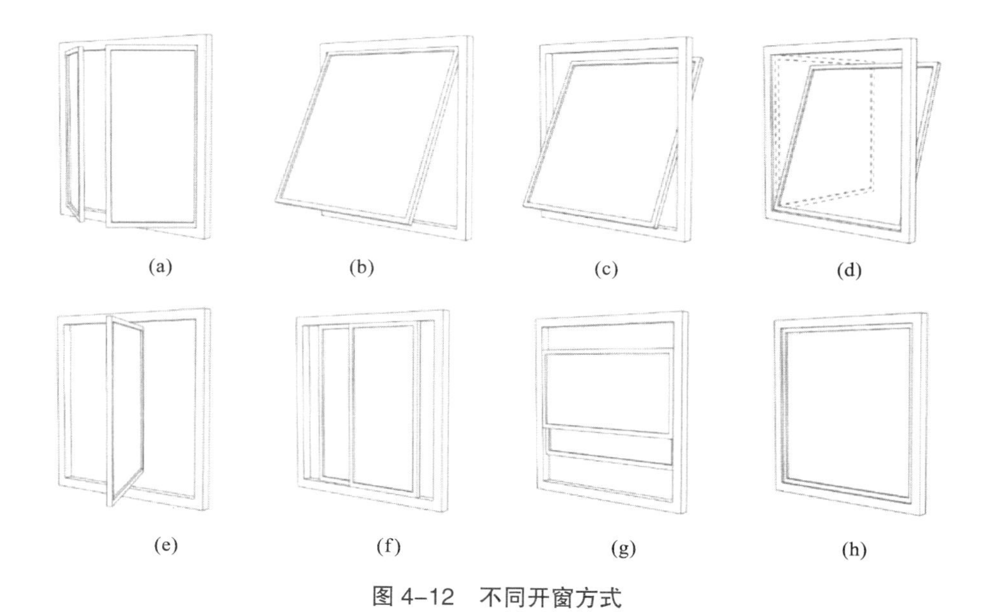

图4-12　不同开窗方式

第 5 章

遮阳设计与绿色建筑

从神圣恢弘的欧洲柱廊，到轻盈灵动的遮阳百叶；从端庄威严的官式屋顶到随处可见的遮阳雨篷，从古至今，建筑匠人们在世界范围内不断进行着建筑艺术与技术结合的实践。直至今日，建筑遮阳已经发展成为兼具技术功能与立面美学的重要构件之一。

5.1 遮阳历史演进

5.1.1 国外遮阳历史演进

古希腊作家赞诺芬提到，柱廊可以阻挡夏季太阳高度角较高的阳光，又不影响冬季高度角低的阳光照射到室内。

公元前 1 世纪，维特鲁威（Marcus Vitruvius Pollio）在《建筑十书》也探讨了遮阳设计。“城市的位置应避免南向和西向热辐射，这正是我们所在北半球建筑遮阳设计的重点……如果城市临近海洋，面朝西或南，则不舒适。因为整个夏天，南方的天空从日出到正午都很热。朝西的天空日出时较为温暖，到中午炎热，而日落时仿佛太阳在燃烧。”

到文艺复兴时期，阿尔伯蒂（Leon Battista Alberti）在《建筑论》一书中提到，在门廊处设窗户、露台和柱廊，可以季节性地引入阳光。“如果这里有玻璃窗、露台和柱廊就很方便了。除了具有景观的吸引力，还可以使阳光和微风根据季节进入。”“古人常朝南设置门廊。因为夏天太阳的高度角太高，光线无法进入室内，但冬天太阳的高度角就足够低。”

总结来说，古代建筑师对建筑遮阳设计的认识只是从经验出发，不涉及计算，也没有对遮阳这项技术进行专门的研究。因此，建筑师对建筑遮阳的理解长期处于停滞状态。

20 世纪初，赖特率先将太阳几何学引入建筑设计领域。太阳的高度角随着季节的变化而变化，而且建筑中不同功能的房间对日照的需求也不同。因此，赖特设计罗比住宅（见图 5-1）和威利茨住宅（见图 5-2）时，根据这两个特点设计了错落有致、深浅不一的挑檐，开创了建筑遮阳设计的先河。但这种挑檐并不是严格意义上的遮阳板，并且当时赖特的作品大多是别墅设计，他提出的遮阳设计理念并没有影响到当时蓬勃发展的现代建筑。因此，现代建筑遮阳板的公认发明者是建筑师勒·柯布西耶。

图 5-1 罗比住宅

图 5-2　威利茨住宅

当时的巴黎一年中有十个月的时间气候较为宜人，而另外的两个月却异常炎热。柯布西耶在巴黎设计的大楼有大面积的玻璃窗，受到室外气温变化的影响较大。为了解决这个问题，他在玻璃的外侧增设了水平、垂直或格栅式的面板，以防止阳光直接照射在隔热效果差的玻璃上。这种设计逐渐发展为当今常见的立面遮阳形式。

1928 年，柯布西耶在迦太基别墅的设计中首次采用了遮阳设施，但此时遮阳设施单纯作为功能部件使用。1952 年，他在马赛公寓的设计中、大量使用了遮阳构件，使其成为立面的造型元素之一。1951—1954 年，柯布西耶给昌迪加尔法院设计了混凝土遮阳板，如图 5-3 所示。从这时起，遮阳设计成为柯布西耶用来表达建筑的语汇。

图 5-3　昌迪加尔法院

对建筑遮阳的发展做出里程碑式贡献的建筑师还有理查德·诺伊特拉。他是第一位结合气象数据并邀请专业人士进行全天候建筑遮阳设计的现代建筑师。晚年，他还对太阳几何学做了更深入的研究，取得了突破性的进展。他在洛杉矶唱片名人堂的设计中，通过记录太阳轨迹，研究和比较了各种遮阳方案，最后采用活动式垂直百叶窗遮阳，并由屋顶上的太阳跟踪系统进行自动控制。

5.1.2 中国遮阳历史演进

1. 挑檐

挑檐是中国古代建筑中常见的建筑构件，可以产生有效的遮阳效果，如图 5-4 所示。早在春秋战国和秦朝，屋檐就已经被广泛使用。据《周礼·考公记》记载："商家四阿重屋。"四坡顶利于排水，还具有遮阳、隔热和保温的作用。可见，中国古代工匠已经开始关注建筑遮阳，并采取了行之有效的措施。

图 5-4　民居挑檐

经过几千年的演进，中国古代的皇宫、寺庙和祠堂通常采用出檐深远、端庄厚重的大屋顶，如图 5-5 所示。宏伟的大屋顶除了彰显帝王权威和庙宇神圣外，更具有效的遮阳和排水功能，从而显著改善室内的热环境和光环境。大屋顶要能承受挑檐的负荷，并能抵抗风雨侵袭，因此结构复杂，设计和施工难度大。

一些中国传统民居也采用大屋顶遮阳的做法，但屋顶更加轻薄，结构相对简单（见图 5-6）。在傣族聚居的西南地区，阳光充足，雨水充沛，夏季炎热，因此傣族干阑式住宅的屋顶硕大，出檐深远。挑檐可以避免阳光直射墙面，减少墙面得热，使居住空间能较长时间处于太阳的阴影中，又便于屋顶排水，从而保持了室内的凉爽。

2. 遮阳板

从古至今，我国许多民居的窗户上设有遮阳板，也被称为支摘窗，如图 5-7 所示。遮阳板一般由木板制成，向窗外倾斜。有些遮阳板是固定的，有些遮阳板是活动的，可以根据室内光线需求调整角度。遮阳板下的窗户通常具有正常的通风和采光功能。

图 5–5　故宫太和殿大屋顶

图 5–6　傣族干阑式住宅

传统民居也常利用窗户自身的构造进行遮阳。如临街商铺使用木制的垂直转轴长窗板，当窗板打开时，可以遮挡侧面阳光；窗板关闭时，则可以遮风挡雨。中国传统建筑中常见的花格窗除了具有装饰意义，也有一定的遮阳作用。在广东地区，一般在建筑西南方向的窗户上设置遮阳设施。例如古色古香的联排折叠式木百叶遮阳，上部的连杆使各窗叶能统一转动，有太阳光时支起，晚上放下成为窗盖板，既方便遮阳又能通风采光。

3. 连廊

连廊是连接同一建筑或不同建筑的通道，可以遮阳挡雨。连廊的形式有走廊、风雨桥和骑楼等，每种形式都有一定的适用范围。

图 5-7　支摘窗

一些民居将相邻住宅的阳台连接起来成为通道以便通行，同时起到遮阳、防风和挡雨的作用。福建和闽南地区炎热多雨，阳光强烈，因此，当地的客家民居用屋檐、走廊和巷道串联整个房屋，以厅堂为中心形成围合庭院（见图 5-8）。这种布局能很好地抵御气候变化，保持舒适的居住环境。

图 5-8　客家住宅

在我国传统园林中，连廊用于连接各个建筑或庭院，以便人们通行，如图 5-9 所示。连廊通常装饰有雕花彩画，不仅具有通行功能，而且成为园林景观的一部分，增加了园林的观赏效果，丰富了园林空间的层次。

我国南部地区太阳辐射强烈，许多地方水网密集，风雨常不期而至。广西、江西、浙江、湖南等地常见风雨桥，如图 5-10 所示，行人可以在风雨桥避雨或临时休息。

图 5-9　园林连廊

图 5-10　风雨桥

骑楼是建筑底层沿街面后退且留出公共人行空间的建筑物，集交通、遮阳、通风于一体，特别适合岭南的亚热带气候（见图 5-11）。它的商业实用性非常突出，通常是一层为商铺，楼上用于居住。骑楼不仅扩大了居住和聚集空间，还能防雨防晒，改善恶劣天气下的出行条件，为行人提供凉爽舒适的开放空间，方便顾客自由购物。它已成为东南沿海城镇一种极具特色的建筑形式。

4. 天井

湖北、江西是典型的夏热冬冷地区。住宅通常设天井、深檐和回廊。每一进院落都留出狭长的天井，既能采光，又能通风除湿。由于天井一般呈南北方向窄长的形式，全天只有正午一段时间阳光能直接照进庭院，避免了长时间的日晒，使居住环境凉爽舒适。江西抚州南城县上塘镇的清代民居普遍采用“开合式”小天井，如图 5-12 所示，开闭程度可根据阳光调节，反映了区域建筑对当地特有气候的适应性。

图 5-11　骑楼

图 5-12　“开合式”小天井

5.2 遮阳设计

5.2.1 遮阳的作用和效果

遮阳是指采用相应的材料和构造，在不削弱采光条件的情况下遮挡阳光的一种方法和措施，如图5-13所示。该设施可以改善室内的热环境，提高热舒适性。

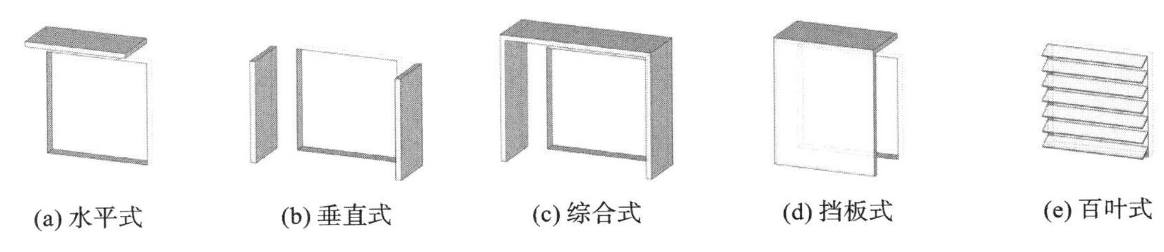

图5-13 各种遮阳形式

遮阳有以下作用。

①遮挡太阳辐射（非透明结构可降低外表面温度，减少进入室内的太阳辐射），在冬季不影响太阳辐射。

②降低室内气温，减小室内温度波动，提高人体舒适度，减少建筑制冷能耗。

③晴天阻挡直射光，减少眩光。

④兼做挡雨构件，减少雨水对建筑的侵蚀。

⑤对自然风进行引导。

⑥作为建筑立面装饰。

建筑能耗的一半用于制冷和采暖。据统计，我国单位建筑面积空调用电负荷高达50~200W/m^2。同时，建筑采用空调制冷，将大量热量排放到空气中，也会造成城市“热岛”效应，加剧环境污染。因此，建筑遮阳设计工作日益受到业界的重视。

建筑遮阳系统不仅能阻挡紫外线和热辐射进入室内，还能营造良好的室内光环境，防止室内眩光。同时，合理设置遮阳系统还可以起到导风作用，可以有效降低室内温度，从而降低空调的能耗，在提高室内热舒适性的同时达到节能的目的。如果遮阳产品能在全国推广应用，能源的节约将更为可观。因此，建筑围护结构的首要节能措施是遮阳。

通过无遮阳设计的窗户进入室内的太阳辐射占空调能耗的23%～40%，因此窗户遮阳是建筑遮阳设计的重点。

以下条件满足1～2项时应进行遮阳设计：

①室内气温大于29℃；

②太阳辐射强度过大；

③夏季阳光直射室内深度大于0.5m；

④夏季阳光直射室内时间超过 1 小时。

5.2.2　按位置分类

遮阳设施的位置会影响遮阳效果，如果遮阳设置不当，则可能带来无法弥补的缺陷。根据遮阳设施与遮阳部位的位置关系，可分为外遮阳、中间遮阳和内遮阳。

1. 外遮阳

外遮阳是指遮阳设施安装在建筑围护结构外，以便在太阳辐射到达门窗之前对其进行遮挡和削减，如图 5-14 所示。常见的外遮阳有百叶窗、百叶帘、室外卷帘、遮阳篷、遮阳膜等。在炎热的夏季，建筑外遮阳可以有效阻挡太阳热辐射进入室内；在寒冷的冬季，可以减少室内热损失，使室内热环境保持相对舒适。因此，建筑门窗的外遮阳对降低建筑能耗具有重要意义。由于外遮阳构件直接暴露在室外，不可避免地会受到阳光、风雨等气候因素的侵袭，因此，外遮阳对材料和结构的耐久性要求较高。

图 5-14　外遮阳

2. 中间遮阳

中间遮阳是设置在建筑物外围护结构中间的一种建筑措施，用以遮挡或调节进入室内的阳光和热辐射。常见的形式有在双层玻璃幕墙中间设置遮阳帘或遮阳百叶（见图 5-15），或直接使用 Low-E 玻璃作为双层玻璃一侧材料。中间遮阳对提高玻璃幕墙建筑的热工性能和室内热舒适性有着重要的作用，同时可以保持立面造型的整洁。中间遮阳板构件由外部玻璃保护，可以降低维护和管理成本。因此，中间遮阳在建筑遮阳设计中得到了广泛的应用。中间遮阳的缺点是造价和维护成本较高，且遮阳效果不如外遮阳。

3. 内遮阳

内遮阳安装在建筑围护结构的室内一侧。常见形式有窗帘、百叶窗、天篷帘等，如图 5-16 所示。内遮阳在我国住宅建筑中应用最为常见，安装、使用和更换都比较简单，不影响建筑外立面的造型，也不受高层建筑抗风要求的限制。

图 5-15　中间遮阳

图 5-16　内遮阳

4. 内遮阳与外遮阳的比较

内遮阳在太阳辐射被建筑围护结构吸收以后发挥遮挡作用，虽然阻挡了可见光，但围护结构已经吸收的热量仍会扩散到室内，导致室内温度增加。而建筑外遮阳的遮阳原理不同，太阳辐射热先接触外遮阳设施的表面，大部分太阳辐射热将被外遮阳设施吸收或反射到周围环境中去，减少了围护结构的直接得热，因此只有一小部分直接入射到建筑物表面，如图 5-17 所示。相关研究表明，安装外遮阳系统可使室内温度降低 7 ～ 8℃，节约空调能耗 40% ～ 60%；而安装内遮阳系统可使室内温度降低 4 ～ 5℃，节约空调能耗 30% ～ 45%。可见，建筑外遮阳的遮阳效果和节能效果要好于内遮阳。

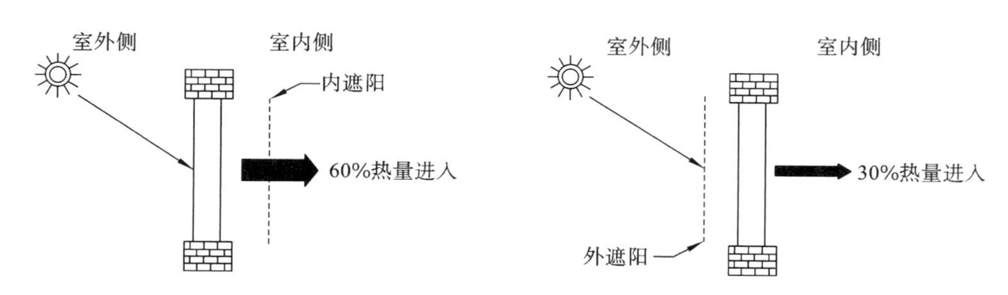

图 5-17　内遮阳和外遮阳的遮阳效果比较

5.2.3　按可调整性分类

遮阳组件可根据房间需求进行调整，按此特点，遮阳形式可分为固定遮阳和活动遮阳。

1. 固定遮阳

固定遮阳是指安装后无法轻易移动的永久性遮阳设施。固定遮阳构件通常在墙体施工时与墙体同时砌筑或安装，或在窗户周围预留相应位置。遮阳构件多由钢筋混凝土、金属等材料制成，其结构和形式与建筑立面相关。它具有成本低、技术要求低等优点，并且建成后不需要调整，可以节省大量的人力和财力。它的缺点是不能根据太阳高度和角度的变化随时调整，不能同时满足遮阳、采光和通风需求。

常见的固定遮阳形式有钢筋混凝土遮阳板、金属遮阳板和木质遮阳板，通常也可制成百叶形式，以及固定在框架上的织物遮阳帘等。

2. 活动遮阳

活动遮阳是指安装后能够随时改变遮阳效果的可调式遮阳措施，一般通过手动、机械或自动感应设备控制。活动遮阳根据日照情况调整遮阳构件的角度、大小或形状，以满足建筑自然采光和通风的最佳要求。它的优点是灵活性高，能保持舒适的室内热环境，减少空调负荷，达到节能的目的。它的缺点是成本相对较高，如果后期管理和维护不到位，活动遮阳就会变成固定遮阳，是一种对资源的浪费。

案例分析

澳大利亚的第一栋绿色建筑是由 DesignInc 设计的墨尔本市政厅。2005 年被澳大利亚绿色建筑委员会授予最高级别的绿色建筑等级，成为世界领先的绿色办公建筑，如图 5-18 所示。

墨尔本夏季炎热，为了降低制冷能耗，建筑遮阳尤为重要。建筑不同方向立面受到太阳辐射的情况不同，因此建筑师对墨尔本市政厅的每个立面进行了不同的遮阳设计。

墨尔本位于南半球，建筑的北立面是主要的受光面。北立面大致由两部分组成：挑出的阳台和通风烟囱。悬挑阳台形成了建筑自遮阳，并且在阳台外立面覆盖一层绿色植物，附加了一道遮阳隔热屏障。通风烟囱采用深色表皮，目的是吸收更多的太阳辐射热，使烟囱内空气升温，利用烟囱效应将室内热空气迅速排出。

对东立面进行遮阳的目的是防止早晨的眩光。因此立面采用穿孔金属板作为主要的立面遮阳形式。这种遮阳板不仅能避免眩光的产生，还能保证漫射光的进入，满足室内照度的需求。

西立面采用了智能遮阳系统。墙体外部的龙骨上安装遮阳板，每一扇遮阳板都是由8根木条组成的垂直木格栅，由计算机根据太阳位置的变化来控制遮阳板的开合度，从而减少西晒的影响；并且墙体和遮阳系统之间形成了一个空腔，能够增强遮阳隔热的效果。

图5-18　墨尔本市政厅立面

5.2.4　按安装方式和位置分类

随着地球的公转和自转，太阳和地球的相对位置一年四季呈周期性变化。太阳的入射角随着太阳的高度和方位不断变化，因此建筑各个朝向遮阳构件的安装方式和位置也随着日照情况的不同有所不同。基于以上原因，将遮阳形式分为水平遮阳、垂直遮阳、综合遮阳和挡板遮阳四类。

1. 水平遮阳

水平遮阳有利于阻挡太阳高度角较大的入射光线和窗户上方的阳光，主要适用于北半球的南立面和南半球的北立面。在立面造型方面，水平遮阳构件可以形成水平线条，从而塑造出连续稳定的建筑立面形象。

2. 垂直遮阳

垂直遮阳是指与地面垂直的遮阳形式，能有效阻挡高度角较小的阳光和从窗户侧面入射的阳光，主要适用于建筑的东北和西北立面。垂直遮阳在建筑立面上创造了竖向线条，产生一种轻盈的视觉感受。

3. 综合遮阳

综合遮阳综合了水平遮阳和垂直遮阳两种形式，有利于阻挡太阳高度角不大的入射光线或是沿着窗前斜射下来的阳光。综合遮阳的遮阳效果较好，适合设置于建筑的东南或西南立面。综合遮阳的立面线条纵横交错，增强了建筑立面的立体感和雕塑感。

4. 挡板遮阳

挡板遮阳能够遮挡太阳高度角小的正射阳光，遮阳构件与被遮挡建筑围护结构平行，主要适用于东、西立面。挡板遮阳一般以面的形式存在于视线中。对其进行排列组合设计，便于创造立面的层次感。

案例分析

East Village Lofts位于得克萨斯州首府奥斯汀，建筑设计必须考虑当地强烈的日照，如图5-19所示。因此建筑师Bercy Chen设计了遮阳系统，通过使用普通材料使其充满了活力和艺术表现力。

图5-19 East Village Lofts

建筑的南立面和西立面安装了大量彩色钢板遮阳板。局部结合阳台设置，起到阳台护栏的作用。这些大小不同、颜色渐变的遮阳板能够产生巨大的视觉冲击力，大大提高了建筑的辨识度。

5.2.5 按材料划分

遮阳构件的材料可分为金属、木材、塑料、玻璃、混凝土、织物等，如图 5-20 所示。遮阳材料可以根据其材料特性制作成条状、片状和帘状等形式，产生不同的遮阳效果和立面效果。

金属遮阳板以铝合金、不锈钢等金属为主体材料，表面喷塑或氟碳喷涂，有金属百叶窗、穿孔遮阳板、遮阳格栅等常见形式。金属遮阳板耐候性好，可塑性强，视觉效果轻盈灵动，因此主要用于公共建筑的外遮阳。

木材遮阳以防腐的天然木材、人造板材为主要材料。木材易于加工，色泽温馨，质地亲切，广泛应用在建筑遮阳设计中。使用时应充分考虑木材使用寿命，并进行防腐防火处理。

混凝土遮阳的主体材料为混凝土。预制混凝土遮阳板是常见的遮阳形式。由于这类遮阳板一般重量较大，所以要重点考虑其构造的细部设计。同时，通过对混凝土板进行粉刷喷涂可以提高建筑立面的表现力。

塑料遮阳以塑料为主要材料。塑料可以注塑成所需的形状和尺寸，常制作成遮阳百叶的叶片。其重量轻，耐腐蚀，但使用寿命一般短于金属材料。

玻璃遮阳以玻璃为主体材料，常见的形式有镀膜玻璃遮阳、中空玻璃遮阳、光致变色玻璃遮阳和玻璃遮阳百叶等。玻璃遮阳的原理主要是通过镀膜、贴膜、着色或印花等方式提高玻璃的遮阳性能，有效阻挡太阳辐射热进入室内。

织物遮阳以玻璃纤维和聚酯纤维织物为主要材料。户外织物遮阳棚和窗帘是常见的织物遮阳形式。玻璃纤维等织物材质色彩多变，质地柔软，可以营造出丰富的立面效果。

图 5-20　不同材料的遮阳措施

5.2.6　按技术划分

按技术划分，建筑遮阳分为低技术遮阳、中技术遮阳、高技术遮阳。低技术遮阳主要包括建筑自遮阳、植物遮阳和固定外遮阳等。中技术遮阳主要是指使用手动调节的遮阳设施，选择透光材料进行遮阳，或者使用阳光反射和偏转系统。高技术遮阳则是通过计算机自动控制来调整遮阳的效果。

1. 低技术遮阳

（1）建筑自遮阳。

利用建筑形体或构件的变化对建筑自身的遮挡，使建筑的局部墙体、屋顶或窗口置于阴影区之中，主要形式有以下几种：

①体型凹凸变化，前后错动产生相互遮挡；

②屋顶挑檐、出挑外廊、阳台、雨棚等产生阴影区；

③突出墙面的装饰构件和局部加厚的墙体等形成阴影；

④窗洞口采用凹窗。

案例分析

Endesa Pavilion 位于西班牙巴塞罗那，如图 5–21 所示。展览馆的四个立面上有许多形状各异的楔形体块突起，在楔形体块下端常规的垂直墙面上开洞，产生了建筑的门窗洞口。这种特殊的结构可以看作是窗户上方水平遮阳的变形。它的特点是使室内空间增大，同时突出了外立面的个性，反映了西班牙传统建筑的特点。建筑师在楔形突起的上部安装了大面积的太阳能光伏板，可以在遮阳的同时为建筑提供电力。

图 5–21　Endesa Pavilion

（2）绿化遮阳。

绿化遮阳可采用攀援植物和屋顶绿化进行遮阳。其原理是：植物叶片能遮挡夏季太阳辐射，并能通过光合作用将太阳能转化为生物能，从而降低周围温度。绿化遮阳可以随着季节的变化做出调整，是建筑对自然气候的一种响应。它具有隔热和改善室外热环境的双重功能，体现其很高的生态价值。

攀援植物的常见形式如下。

①采用爬山虎、凌霄等具有攀援特性的藤本植物直接沿墙面攀爬，无需支撑构架和牵引材料，绿化高度可达 10~20m。

②紧贴建筑外表面设置植被攀爬构架，利用构架安装植物生存载体和灌溉系统，如合成纤维毯等。

③搭设突出墙体的支撑构架或利用建筑的出挑构件安装攀援构架、生长载体和灌溉系统。与建筑表面有一定距离，常用于幕墙和窗口的遮阳。

屋顶绿化也是植物遮阳的一种方式。屋顶花园具有显著的保温隔热效果，同时对建筑立面的美化起积极的作用。

案例分析

Semiahmoo 图书馆的绿化处理非常特殊（见图 5-22）。图书馆的外墙由 Green Over Grey 事务所设计。由于墙体绿化没有结构的限制，他们在外墙上种植了 1 万多株植物，在垂直面上运用了平面上建造景观绿地的方法，创造了丰富多彩的植物墙。

图 5-22　Semiahmoo 图书馆立面植物遮阳

2. 中技术遮阳

中技术遮阳主要采用可人工调节（包括手动调节和人工控制的电动调节）的遮阳设施（如遮阳板、百叶、帘幕等）或选择透光性材料遮阳（如光电玻璃、遮阳型 LOW-E 玻璃）。根据各地区不同日照角度、日照时间、环境条件等来调节遮阳角度和长度，以便控制光线，在夏季将阳光挡在室外，降低制冷能耗；在冬季使温暖的阳光进入室内，减少采暖负荷。

3. 高技术遮阳

高技术遮阳（智能遮阳）可根据室外阳光的入射角度和照度，以及室内对光线的不同需求，由计算机自动控制和调节遮阳构件，具备高效、节能、环保的优势。其遮阳控制系统主要包括时间电机控制系统和气候电机控制系统。

案例分析

由让·努维尔设计的阿拉伯世界研究中心的“光圈”遮阳表皮已经成为阿拉伯世界文化研究中心的标志，如图 5-23 所示。研究中心最富有表现力的地方就是南立面的处理，为了表现阿拉伯文化研究中心的历史主题，让·努维尔采用了整面的玻璃幕墙，并在玻璃幕墙上面安装了上百个大小和形状都一样的金属方格，称为感光光圈窗格。每一个光圈上面都以图案的形式安排了大大小小的孔洞，而每一个孔洞都像一个照相机的光圈，孔洞的大小随着外界的自然光线强弱而变化，室内的自然采光也就得到了控制，立面也随之变得活跃，寓意万花筒般神秘的阿拉伯世界。立面上这种科技化的几何图形其实就是利用现代手法来表现典型的阿拉伯建筑特点。让·努维尔认为伟大的阿拉伯传统建筑的特点是将光线当作一种设计因素而加以运用。正因如此，他在阿拉伯世界研究中心项目中大量地使用了格栅的窗台、镂空的隔墙等能带来丰富光影变化的手法，使得光线成为这座建筑中最重要的特色。

光圈的几何图形主要以正方形、星形、圆形和多边形为主，这些都取自于伟大的阿拉伯建筑中的装饰主题。精致的表皮纹样令人们联想起精致繁琐而又优美的穆沙拉比窗，又像是阿拉伯传统服饰上的纹样。外立面墙上丰富的纹样图案以及从细部投射出来的光影变幻使人联想起阿拉伯特有的地域文化和特色。让·努维尔的设计充分体现出了世人对“阿拉伯建筑与文化的理解”。

图 5-23　阿拉伯世界研究中心的建筑表皮

5.2.7　多功能遮阳

遮阳构件可与通风构件、太阳能板等其他功能构件组合成多功能遮阳构件。例如，遮阳板可兼做导风板，引导自然通风；光伏板、太阳能平板集热器、太阳能真空集热管等太阳能装置可以作为建筑的外遮阳构件，既能为建筑提供电能，又能减少太阳辐射得热。

5.2.8　选择遮阳构件的注意事项

遮阳构件在遮挡阳光的过程中会吸收大量的辐射而升温，因此在设计时要注意以下几个方面。

（1）遮阳构件宜采用高反射、低蓄热的轻质材料。例如，由浅色、低热容的金属材料制成的遮阳百叶比混凝土遮阳板的效果好。

（2）选择网状或百叶状遮阳对通风的阻碍较小，可利用自然通风带走热空气和自身吸收的热量，使遮阳构件迅速冷却。

（3）遮阳构件要与建筑外表皮保持一定距离安装，避免将吸收的热量直接传给外围护结构。

（4）遮阳构件应与自然采光结合考虑。遮阳构件在一定程度上遮挡室内使用者的视线，在选择遮阳方式和材料时，也要考虑平衡遮阳和视觉通透之间的关系。

5.3 遮阳的发展趋势

随着建筑技术的日益成熟，建筑遮阳已成为建筑节能设计的主要发展趋势之一，具体表现为四个发展方向：表皮化，复合化，智能化和建筑一体化。

5.3.1 表皮化

建筑表皮不仅是建筑的外围护结构，而且直接影响着建筑的立面效果。它是建筑形态的重要组成部分，决定了人们对建筑形象最直观的认识。

而建筑表皮通常和建筑遮阳相关，建筑表皮的各个部位都可以表达遮阳设计，比如窗口遮阳、墙面遮阳、屋顶遮阳等，其中窗口遮阳是最常见的形式。建筑遮阳与建筑表皮的结合设计，不再使建筑表皮单纯起分隔室内外空间的作用，而是使建筑表皮成为建筑内部环境与外部气候的调节器。通过改变建筑遮阳的位置、形状、密度、颜色，可以调节与建筑表皮相互作用的气候因子。

1. 遮阳构件作为建筑表皮的美学表达

多种遮阳材料、遮阳技术的运用，以及遮阳构件的排列组合，可以形成瞬息万变的建筑立面形象。建筑表皮的发展提高了建筑外遮阳应用的自由度。建筑遮阳已经成为提升建筑外在形象的语汇之一。作为建筑设计的元素，它能创造出丰富的建筑表皮，塑造出优美的建筑造型。

2. 建筑遮阳对建筑表皮的影响

建筑遮阳作为一种既有功能性、又有表现力的建筑表皮元素，能补充或增强建筑艺术表现力，使建筑造型丰富多变。

（1）增加建筑表皮开放度。

遮阳技术的运用有利于减弱日照对开窗的限制，减少太阳热辐射对室内热舒适的影响。因此，建筑开窗的位置可以更加自由，窗户的面积也可以适当增大，可以增加建筑的围护结构透明度，减弱建筑整体的厚重感，增大建筑的开放程度。

案例分析

在伦敦市政厅的设计中，建筑师分析了全年的日照规律，绘制出建筑表面的热量分布图，作为建筑外遮阳设计的依据。如图 5-24 所示，建筑运用了大面积的玻璃幕墙，通透的表面营造了更加开放的空间效果。

图 5-24　伦敦市政厅

（2）赋予建筑表皮动态感。

对于活动遮阳，通过传感器跟踪太阳的位置手动或智能控制遮阳构件的颜色、形状和角度；对于绿化遮阳，自然要素介入建筑构造，季节变化，植物生长，使得遮阳表皮有着形态、色彩、光影的变化，使得建筑表皮的形态响应环境变化，呈现出不同的立面造型。

案例分析

奥地利基弗工艺陈列室的外立面表皮由系统控制的规则铝板排列组合而成。外墙上的遮光板可以根据室外光线的强弱进行调节，形成丰富多样的表皮形式，如图 5-25 所示。随着时间的推移，立面呈现出不同的效果，形成了富有雕塑感、美观实用的动态立面。

图 5-25　奥地利基弗工艺陈列室的外表皮

（3）凸显建筑表皮自然化。

绿化遮阳是一种有效的自然遮阳措施。种植在建筑外墙、屋顶、空中花园和支撑构架上的植物成为建筑表皮的有机组成部分，柔化了建筑的硬质界面，增强了建筑人工环境的生态性，突出了建筑与自然的和谐共生，使建筑呈现自然美。

案例分析

杨经文设计的新加坡EDITT大厦将绿化引入高层建筑，采用了垂直绿化并置、混合、整合三种模式，如图5-26所示。建筑自下而上覆盖着绿色，实现了建筑与绿化的和谐共生，给拥挤的城市环境带来令人愉悦的自然感受。事实上，这座建筑所在地的生态系统基本被破坏，原始土壤和植被较少。在此基础上，建筑平衡了原址的生态元素，在立面和平台上种植常绿植物。这些种植区是连续的，通过一个相连的景观坡道连接到最高层。种植面积达到3841m^2，达到总建筑面积的一半。

图5-26　EDITT大厦

（4）趋于建筑表皮精致化。

遮阳构件的先进材料、技术应用和加工制造水平以及建筑整体施工技术的提高，使建筑遮阳展现出精湛的现代工艺，也促进了建筑整体趋于精致化。

3. 建议与展望

建筑表皮是建筑遮阳的表现平台，建筑遮阳越来越趋于表皮化。合理应用建筑遮阳，有利于重塑建筑表皮，优化建筑造型。

建筑遮阳与建筑表皮的有机结合，是一个永无止境的课题。建筑遮阳的发展将为提高建筑节能、保证舒适、完善的建筑美学提供新的设计思路。

5.3.2 复合化

现代建筑遮阳与传统建筑遮阳的差异越来越明显。①现代建筑遮阳很少以单独的遮阳构件的形式出现，而是形成了由多个功能单元组成的遮阳体系。②在功能上，遮阳设施的作用不仅仅是为建筑提供必要的遮阳保护，还是与建筑的其他功能部分形成一个系统，共同为建筑服务。例如，遮阳设施与通风结合的系统、与自然采光结合的系统、与太阳能利用结合的系统等。

1. 遮阳设施与太阳能利用的结合

随着建筑集成太阳能光伏应用技术的突破性进步，太阳能、建筑设计和电力转化已经能够结合成一个协同工作的系统。在遮阳系统的表面安装太阳能玻璃或太阳能光伏板，能避免光伏发电板对建筑表面的额外占用，并为建筑提供电力，同时丰富了建筑的立面。

安装太阳能光伏板时，必须结合遮阳设施考虑其朝向、性能和结构等因素。在遮阳设施与太阳能利用相结合的设计中，既要满足不同时段不同的遮阳要求，又要满足太阳能光伏板的安装要求。利用活动式遮阳设施安装光电板是较好的选择，一些可调遮阳设施可以根据不同的太阳高度角调整自身位置，大大增强了太阳能光伏板的性能和遮阳效果。

案例分析

建筑生态科学组织将办公楼窗户开发成为太阳能发电设备。他们开发并测试了一种被称为“玻璃金字塔”的新技术，如图 5-27 所示。这种“玻璃金字塔”即“太阳能集成动态表皮”，安装在窗户上就可以发电。它的原理十分简单：晶莹剔透的玻璃金字塔将照射在窗户上的太阳辐射集中起来，转换成能量。从外观上看，整座建筑仿佛披着巨大的宝石窗帘。

图 5-27 “玻璃金字塔”

伦斯勒理工学院的研究人员将这一设备安装在纽约州的一个建筑上做了实际检验。与传统的太阳能光伏板相比，“玻璃金字塔”有很多优势。每个“玻璃金字塔”的面积不到一平方英尺，装有能够将太阳光集中于一个小太阳能光电板的镜片，使得“玻璃金字塔”中太阳能光伏板的发电效率远远高于传统的太阳能光伏板。同时，这些“玻璃金字塔”还可以根据太阳方位的变化改变朝向，从而更充分地利用太阳能。在“玻璃金字塔”中还有一个喷雾装置，用来冷却太阳能光伏板，提高发电效率。吸收热量的水被收集起来用于建筑自身的需要，水的辐射热可用于房间的供暖。“玻璃金字塔”还可以反射直射太阳光，使建筑室内在获得自然采光的同时减少太阳的热辐射。建筑最大的能耗来自制冷、供热和照明，这个系统可以有效处理这三个问题。

2. 遮阳设施与高性能外围护结构的结合

玻璃是常见的建筑立面材料。它将建筑物从沉重的砖块、石头和混凝土中解放出来，具有通透和轻盈的特点。它的出现彻底改变了建筑历史的发展进程。但玻璃作为建筑围护材料，其缺点是保温性能差，容易引起眩光。在透明玻璃的一侧粘贴高效的半透明保温材料，可达到透光而不传热的效果。常用的玻璃遮阳形式有镀膜玻璃、光致变色玻璃和双层玻璃等。

案例分析

托马斯·赫尔佐格在巴伐利亚的工作室的立面上首次使用了气凝胶玻璃窗，如图5-28所示。这种特殊材料具有优良的采光和热工性能。

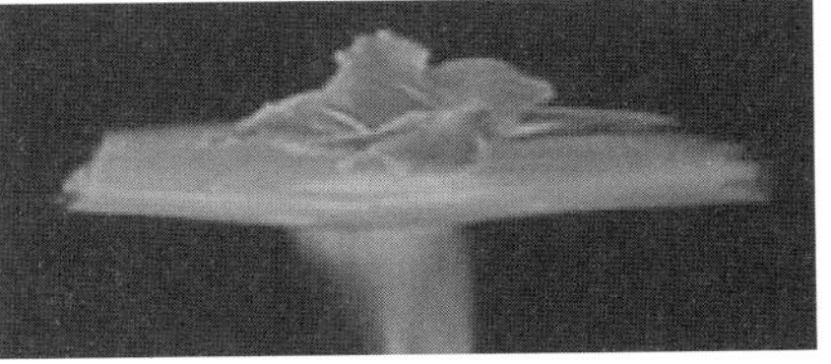

图5-28　气凝胶玻璃窗

气凝胶由多碳化合物组成，拥有蜂巢和毛细结构，是一种与硅酸盐玻璃相混合的材料，其密度仅为 3kg/m^3。气凝胶里面的颗粒非常小，且 80% 以上是空气，可见光透过气凝胶的时候散射很小，因此它有着非常良好的隔热效果。科学家们进行过一个有趣的实验：把一朵玫瑰放在火焰之上，中间隔着一块气凝胶，结果玫瑰丝毫无损，可见气凝胶隔热能力非常强。目前气凝胶主要用于航天探测上，在美国“火星探路者”的探测器和俄罗斯“和平”号空间站上都可以找到这种材料。

赫尔佐格制作了由两块普通玻璃之间填充 16 mm厚的气凝胶而成的双层玻璃窗，这种窗户透光率为 45%。玻璃窗的尺寸与一般的双层玻璃窗相同，因此很容易制作并安装，不需要使用复杂的生产工艺。

试验结果表明，填充气凝胶的双层玻璃与普通双层玻璃相比，热性能有了明显的提高，保证了冬季室内的热舒适性。同时，该系统还保证了良好的隔热性能和透光性能，在满足室内照度的前提下，大大降低了冬季采暖能耗和夏季制冷能耗。

3. 遮阳设施与自然通风的结合

近年来，许多建筑师开始利用双层表皮之间的中空层，将遮阳控制、自然采光、自然通风和机械系统融为一体进行设计。这些新技术的应用改变了传统意义上的建筑围护结构。

案例分析

在 GSW 新办公楼的设计中，绍尔布鲁赫和胡滕联合设计事务所设计了 22 层狭长板楼的主体结构，并将西立面的双层表皮设计为“热烟囱”，体现了其生态节能的核心理念，如图 5–29 所示。

图 5–29　GSW 总部大楼

总部大楼建筑主体部分纵剖面十分狭长，轴线为南北向，西立面的双层玻璃幕墙实际上由三层组成：最外面一层是单层玻璃幕墙系统，最里面一层是可开启的双层玻璃幕墙系统。两层玻璃幕墙之间有一层 1m 宽的空间，每层都设有金属构架，用于安装橘红色系的 2.9m × 0.6m × 1.5mm 的穿孔铝板（即遮阳板）。遮阳板可以折叠，结构类似于扇子，可以在计算机的控制下根据采光需求自动调整展开程度，也可以由用户手动调节。

该建筑使用的穿孔铝板经过精心设计。每个遮阳板的孔隙率控制在 18%，穿孔十分密集和细小。通过遮阳板进入房间的光线非常均匀，在寒冷的冬季也可以通过太阳辐射得热。当人们从室内向外张望时，会发现遮阳板仿佛一层半透明的橘红色薄纱，室外景色清晰可见。

两个玻璃幕墙之间的空间作为调节室内温度和控制自然通风的热缓冲区具有重要作用。项目所在地属于大陆性气候，夏天非常炎热，冬天十分寒冷。在夏季，监控系统控制大楼底部和顶部进出风口开启，遮阳板也完全展开，新鲜的低温空气进入两道玻璃幕墙之间的空间，在被太阳加热后，产生“烟囱效应”，迅速把热空气排出室外，为建筑降温。在冬季，遮阳板和建筑大部分进风口、出风口关闭，房间可直接接受太阳辐射，使室内温度保持在舒适水平。

建筑建成后的节能效果是非常理想的，在全年中有70%的时间可以完全依靠自然通风而不使用机械通风。当夏季室外温度达到32℃时，这一复合系统可以把室内温度控制在27℃左右。

4. 遮阳设施与自然采光的结合

自然采光有助于提高室内环境的舒适度，也有利于减少冬季采暖能耗。

案例分析

由德国建筑师托马斯·赫尔佐格设计的建筑工业养老基金会办公楼群位于德国威斯巴登。建筑形体非常简洁，呈规整的直方体状。建筑南北两个立面上的遮阳系统极具技术含量，如图5-30所示。

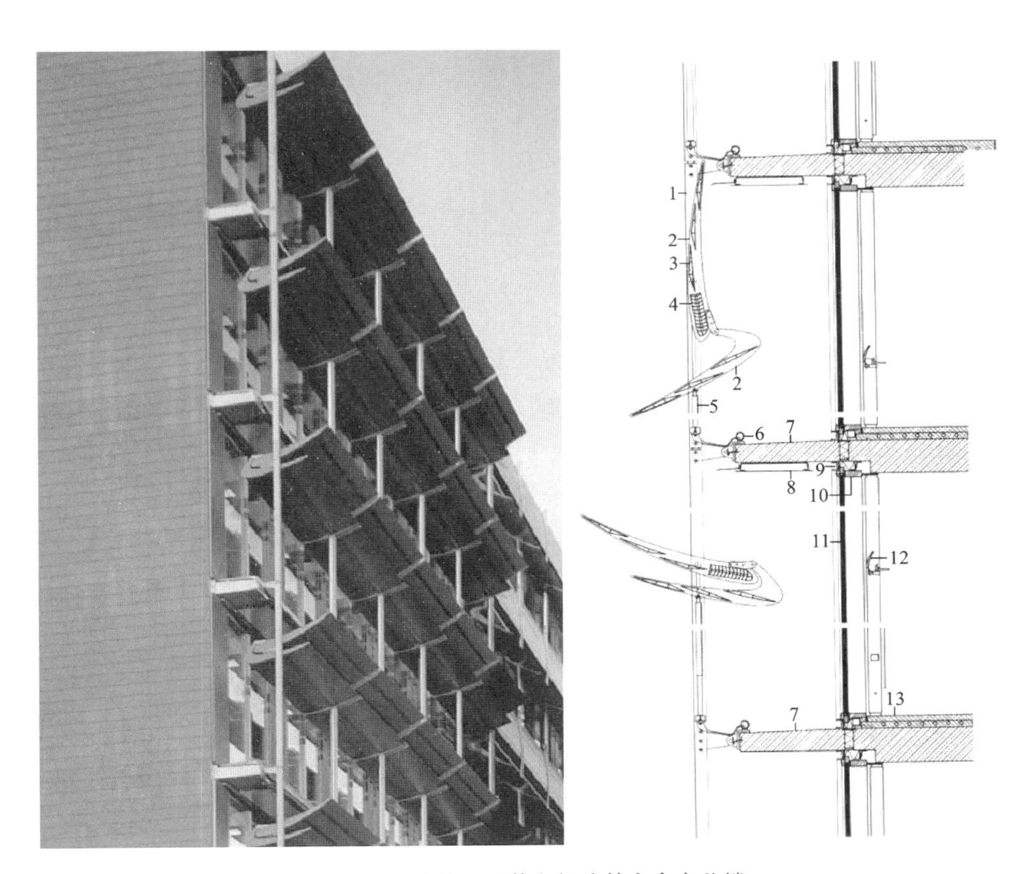

图5-30　建筑工业养老保险基金会办公楼

由于太阳的直射，建筑南面需要考虑两个主要问题：一是遮挡太阳直射光线，避免眩光和室内温度过高；二是将太阳光引入室内深处。设计师采用了两个截面呈“镰刀”形的联动遮阳构件解决上述问题。两个“镰刀”大小不同，上面的“镰刀”稍大一些，且构件上覆有反光板。大“镰刀”被固定在框架上，可以在马达的驱动下围绕固定轴转动。小“镰刀”有两个固定点，其中一个在尾部，通过固定轴固定在大“镰刀”的头部，可以随着大“镰刀”的转动而转动；另一个固定点在“镰刀”的中部，小“镰刀”可沿框架上下移动。

当太阳光过于强烈时，小“镰刀”向下移动带动大“镰刀”也向下移动。最终大“镰刀”呈竖直站立状态，小“镰刀”则呈迎向阳光的姿态。窗户 2/3 高度以下部分的太阳直射光光线被大“镰刀”遮蔽，而其余部分的光线则会被大“镰刀”尾部的小型反射器和小“镰刀”反射进入办公室内。当室内照度过低的时候，大“镰刀”和小“镰刀”被叠合到一起呈水平状态，可以将太阳光反射进入办公室内。

在建筑的北面，设计师创造性地使用了一种可以把天空中的漫射自然光反射到室内加强自然采光的遮阳系统，在北侧窗户的上部使用了类似南侧立面遮阳系统中“镰刀”的结构。“镰刀”呈 Y 形，将太阳光反射到挑出的楼板下沿（下面覆有反光板），再通过反射进入室内，从而改善室内光环境。

5.3.3 智能遮阳系统

美国建筑师理查德·诺伊特拉发明了智能遮阳系统，他率先在屋顶上使用由自动太阳跟踪系统控制的可移动垂直百叶窗，标志着建筑遮阳进入了智能化时代。智能遮阳系统可以根据环境因素的变化，由预设的程序自动调整工作状态。一个完整的智能遮阳系统一般由控制系统、电机和遮阳设施组成。

智能遮阳系统综合了计算机、信息通信等方面的技术，实现了建筑遮阳构件的自动化调整，并开始向人性化和可持续发展方向发展。在全社会普遍关注人性化和人类可持续发展的背景下，建筑遮阳的智能化、高科技化逐渐成为一种发展趋势。

1. 人性化的智能遮阳系统

长期以来，人们普遍认为玻璃幕墙只能平板化，不可能安装外遮阳设施，但事实上，玻璃幕墙也可以与精美的遮阳设施相结合，形成优美的遮阳形式，营造出独特的建筑立面造型。遮阳系统还能在玻璃幕墙上形成丰富的光影效果，展现现代建筑艺术。因此，在欧洲建筑界，玻璃幕墙上的外遮阳系统作为一种积极的立面元素，被称为双层立面：一层是建筑本身的立面，另一层是遮阳设施的动态立面。这种“动态”的建筑形象并不是建筑外立面的时尚需求，而是现代科技产生的一种新的现代建筑形式。

案例分析

阿布扎比投资管理局总部大楼（图 5-31）总高度 145m，由两栋 25 层的办公楼组成。建筑采用独特的蚕蛹造型，集智能、环保、节能、前卫于一体，成为当地的标志性建筑。该建筑最大的亮点在于其独一无二的遮阳系统——Mashrabiya 智能遮阳系统。

Mashrabiya 智能遮阳系统（又称电动立面伞式智能遮阳系统）的设计理念源自古代伊斯兰图案，彻底颠覆了传统的遮阳形式。设计师将机电与幕墙有机结合，赋予幕墙新的设计思路。当建筑幕墙暴露在阳光直射下时，将打开“遮阳伞”为建筑物遮阳。由于太阳的位置一直在不断变化，“遮阳伞”可以随时打开或关闭，并根据外部环境的变化，实现建筑物内部温度和光线的智能调节。

整个建筑工程共使用了 2098 把“遮阳伞”。当“遮阳伞”关闭时，每个单元看起来就像一个星星。

遮阳单元由五部分组成：三角形铝框，Y型支撑大臂，PTFE膜，铸件和电机。6个覆盖PTFE膜的三角形铝框固定在Y型支撑大臂上，中间由柱形电机连接，在电控系统的控制下，实现自动开闭。整个系统运行后，夏季负荷将减少20%，确保建筑成为可持续高效的建筑。

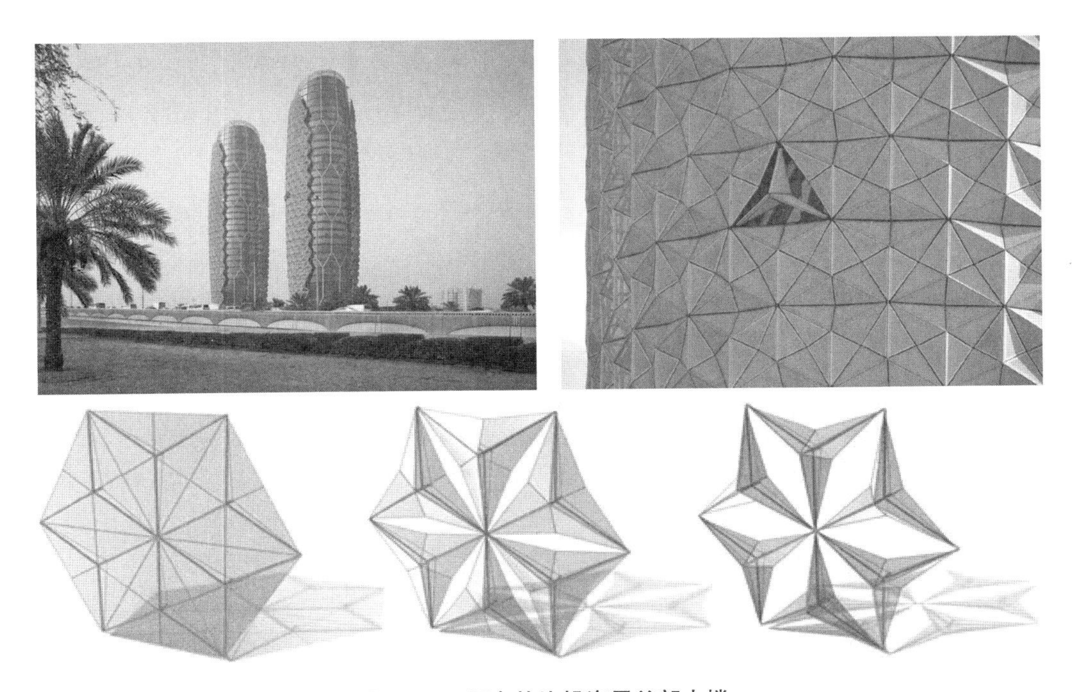

图5-31　阿布扎比投资局总部大楼

2. 并非“零能耗”的智能遮阳系统

智能遮阳系统自20世纪50年代末出现以来，得到了广泛的应用。智能遮阳系统在计算机的控制下，根据传感器传输的数据，由外部电源驱动对室内光环境进行管理和调节。实践证明，这些系统在实际运行中并非“零能耗”。究其原因，首先是因为它们在实际运行中受环境影响较大；其次，完成这种机械调整本身也需要消耗一定的能源。

案例分析

德国埃森的蒂森克虏伯总部大楼的立面遮阳系统为一种创新且高效的遮阳系统（见图5-32）。遮阳系统由3150根垂直杆件组成，杆件设有不锈钢双向轴，约40万个水平不锈钢百叶缠绕其上，远远看去，好似合金羽毛。这些可旋转和相互交织的元素呈现了一个最优系统，它结合了水平百叶（允许光线进入）和垂直可旋转百叶（视野不受限制）的优点。1280个由直线电机驱动、中央控制的独立元件可以完成以下基本操作：①紧闭（平行于隔热玻璃层）；②随太阳位置而调节（可变，垂直于太阳入射角）；③开启（水平百叶缠绕在双向轴上，垂直于隔热玻璃层）。

3. 非成像集合器遮阳系统

建筑遮阳的核心功能是允许漫射光通过的同时防止直射光通过。许多建筑师致力于研究各种遮阳设施，下面介绍非成像集合器遮阳系统。

非成像集合器的目标就是实现建筑室内自然光的最优化。实现这一目标有两个好处：一是通过自然采光节约使用人工光源，二是将太阳辐射得热限制在最低水平，两者都可以降低建筑能耗。

图 5-32　蒂森克虏伯大楼立面遮阳系统

案例分析

设计师托马斯·库克尔康的方法是在建筑物的立面上安装一种高性能的遮阳构件，如图 5-33 所示。这种遮阳构件的构造十分复杂，是一种基于复合抛物线控制器的光学结构（CPCs）。它将透明的、半透明的、漫反射的、镜面反射的各种材料应用于遮阳片的不同部位。与其他遮阳系统相比，它对入射光线有方向选择性。由于其出色的漫反射效果，进入室内的光照量几乎没有损失。

图 5-33　非成像集合器对光的反射、折射

5.3.4　遮阳与建筑一体化

外遮阳设施与建筑是一种依存关系，是建筑设计中非常重要的组成部分，越来越受到设计师的重视。然而，有些建筑师只是简单地处理遮阳设计，忽略了其与建筑的合理关系。某些建筑的遮阳设计不能有效地满足功能要求，遮阳设施在建筑中胡乱拼凑，不仅未能发挥其遮阳功能，反而破坏了建筑原有的设计感。在设计阶段，建筑师应将遮阳设施视为与建筑不可分割的整体，进行整体研究。这种设计形式既能有效满足建筑的遮阳需求，又能实现技术与艺术的完美结合。

1. 遮阳与建筑一体化的内涵

一体化设计（integrated design），又称为集成设计、综合设计，是在并行设计、协同设计、多学科设计优化等设计理念的支持下，各设计人员协同工作，综合考虑产品生命周期中各个环节、各个学科、各个阶段的相互关系和相互影响，在构建的网络环境中集成地设计复杂产品及其相关过程的系统化方法。一体化设计的整体性是指以获得产品设计整体最优解为目标，从结构、性能、布局、强度、可靠性、维修性和寿命周期费用等多方面进行综合分析和协调权衡，最终提高产品质量，缩短设计周期，降低产品成本。

由此可见，遮阳与建筑的一体化设计并不是简单地在建筑上“添置”外遮阳设施，而是通过建筑施工技术与外遮阳利用技术的融合，设计一个现代化的优秀建筑。在建筑设计过程中，我们应采用各种科学技术手段和设计资源，通过系统的引导措施，使最终的设计成果达到资源配置和建筑性能最大化。

2. 遮阳与建筑一体化设计的原则

建筑遮阳作为一种活跃的建筑语言越来越多地被建筑师运用。建筑师通过对遮阳构件的重复与变化形成节奏感，呈现韵律与动感之美；利用遮阳构件创造层次感与光影效果，使得整个建筑造型更加丰富；利用遮阳构件的虚实变化造成视觉上的对比，形成视觉张力，给人以生动、强烈的印象；利用色彩鲜艳的遮阳构件来丰富建筑立面，形成独特的美学效果。

遮阳设计服务于建筑主体并对建筑产生直接的影响。因此，在建筑遮阳设计中，不能单方面强调其某一功能特性，而应综合考虑，在保证适当的节能、使用、管理等各方面效率的基础上，通过合理的遮阳设计来保证遮阳功能合理，同时加强建筑的光影效果，丰富建筑立面的形态，使得建筑整体达到技术与艺术的和谐统一。

（1）环境整体性。

在遮阳与建筑一体化设计过程中，应遵循“环境整体性”的设计原则。一方面，遮阳设施的施工环境可能还同时承担着通风、防盗、采光等多个功能要求，多个功能构件同时出现在一个窗洞口，极易破坏建筑的整体外立面造型，因此必须特别注意各个构件之间的协调统一性。另一方面，建筑师需要权衡气候、自然、社会、技术、经济、文化等各方面因素，进行综合分析和比较，使得各种因素相互协调，从而形成整体统一的建筑印象，使其兼具形式美、地域性、时代性与创新性。遵循环境整体性的设计原则，不仅能够满足当地居民的物质文化生活需求，同时也能适应当今社会环境的快速发展需求，为设计合理的建筑空间打下坚实的基础。

在遮阳与建筑一体化的过程中，气候因素尤为重要。气候设计是一门艺术，也是运用有益的自然元素（如太阳、风、土地和温度、植物和湿度）创造出舒适、节能和智能环境的建筑科学。合适的设计过程是顺应自然而不是违背自然，与自然相和谐以创造更好的居住环境。气候设计准则来源于通过自然气候元素创造出舒适的人类居住场所的需求。一般来说，依靠自然资源就能保证建筑室内环境中人体的舒适感要求是最理想的。大部分情况下，建筑外环境随着气候条件的变化而改变，所以遮阳设施最好是可调节的。

（2）功能复合性。

随着技术的进步，建筑正朝着复合多功能的方向发展。“功能复合性”随之成为遮阳与建筑一体化设计过程中应遵循的设计原则。遮阳设施不仅承担着防止太阳辐射过分加热建筑外围护结构及减少室内得热的作用，还兼顾保温、控光、防盗、防噪、观景等多方面功能。例如，对于双层幕墙而言，不仅可以通过内置百叶的手段达到遮阳目的，同时可以通过上下风口的启闭来解决室内通风散热的问题，还能通过选择安全玻璃来保障安全。要想达到功能复合性的要求，不仅要对遮阳知识有深入的认识，还要对建筑各个相关功能构件的基本特性、物理环境需求有充分的了解，利用先进技术来改善建筑遮阳部件整体的使用性能，使室内物理环境得以优化更新。

（3）成效选择性。

“成效选择性”是遮阳与建筑一体化设计过程中应遵循的设计原则。适宜的遮阳措施不仅能够有效减少空调的使用能耗，而且能够增加建筑的艺术价值，促进新型材料的研发。在具体项目的实施中，主要功能是遮阳设计的出发点，其他功能则在主要功能达成的同时自然完成。遮阳设计从某一功能出发，为了突出该功能将会适当减弱其他方面的性能。例如，为了营造一种轻盈的遮阳造型而使用 ETFE 膜，但是透光度较高的 ETFE 膜不能保证室内拥有最为合理的自然采光照度，并且 ETFE 膜的高价格也会造成建筑施工成本的提高。因此，对主要功能做出选择（即成效选择）成为遮阳设计的关键。在选择遮阳设计方案时，遵循成效选择性，不仅能够适时、适度、合理地运用遮阳手段实现其节能目标，还会激发新的创作灵感，从而提高建筑的整体性能，达到各方面和谐统一，实现共赢。

3. 遮阳与建筑一体化形式

（1）植被外遮阳与建筑表皮“自然化”。

植被外遮阳将自然要素嵌入到建筑外表皮中，植物随季节变化，生长衰亡，枯荣演替，带来形态、色彩、光影的变换，柔化了建筑的硬质界面。植被遮阳承载了生态系统的运营，在视觉上凸显了建筑与自然的和谐共生，赋予建筑表皮以生命感。

（2）综合式外遮阳与建筑表皮“格构化”。

可调节的综合式遮阳具有更大的灵活性，其水平和垂直遮阳可以根据环境需求来调整角度，从而形成能应变时季更迭和微气候的“可变格构”。

勒・柯布西耶对非洲地域传统建筑进行考察研究后，创造了由混凝土花格、深凹窗洞等构成的“格构式”立面系统，这是一种典型的综合式遮阳。柯布西耶通过对“格构化”元素的进一步细分，以及利用材料与色彩的变化，衍生出了多层级“格构”。

（3）工业化建筑外遮阳与建筑表皮“标准化”。

工业化建筑的外围护结构多采用标准化构配件，在现场机械化装配施工。在预制加工好的外围护结构部件中，工业化建筑外遮阳构成均质的、充满韵律、具有“标准化”特征的建筑表皮。

（4）软质材料外遮阳与建筑表皮“柔软化”。

软质材料外遮阳是由帘幕、篷布、膜等材料及其支撑连接构件组成。将柔软、有弹性的软质材料与坚硬、刚性质感的建筑面层材料（玻璃、金属、石材、陶瓷、砌块等）进行对比、叠加、映衬，可极大地丰富建筑立面。

（5）可调节外遮阳与建筑表皮“精致化”。

可调节外遮阳是目前应用较多的一种外遮阳形式。根据不同季节的日照角度、日照时间和环境条件，可手动调节或自动调节遮阳叶片（遮阳网板或遮阳格栅）的角度或长度来控制光线。夏季，强烈的光线被挡在室外，降低制冷能耗；冬季，温暖的阳光能射进室内，减少采暖负荷。可调节外遮阳一般由遮阳百叶、安装连接组件、调节装置等组成。

附着于建筑外表皮的可调节外遮阳通过构造节点与建筑主体结构或外围护结构相连接。“精致化”的构件与原围护结构的“格构式”（幕墙）或“点阵式”（墙与窗）表皮相叠加，重塑了建筑立面的层次和景深，构成具有生态内涵的形式肌理。北京地质大厦南向玻璃幕墙外设置了可根据季节气候手动调节的水平遮阳装置。

（6）网板和密格栅式外遮阳与建筑表皮“模糊化”。

网板式外遮阳多采用金属孔板或金属网制成。密格栅式外遮阳采用木材、金属或合成材料制成。它们如同附着在建筑外墙面的“面纱”，表现出“模糊化”的特性。其遮阳效率和表皮模糊度主要取决于遮阳网板的网眼孔径和间距及密格栅的截面面积和间距。

（7）可变式外遮阳与建筑表皮“动态化”。

当用户根据需要调节可变式外遮阳部分开启和闭合时，外遮阳的开闭位置和范围的变化形成了建筑外界面虚实关系的动态转换，个性化的表皮形态显示了使用者对环境舒适差异的需求。

当可变式外遮阳整体开启或闭合时，建筑外表皮在“格构化”与“精致化”之间发生动态转换，体现了建筑应变不同环境时特有的“表情”和“神态”。

（8）能源采集式外遮阳与建筑表皮“能量化”。

建筑外遮阳被赋予能源采集功能，用以供给建筑运行所需的部分能量，这是目前建筑表皮“能量化”的特点。常用做法是采用太阳能集热器或太阳能光电玻璃作为“能量化”外遮阳设施。

（9）墙体系统智能式外遮阳与建筑表皮“智能化”。

在计算机程序控制下，墙体系统智能式外遮阳随着室外气候环境或季节时间而变化，表现出建筑表皮的“智能化”特性。巴黎的阿拉伯世界研究中心外表皮采用了类似照相机光圈的智能化遮阳系统。

建筑遮阳设计应加强与建筑整体、其他绿色建筑技术的紧密联系，综合考虑建筑的外形美观、性能优化、功能得当等因素，并进行相应的一体化设计，获得形态和性能的综合最佳效果，达到建筑风格的融合与统一，满足建筑整体的美学需求。

建筑遮阳设计既要积极借鉴地域适宜的传统遮阳工艺和方法，又要充分利用新材料、新技术来探索更加高效的遮阳方式，共同形成新的地域遮阳形态，产生具有震撼力的艺术效果。

5.4　我国遮阳发展中出现的问题

遮阳是建筑的有机组成部分。如依山而居的掩土住宅借助山体的出挑而形成遮阳，古代宫殿的斗拱层层出挑形成遮阳，都能有效地起到降温的作用。近代，建筑工匠在建筑的窗门采用山花装饰并设有出挑而形成遮阳。近百年来，现代建筑发展迅猛，遮阳曾被人们忽视，其原因如下。

（1）建筑工业化要求建筑物简洁，构配件少，尤其是居住建筑为了降低造价，取消遮阳装置。

（2）建筑工作者对遮阳的认识不足，在建筑方案评估和优化中普遍忽略建筑的日照控制问题。某些建筑的遮阳往往被建筑师认为是附加物，是一块混凝土板。由于诸多问题没有研究解决，遮阳失去了生命力。

我国遮阳发展的问题可归纳为以下几个方面。

1. 推广范围小

虽然遮阳技术多种多样，在不同类型的建筑中都有一定程度的应用，但我国的整体应用水平还不高。通过对上海某区域建筑遮阳状况的调查和统计，有遮阳措施的建筑仅占调查建筑总数的33%，其中公共建筑仅占22%。这一数据还包括主要以丰富建筑立面的艺术效果为目的挑出建筑构件的自遮阳。而部分居住建筑自行安装了雨篷，虽然可以发挥一定的遮阳作用，但其遮阳效果和立面效果并不理想。

与发达国家相比，建筑遮阳技术在我国的应用和推广还处于发展阶段，需要各方面相关人员进一步努力。要从政策上促进和鼓励遮阳技术的应用，或出台相应的强制性标准；与此同时，遮阳企业应做好技术研发，生产出高科技、高品质的遮阳构件，以应对建筑功能和造型的发展，提高遮阳产品的美学价值和安全性能。

2. 遮阳技术运用落后

研究表明，目前住宅常用的遮阳设施为雨棚遮阳、自遮阳建筑构件、室内遮阳百叶和伸缩式遮阳篷等。这些遮阳设施形式简单，安装方便，并且成本较低，但其遮阳效果并不理想，还破坏了建筑立面的美感。高科技的遮阳设施应用较少。

3. 遮阳形式不合理

遮阳形式的不合理必然导致遮阳效果不理想，从而影响人们对遮阳的认知，阻碍遮阳技术的推广和应用。

调查发现，我国大部分建筑的各个方向立面都采用了水平遮阳。在公共建筑的遮阳设计中，遮阳形式的选择比较合理。在住宅建筑中，由于大部分遮阳设施都是由居民自行安装，遮阳形式和建筑朝向不匹配的现象非常普遍，无法达到理想的遮阳效果。

4. 遮阳材料单一

在我国目前的住宅建筑中，遮阳材料主要是塑料，这种材料应用广泛，价格低廉，但存在形式单一、使用寿命短、强度低、不耐脏等缺点。

5. 遮阳与需求冲突

遮阳技术在高层建筑中的应用远不如低层建筑和多层建筑广泛。即使一些遮阳技术在高层建筑中得到了应用，也主要是在大型公共建筑中通过建筑构件进行自遮阳，很少安装室外遮阳设施。高层住宅建筑遮阳技术应用不足的主要原因是室外风速大，室外遮阳设施容易受到高空强风的侵袭，存在脱落的安全隐患。

▶ 知识归纳

1. 国内外遮阳发展的历史进程。
2. 遮阳在不同分类标准下的形式。
3. 遮阳技术发展的方向和趋势。
4. 我国遮阳应用现状与面临的困难。

▶ 独立思考

1. 简述建筑进行遮阳设计的条件。
2. 简述进行遮阳设计时减少遮阳构件传热的注意事项。
3. 简述遮阳的现状困境。
4. 除了文中提到的中国古代建筑遮阳相关形式，还有哪些传统结构具有遮阳功能？
5. 遮阳板兼具导风板功能时，对流体起引导作用的情况有哪些？绘制示意图进行说明。

6. 遮阳构件与太阳能光伏系统的结合设计有哪些构造方式？请结合案例说明。

7. 对比我国和发达国家遮阳设计现状，思考发展现状不同的背景与原因。

8. 除了文中提到的遮阳与其他技术的结合形式，还有什么学科或技术方向可以融入建筑的遮阳设计技术？

9. 对所处城市进行现状调研，按安装方式和位置分类，分别找出对应的遮阳形式进行匹配，观察其遮阳效果。

10. 选择前期设计作业增加遮阳设计的内容，或自行选择校园建筑进行遮阳设计，绘制相应原理图和表现图。

第 6 章

绿色建筑评估体系

6.1 我国绿色建筑评价体系

6.1.1 版本及更新内容

为了引导绿色建筑的发展，规范绿色建筑的评价，2006 年 3 月，建设部颁布了《绿色建筑评价标准》（GB/T 50378—2006）（以下简称 2006 版《标准》）。这是我国第一部对绿色建筑进行评价的国家标准，适用于住宅建筑和公共建筑中的办公建筑、商场建筑和旅馆建筑。2006 版《标准》首次正式给出了绿色建筑的定义，即“在建筑的全寿命周期内，最大限度地节约资源（节能、节地、节水、节材）、保护环境和减少污染，为人们提供健康、适用和高效的使用空间，与自然和谐共生的建筑”。相应的，2006 版《标准》的指标体系由节地与室外环境、节能与能源利用、节水与水资源利用、节材与材料资源利用、室内环境质量以及运营管理六大类指标组成。每类指标包括控制项、一般项与优选项。控制项是必须满足的项目，而优选项是指实现难度较高的项目。在满足所有控制项这个先决条件后，根据满足一般项和优选项的程度，将绿色建筑划分为三个等级。2006 版《标准》针对住宅建筑和公共建筑设定了不同的要求，如表 6-1 和表 6-2 所示。

表 6-1 划分绿色建筑等级的项数要求（住宅建筑）

等级	一般项数（共 40 项）						优选项数（共 9 项）
	节地与室外环境（共 8 项）	节能与能源利用（共 6 项）	节水与水资源利用（共 6 项）	节材与材料资源利用（共 7 项）	室内环境质量（共 6 项）	运营管理（共 7 项）	
★	4	2	3	3	2	4	—
★★	5	3	4	4	3	5	3
★★★	6	4	5	5	4	6	5

表 6-2 划分绿色建筑等级的项数要求（公共建筑）

等级	一般项数（共 43 项）						优选项数（共 14 项）
	节地与室外环境（共 6 项）	节能与能源利用（共 10 项）	节水与水资源利用（共 6 项）	节材与材料资源利用（共 8 项）	室内环境质量（共 6 项）	运营管理（共 7 项）	
★	3	4	3	5	3	4	—
★★	4	6	4	6	4	5	6
★★★	5	8	5	7	5	6	10

在 2006 版《标准》的基础上，建设部于 2007 年又相继出台了《绿色建筑评价技术细则（试行）》和《绿色建筑评价标识管理办法》，逐步建立起了符合中国国情的绿色建筑评估体系。之后，多个不同类型绿色建筑评价的国家和行业标准也相继颁布，包括办公建筑、工业建筑、商店、医院、饭店、校园、铁路客站建筑等。另外，针对施工和运行维护也出台了专门的标准以指导绿色建筑全生命周期各个阶段的健康发展。在政府的引导下，各省市也积极响应，纷纷制定了地方的评价标准，逐渐构成了一个适合中国国情的绿色建筑评估体系。

在总结了 2006 版《标准》的应用情况之后，《绿色建筑评价标准》（GB/T 50378—2014）（以下简称 2014 版《标准》）于 2015 年 1 月 1 日起正式实施，替代了 2006 版《标准》，将适用范围由住宅建筑和公共建筑中的办公建筑、商场建筑和旅馆建筑，扩展至各类民用建筑。

2019年8月1日，《绿色建筑评价标准》（GB/T 50378—2019）（简称2019版《标准》）进行了第三次修订，在上一版本基础上重新构建了绿色建筑评价技术指标体系，调整了绿色建筑的评价时间节点，增加了绿色建筑等级，拓展了绿色建筑内涵，并提高了绿色建筑性能要求。

《绿色建筑评价标准》
（GB/T 50378—2006）

《绿色建筑评价标准》
（GB/T 50378—2014）

《绿色建筑评价标准》
（GB/T 50378—2019）

6.1.2 评估指标体系

2019版《标准》重新建构了指标体系。通过表6-3和表6-4的对比可以看出，2014版《标准》主要围绕技术相关的指标制定，包括节地与室外环境、节能与能源利用、节水与水资源利用、节材与材料资源利用、室内环境质量、运营管理、施工管理等。而在2019版《标准》的指标里，“四节一质量两管理”被整合到了“资源节约”这一节里，整体的指标体系改为了“安全耐久”“健康舒适”“生活便利”“资源节约”和“环境宜居”5类指标，同时设置了控制项、提高与创新加分项。可以看到，2019版《标准》扩展了绿色建筑的内涵，引入了安全、耐久、健康、舒适、便利、宜居等理念。这项重大转变基于贯彻“以人民为中心”的理念，将增进民生福祉作为目的，从人民视角设计新的评价指标体系。

表6-3 绿色建筑各类评价指标的权重（2014版《标准》）

评价指标		节地与室外环境 ω_1	节能与能源利用 ω_2	节水与水资源利用 ω_3	节材与材料资源利用 ω_4	室内环境质量 ω_5	施工管理 ω_6	运营管理 ω_7
预评价分值	居住建筑	0.21	0.24	0.20	0.17	0.18	—	—
	公共建筑	0.16	0.28	0.18	0.19	0.19	—	—
运行评价	居住建筑	0.17	0.19	0.16	0.14	0.14	0.10	0.10
	公共建筑	0.13	0.23	0.14	0.15	0.15	0.10	0.10

注：1.表中“—”表示施工管理和运营管理两类指标不参与设计评价。
2.对于同时具有居住和公共功能的单体建筑，各类评价指标权重取居住建筑和公共建筑对应权重的平均值。

表6-4 绿色建筑各类评价指标的权重（2019版《标准》）

评价指标	控制项基础分值	评价指标评分满分值					提高与创新加分项满分值
		安全耐久	健康舒适	生活便利	资源节约	环境宜居	
预评价分值	400	100	100	70	200	100	100
评价分值	400	100	100	100	200	100	100

除将“以人民为中心”理念引入各项新指标外，2019版《标准》强调了新技术和新理念的应用，在多个方面体现了新时代绿色建筑发展的趋势。①有助于建筑部品部件的标准化和高效利用，减少污

染和浪费。②鼓励建筑信息模型（BIM）技术应用于规划设计、施工建造和运营维护阶段。③提出了绿色金融的概念，鼓励绿色金融支持绿色建筑发展；引入工程质量保险制度，利用市场化的手段倒逼企业提升工程质量，保障用户权益。④在关注建筑能耗的基础上提出了建筑碳排放的指标，与国家“2030年碳达峰，2060年碳中和”整体目标相契合。

在2014版《标准》的七类指标中，每类都包含有控制项和评分项。为了鼓励绿色建筑在节约资源、保护环境的技术、管理上创新和提高，每类指标都增设了加分项，并将所有指标的加分项统一在一起，单独放在“提高与创新”类别中（表6-5）。2019版《标准》在评价体系上沿用了2014版《标准》的控制项和评分项原则，控制项的评定结果为达标或不达标，如控制项不达标则不满足评级要求。评分项和加分项在计分方式上兼顾了科学性和易用性，不再采用百分比的计分方式，而直接采用累计得分。此外，2019版《标准》取消了不参评的得分项，并拓展了条文的适用性，使得每一项标准都适合不同的建筑类型（表6-6）。

表6-5 绿色建筑评价指标体系（2014版《标准》）

指标	加分项
节地与室外环境	• 土地利用 • 室外环境 • 交通设施与公共服务 • 场地设计与场地生态
节能与能源利用	• 建筑与围护结构 • 供暖、通风与空调 • 照明与电气 • 能量综合利用
节水与水资源利用	• 节水系统 • 节水器具与设备 • 非传统水源利用
节材与材料资源利用	• 节材设计 • 材料选用
室内环境质量	• 内声环境 • 室内光环境与视野 • 室内热湿环境 • 室内空气质量
施工管理	• 环境保护 • 资源节约 • 过程管理
运营管理	• 管理制度 • 技术管理 • 环境管理
提高与创新	• 性能提高 • 创新

表 6-6　绿色建筑评价指标体系（2019 版《标准》）

评价指标	控制项	评分项
安全耐久	• 选址避免危险地带和威胁 • 结构安全、维护结构安全耐久 • 外部设施统一设计施工 • 内部设施安全 • 外门窗安全 • 卫浴防水防潮 • 应急疏散、救护通畅 • 安全警示和标识	安全 • 抗震（10 分） • 人员安全防护设计（15 分） • 安全防护产品应用（10 分） • 防滑措施（10 分） • 人车分流（8 分） 耐久 • 提升建筑适变性（18 分） • 提升部品部件耐久性（10 分） • 提升结构材料耐久性（10 分） • 采用耐久装饰材料（9）
健康舒适	• 空气污染物符合国家标准 • 禁烟 • 避免污染物串通 • 给排水符合国家标准 • 噪声符合国家标准 • 照明符合国家标准 • 室内热环境符合国家标准 • 维护结构热工性能符合国家标准 • 独立控制开关 • 一氧化碳监测	室内空气品质 • 空气污染物浓度低（12 分） • 装饰装修材料有害物质限量（8 分） 水质 • 各类用水水质（8 分） • 储水设施（9 分） • 给排水管道设备（8 分） 声环境与光环境 • 噪声等级低（8 分） • 隔声性能好（10 分） • 充分利用天然光（12 分） 室内湿热环境 • 良好的室内湿热环境（8 分） • 自然通风（8 分） • 可调节遮阳（9 分）
生活便利	• 无障碍步行系统 • 公交接驳 • 电动车充电桩 • 自行车停车场 • 设备自动监控 • 信息网络系统	出行无障碍 • 公共交通站点联系便捷（8 分） • 室内外公共区域全龄化设计（8 分） 服务设施 • 便利的公共服务（10 分） • 步行可达的城市空间（5 分） • 合理设置健身场地（10 分） 智慧运行 • 能耗监测、传输、分析（8 分） • 空气监测系统（5 分） • 用水和水质监测（7 分） • 智能化服务系统（9 分） 物业管理 • 完善绿色操作流程和预案（5 分） • 节水标准（5 分） • 定期运营效果评估（12 分） • 绿色宣传（8 分）

续表

评价指标	控制项	评分项
资源节约	• 建筑体形、布局节能设计 • 降低负荷及供暖空调能耗 • 分区设置温度 • 照明功率低且可控制 • 能耗分表计量 • 采用电梯节能措施 • 制定水资源利用方案 • 不采用严重不规则结构 • 造型简约、减少装饰 • 建筑材料就近获取	节地与土地利用 • 集约利用土地（20 分） • 合理开发地下空间（12 分） • 采用机械式停车（8 分） 节能与能源利用 • 优化维护结构热工性能（15 分） • 供暖空调系统机组能效（10 分） • 供暖空调系统输配系统能效（5 分） • 节能型电气设备（10 分） • 降低建筑能耗（10 分） • 利用可再生能源（10 分） • 利用节水卫生器具（15 分） • 绿化灌溉和空调冷却水节水（12 分） • 景观水体利用雨水（8 分） • 使用非传统水源（15 分） 节材与绿色建材 • 一体化设计（8 分） • 合理选用结构材料和构件（10 分） • 选用工业化内装部品（8 分） • 选用循环或利废材料（12 分） • 选用绿色建材（12 分）
环境宜居	• 满足日照标准 • 满足室外热环境标准 • 合理选择绿化 • 合理的竖向设计 • 良好的标识系统 • 无超标污染源 • 生活垃圾分类	场地生态与景观 • 保护或修复场地生态环境（10 分） • 雨水排放规划（10 分） • 充分设置绿化（16 分） • 合理设置吸烟区（9 分） • 绿色雨水基础设施（15 分） 室外物理环境 • 环境噪声优于国标（10 分） • 避免光污染（10 分） • 减低热岛强度（10 分）
其他		• 进一步降低供暖空调能耗（30 分） • 地域性设计（20 分） • 利用废弃场地或旧建筑（8 分） • 提升绿化容积率（5 分） • 工业化结构和建筑构件（10 分） • 应用 BIM（15 分） • 碳排放分析和减排措施（12 分） • 绿色施工（20 分） • 工程质量保险（20 分） • 其他创新（40 分）

6.1.3 评分权重及公式

从 2014 版《标准》开始，绿色建筑评估的指标体系就进行了很大的调整，不再以满足要求的项目数量来衡量，而改成对每项指标进行评分。就指标评定结果而言，控制项的评定结果为满足或不满足，与旧版一样，而评分项和加分项的评定结果为分值。绿色建筑的等级根据总得分来确定。其中2014版《标准》评价指标体系7类指标的总分均为100分，7类指标各自的评分项得分 Q_1、Q_2、Q_3、Q_4、Q_5、Q_6、Q_7 按参评建筑该类指标的评分项实际得分值除以适用于该建筑的评分项总分值再乘以100分计算。该做法的原因是由于绿色建筑在功能、所处地域的气候、环境、资源等方面客观上存在差异，导致部分条文不适用，以至于适用于各参评建筑的评分项的条文数量和实际可能达到的满分值小于100分。评分体系先计算出各类指标的原始分值，再引入权重系数后相叠加来计算总分值。用实际得分值除以适用于该建筑的评分项总分值，反映了参评建筑实际采用的“绿色措施”占该建筑理论上可以采用的全部“绿色措施”的相对得分率。得分率再乘以100分是一种“规一化”的处理，将得分率统一还原成分数，然后再把7类指标各自的评分项得分乘以各自的权重系数（表6-3）即为加权后的分值。

尽管2014版《标准》的方法通过排除不适用项和加权等方式使评分具有一定的准确性，但条文是否适用在判断上的主观性使得“相对得分率”的可比性有所降低，并且由于计算方式过于复杂，难以在方案设计阶段准确估算得分情况。2019版《标准》取消了不参评的得分项，且要求每个得分项均适用于不同建筑类型和气候区。这一改变使计算方式更为直接，取消了“相对得分率”，直接采用累积得分。最终，绿色建筑评价的总得分按照如下公式所示。

$$Q=(Q_0+Q_1+Q_2+Q_3+Q_4+Q_5+Q_A)/10$$

6.1.4 评价得分与星级

2014版《标准》之前，中国绿色建筑以达标的条文数量来评定星级。2014版《标准》之后开始以总得分来确定星级，对获得高星级的建筑要求更高，三星级难度提高较为明显。2019版《标准》之前，中国绿色建筑等级为3级，由低到高可分为一星级、二星级、三星级3个等级。从2019版《标准》开始，引入了“基本级”，将等级增加为4级，与国际上主流的绿色建筑标准等级接轨，其中达到基本级要求的绿色建筑满足全部控制项要求，而获得不同星级则分别对应不同的总分和技术要求，且要求每一级指标最低得分不得低于本指标满分的30%。获得不同星级的绿色建筑首先要满足控制项的要求，避免了仅按总得分来确定等级可能导致的绿色建筑在某一方面性能过低的情况。绿色建筑的评分和技术要求见表6-7。

表6-7 绿色建筑的评分和技术要求

评价指标	控制级	一星级	二星级	三星级
总得分	满足所有控制项	>60	>70	>85
围护结构热工性能，或供暖空调负荷	—	热工性能提升5%，或负荷降低5%	热工性能提升5%，或负荷降低5%	热工性能提升5%，或负荷降低5%
严寒和寒冷地区住宅建筑外窗传热系数降低	—	5%	10%	20%
节水器具用水效率等级	—	3级	2级	2级
住宅建筑隔声性能	—	—	达到低限标准限值和高要求标准限值的平均值	达到高要求标准限值
室内空气污染物浓度降低比例	—	10%	20%	20%

续表

评价指标	控制级	一星级	二星级	三星级
总得分	满足所有控制项	>60	>70	>85
外窗气密性	—	符合国家现行相关节能设计标准的规定，且外窗洞口与外窗本体的结合部位应严密	—	—

6.1.5 评价流程和标识

绿色建筑评价是指对申请进行绿色建筑等级评定的建筑物，依据国家标准、专项标准、地方标准以及相关细则，按照“绿色建筑评价管理办法”确定的程序和要求，确认其等级的一种活动。获得 “绿色建筑评价标识”的建筑和单位可获颁发绿色建筑评价标识证书（见图 6-1）。为了完善绿色建筑评价标识的管理工作，中国住房和城乡建设部颁布了一系列文件（见表 6-8），用以规范绿色建筑评价流程和标识的发放。

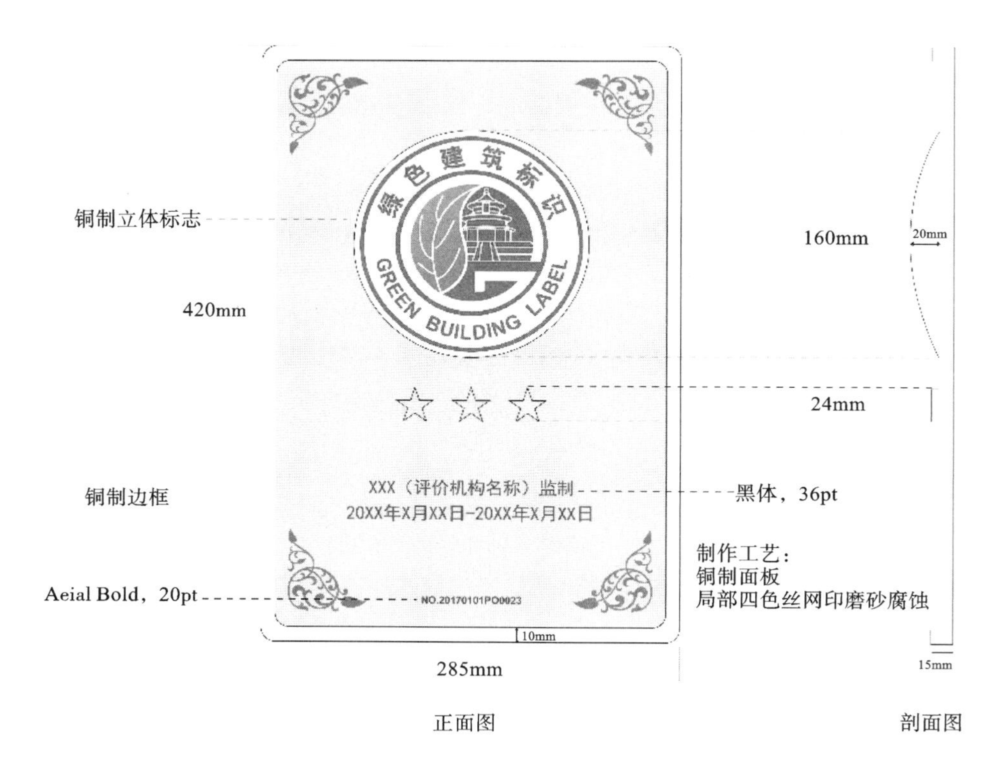

图 6-1　三星级绿色建筑标识挂牌的模板

表 6-8　绿色建筑评价标识管理的相关文件

文件名称	发文号
绿色建筑评价标识管理办法（试行）	建科（2007）206 号
绿色建筑评价标识实施细则（试行修改）	建科综（2008）61 号

续表

文件名称	发文号
绿色建筑评价标识使用规定（试行）	—
绿色建筑评价标识专家委员会工作规程（试行）	—
绿色建筑设计评价标识申报指南	建科综（2008）63 号
绿色建筑评价标识申报指南	建科综（2008）68 号
绿色建筑评价标识证明材料要求及清单（住宅）	—
绿色建筑评价标识证明材料要求及清单（公建）	—
一二星级绿色建筑评价标识管理办法（试行）	建科（2009）109 号
关于加强绿色建筑评价标识管理和备案工作的通知	建办科（2012）47 号
关于绿色建筑评价标识管理有关工作的通知	建办科（2015）53 号
绿色建筑评价管理办法	建科（2015）16 号
关于绿色建筑评价标识项目证书编号及备案有关工作的通知	建科（2015）17 号
关于利用“绿色建筑评价标识网”开展相关管理工作的通知	建科函（2016）14 号
关于进一步规范绿色建筑评价管理工作的通知	建科（2017）238 号
绿色建筑评价管理办法（修订）	建科（2018）4 号
绿色建筑标识管理办法	建标规〔2021〕1 号

根据 2014 版《标准》，中国的绿色建筑认证分为设计评价标识和运营评价标识，申报“绿色建筑设计评价标识”的建筑应当完成施工图设计并通过施工图审查、取得施工许可，符合国家基本建设程序和管理规定；而申报“绿色建筑运营评价标识”的建筑则需要通过工程验收并投入使用 1 年以上。绿色建筑申报首先从住房和城乡建设部网站上下载绿色建筑评价标识申报书，按要求准备申报材料。通过形式审查后，由住房和城乡建设部组织评审专家组进行评审，对通过的项目进行 30 天的公示，若无异议，则颁发绿色建筑标识。

绿色建筑标识管理办法

中国绿色建筑评价标识管理逐渐下放到了各省级主管部门，实行属地管理制度。各省级住房和城乡建设主管部门负责本行政区域内绿色建筑评价标识工作的组织实施和监督管理。绿色建筑的评定推行第三方评价制度，各省级住房和城乡建设主管部门可制定本地区评价机构能力条件，由具有评价能力和独立法人资格的第三方机构依据国家和地方发布的绿色建筑评价标准实施评价，出具技术评价报告，确定绿色建筑性能等级，供绿色建筑评价标识申请单位参考。住房和城乡建设部负责制定完善绿色建筑标识制度，指导监督地方绿色建筑标识工作，认定三星级绿色建筑并授予标识。省级住房和城乡建设部门负责本地区绿色建筑标识工作，认定二星级绿色建筑并授予标识，组织地市级住房和城乡建设部门开展本地区一星级绿色建筑认定和标识授予工作。

2019 版《标准》要求绿色建筑的评价应在建筑竣工后进行，可在建筑工程施工图设计完成后进行预评价，取消了改版前的设计评价和运行评价两个阶段。绿色建筑标识申报必须已通过建设工程竣工验收并完成备案，申报应由项目建设单位、运营单位或业主单位提出，鼓励设计、施工和咨询等相关单位共同参与申报。申请评价方需要对建筑规划、设计、施工、运行阶段的全过程进行控制，提交技术和经济分析。此后由评价机构对申请评价方提交的材料进行审查，出具评价报告，确定等级。

住房和城乡建设部除了对申报推荐绿色建筑标识项目进行形式审查外，也负责建立完善绿色建筑标识管理信息系统，三星级绿色建筑项目应通过系统申报、推荐和审查。省级和地级市住房和城乡建设部门可依据管理权限登录绿色建筑标识管理信息系统，并开展绿色建筑标识认定工作。另一方面，获得绿色建筑标识的项目运营单位或业主，应强化绿色建筑运行管理，加强运行指标与申报绿色建筑星级指标比对，每年将年度运行主要指标上报绿色建筑标识管理信息系统。

6.1.6　绿色建筑评价体系的应用发展

中国绿色建筑认证从2006版《标准》发布以来经历了一个缓慢的爬坡期。2008—2012年，绿色建筑评价标识项目数量增长比较缓慢。从2013年开始，项目数量增长比较迅速，2015年达到1533个。截至2016年9月，全国绿色建筑标识项目数量累计达到4515个，总建筑面积达到52317万平方米。绿色建筑评价的推广应用在不同省市差距较大，前十名主要是直辖市和沿海经济较发达的省份，其中，江苏省独占鳌头，遥遥领先于其他地区，共有905个绿色建筑标识项目。可见绿色建筑的发展与地区的经济水平有密切的联系。绿色建筑评价项目中，一星级和二星级绿色建筑分别占41%和40%。由于三星级的难度较高，成功申请的项目也相应较少。在参评并获认证的所有建筑中，公共建筑和居住建筑是主要的组成部分，分别占52%和46% 。

“十三五”期间，绿色建筑得到极大发展。福建省“十三五”期间累计获得绿色建筑标识项目408个，标识面积5321万平方米，仅2020年就执行绿色建筑标准项目2907个，建筑面积11900万平方米，城镇新建建筑执行节能强制性标准基本达到100%，竣工节能建筑面积7018万平方米，其中绿色建筑达77.78%。广西壮族自治区2019年新增绿色建筑面积2538.06万平方米，绿色建筑面积占新建建筑比例面积达到49.15%，同比提高了28%；2020年底，全区城镇绿色建筑面积占新建建筑面积比例达到50%。湖北省“十三五”期间新增节能建筑面积2.42亿平方米，获得绿色建筑评价标识项目建筑面积4773万平方米。河北省实现市县级绿色建筑专项规划全覆盖，2020年，全省城镇绿色建筑竣工5262万平方米，占新建建筑面积的93.44%。山西省自2020年12月1日起，城镇新建建筑全部按照绿色建筑标准设计，至少达到基本级。

多个省市也陆续提出了2022年前后的新建建筑中绿色建筑面积占比的目标。内蒙古自治区2021年城镇绿色建筑竣工面积占新建建筑竣工面积比例达到55%。海南省、辽宁省、黑龙江省、重庆市等均开展绿色建筑创建行动，提出2022年全省城镇新建建筑中绿色建筑面积要达到70%。厦门市印发《厦门市绿色建筑创建行动实施计划》，提出2022年城镇新建民用建筑中绿色建筑面积占比达到75%以上。哈尔滨市则在黑龙江省《绿色建筑创建行动实施方案》上提出绿色建筑面积力争达到90%以上的目标。

同时，多地出台了绿色建筑相关的标准和条例。截至2020年，全国大部分省市已经发布属地化的绿色建筑设计标准。山西省于2020年编制发布了《山西省绿色建筑设计标准》，黑龙江省于2020年发布了《黑龙江省绿色建筑评价标准》。部分省份将绿色建筑写入法律条例，广东省于2020年11月通过了《广东省绿色建筑条例》，标志着绿色建筑发展工作步入法治轨道。

各地还陆续推出了针对绿色建筑的鼓励和补贴方案。上海市于2016年推出补贴方案，绿色建筑运行标识项目二星级每平方米补贴50元，三星级每平方米补贴100元；装配整体式建筑示范项目每平方米补贴100元；既有居住建筑每平方米补贴50元，公共建筑单位建筑面积能耗下降20%及以上和下降15%～20%的每平方米补贴分别为25元和15元；既有建筑外窗或外遮阳节能改造示范项目每平方米补贴 150 元，外窗和外遮阳同时实施节能改造的，每平方米补贴 250 元；可再生能源与建筑一体化项目采用太阳能光热的每平方米补贴 45 元，采用浅层地热能的每平方米补贴 55 元。北京市对满足北京市《绿色建筑评价标准》《既有建筑绿色改造评价标准》《绿色医院建筑评价标准》等专项标准并取得二星级、三星级绿色建筑运行标识的项目分别给予每平方米 50 元、每平方米 80 元的奖励资金，单个项目最高奖励不超过 800 万元。

6.1.7 绿色建筑案例

在 2019 版《标准》发布前，绿色建筑评价以“四节一环保”为原则开展。以首个获得中国绿色建筑评价标准的三星级设计认证的香港私人住宅发展项目为例。在节地方面，住区用地面积 13635m^2，建筑面积达 63599m^2，容积率为 4.66，节地效果显著。建筑占地 3614m^2，地下建筑面积达 6493m^2，地下空间利用率高。项目开展了一系列的微气候研究，利用电脑模拟技术，研究地盘的微气候情况，包括气流、风速和环境噪音水平。结果显示日平均热岛强度为 1.1℃，不超过标准的 1.5℃；第一期第一座至第四座 99% 住户能够满足噪声等级低于 70dB 的要求。

在节能方面，四栋住宅围护结构的热工性能方面表现良好，东、南、西、北四个方向的窗墙比分别为 0.19、0.05、0.22 和 0.04，满足绿色建筑标准要求。项目选用了效率高的用能设备和系统。集中空调系统风机单位风量耗功率均低于国标要求，分户空调机能效比均高于 2.5，项目的电梯通过“电梯交通分析”，每座住宅楼宇的每层电梯分布、数量、容量和速度均能以最有效率的模式设计和运作。

在节水方面，项目以海水作为冲厕用水， 坐便器为两挡式坐便器（3L/6L），节水率为 20%。浴室花洒、浴室和厨房水龙头均采用节水型龙头（带限流器），具有手动启闭和控制出水口流量的功能，节水率大于 20%。项目地面三个景观水池用净化雨水（雨水从四座住宅屋顶收集至地下雨水收集箱，并经过滤消毒后使用）补充。项目年度总用水量为 243442.35m^3，其中非传统水源年度用水量为 95654.06m^3，非传统水源利用率为 39.29%。

在节材方面，项目采用了土建装修一体化设计和施工方案，减少二次装修带来的材料消耗和浪费。项目装饰性构件主要用于飘窗台底的空调机遮挡，装饰性构件造价占工程总造价的 1.24%。项目主要采用预拌混凝土和预拌砂浆，并采用了预制建筑外立面。第三座外墙一层共使用 23 件预制件，第四座外墙一层共使用 25 件预制件。预制外立面占建筑立面的 50.28%。项目所使用的可再循环材料的重量占所用建筑材料总重量的 89.1%。

6.2 国外绿色建筑评估体系简介

国际上比较有代表性的绿色建筑评价标准主要包括：美国的 LEED 评估体系，英国的 BREEAM 评估体系，日本的 CASBEE 评估体系，德国的 DGNB 评估体系，澳大利亚的 NABERS 评估体系，加拿大的 GBTOOL 评估体系，新加坡的 GREEN MARK 评估体系等。绿色建筑评估体系开发顺序详见图 6-2。

不同国家绿色建筑的评估者不同。美国 LEED 评估体系由非营利组织美国绿色建筑协会 USGBC 负责开展咨询和评估工作，属于社会自发的认证评估。英国 BREEAM 评估体系由英国建筑研究所制定，也属于非官方性质的认证评估。日本 CASBEE 评估体系是由日本国土交通省组织开展、分地区强制执行的权威的认证评估。德国 DGNB 评估体系由德国交通、建设与城市规划部和德国绿色建筑协会共同参与制定，具有国家标准性质，有很高的科学性和权威性。

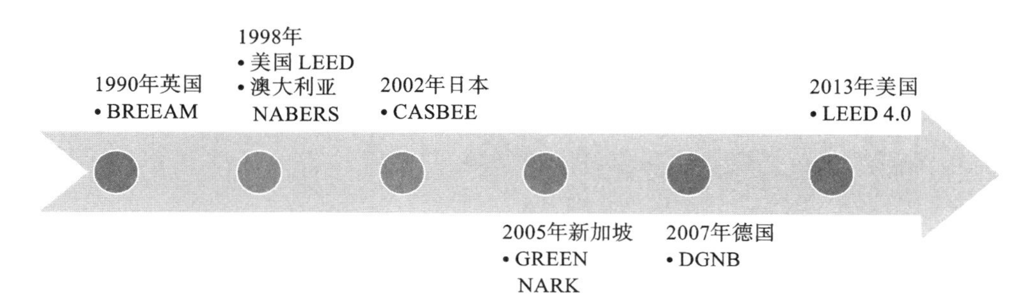

图 6-2　国外绿色建筑评估体系开发顺序

6.2.1　美国 LEED 评估体系

LEED 评估体系是由美国绿色建筑委员会（USGBC）于 1998 年颁布的绿色建筑评估体系。它的特点是充分介入项目的设计过程，通过权威认证来提高建设项目实施的环境效益，进而引导市场选择，使绿色建筑成为公众自发的诉求。LEED 评估体系一直保持高度权威性和自愿认证的特点，取得了很大成功。LEED 评估体系注重量化评估建筑的性能表现，即评价建筑在综合性能上的绿化程度，使得绿色建筑的设计开发和对绿色措施的选择更具灵活性。LEED 评估体系是目前世界各国环保评估、绿色建筑评估及建筑可持续性评估标准中较有影响力的绿色建筑评估标准，已成为世界各国建立各自绿色建筑及可持续评估标准的模板，目前广为世界各国所引用。

LEED 评估体系经历了多次修订和改版，框架和内容逐步得到了完善，针对所面向的评价对象也从类型和尺度上进行了更严谨的细分，从最初 V1.0 版本中仅仅针对新建筑和楼宇改造的评估标准（LEED NC）发展到 V4.0 版本中相对系统全面的多项子评估体系，致力于覆盖所有房屋开发类型和建筑全生命周期。2018 年又推出了 V4.1 版本，V4.1 版本并非完整的版本更新，而是仅仅针对 LEED O+M 体系的增量更新（见图 6-3）。

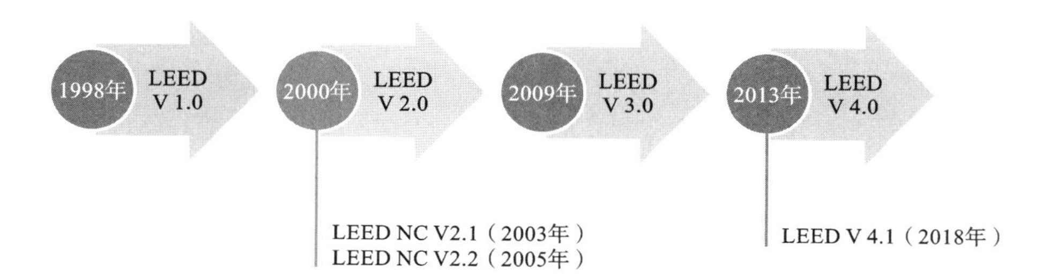

图 6-3　LEED 评估体系版本更新（图片来源：自绘）

LEED 评估体系认证包括多个子评估体系，这些子体系源自相同的核心概念和评估框架，但针对不同的房产开发类型、尺度和阶段。目前，LEED 评估体系 V4.0 版本包括以下子评估体系（rating system）：建筑设计和建造标准（LEED BD+C），室内设计和建造标准（LEED ID+C），建筑运营和维护标准（LEED O+M），住宅标准（LEED Homes），社区规划开发标准（LEED ND）（见表 6-9）。其中 LEED BD+C 体系适用的评价对象包括新建和翻新、核心与外壳、学校、零售、数据中心、仓储和配送中心、宾馆接待和医疗保健等。

表 6–9　LEED V4.0 版本的评估体系架构

子评估体系	具体内容
建筑设计和建造 LEED BD+C	• 新建和翻新建筑 • 核心与维护结构 • 学校建筑 • 零售建筑 • 数据中心 • 仓储和配送中心 • 酒店建筑 • 医疗建筑
室内设计和建造 LEED ID+C	• 办公建筑 • 零售建筑 • 酒店建筑
建筑运营和维护 LEED O+M	• 既有建筑 • 零售建筑 • 学校建筑 • 酒店建筑 • 数据中心 • 仓储和配送中心
住宅 LEED Homes	• 独立住宅 • 低层集合住宅
社区规划和开发 LEED ND	• 社区规划 • 建成区域

以 LEED BD+C 体系为例，其评价指标包括完整的过程、选址和交通、可持续的场地设计、用水效率、能耗与大气、材料与资源、室内环境质量、创新、区域性优选项这 9 项（见图 6–4）。评价指标类别中，一般包括先决条件和得分点，先决条件的评价结果是满足或不满足，得分点的评价结果是具体分值（见表 6–10）。项目得分表作为 LEED 体系所提供的一个简单易用的预评估工具，能够帮助项目申请团队迅速得到初步的结果。

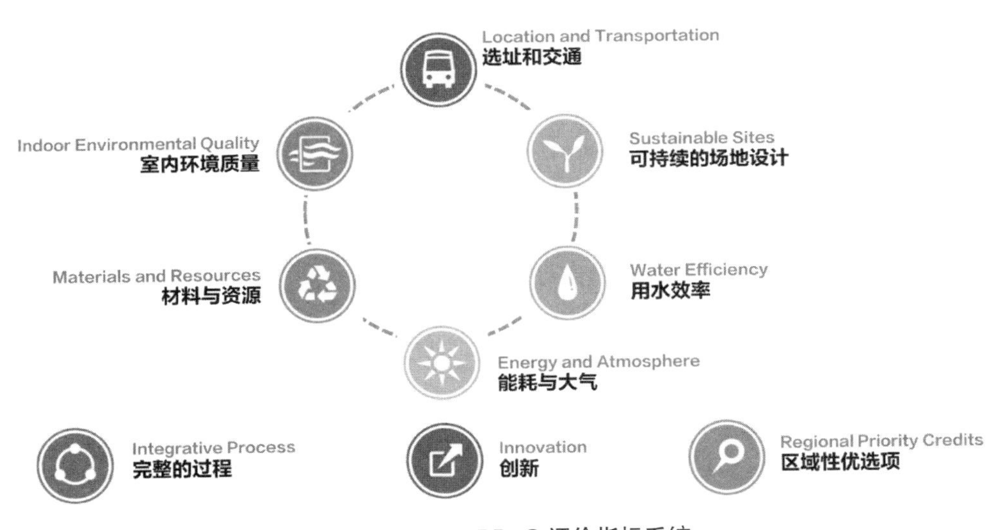

图 6–4　LEED BD+C 评价指标系统

表 6-10　LEED BD+C 评价指标分值分布

指标类型	指标项目	分值
选址与交通	LEED 社区开发选址	16
	敏感土地保护	1
	高优先场址	2
	周边密度和多样化土地使用	5
	优良公共交通连接	5
	自行车设施	1
	停车面积减量	1
	绿色机动车	1
可持续场址	施工污染防治	必要项
	场址评估	1
	场址开发，保护和恢复栖息地	2
	空地	1
	雨水管理	3
	降低热岛效应	2
	降低光污染	1
用水效率	室外用水减量	必要项
	室内用水减量	必要项
	建筑整体用水计量	必要项
	室外用水减量	2
	室内用水减量	6
	冷却塔用水	2
	用水计量	1
能源与大气	基本调试和查证	必要项
	最低能源表现	必要项
	建筑整体能源计量	必要项
	基础冷媒管理	必要项
	增强调试	6
	能源效率优化	18
	高阶能源计量	1
	能源需求反应	2
	可再生能源生产	3
	增强冷媒管理	1
	绿色电力和碳补偿	2

续表

指标类型	指标项目	分值
材料与资源	可回收物存储和收集	必要项
	营建和拆建废弃物管理计划	必要项
	减小建筑生命周期中的影响	5
	建筑产品分析公示和优化，产品环境要素声明	2
	建筑产品分析公示和优化，原材料的来源和采购	2
	建筑产品分析公示和优化，材料成分	2
	营建和拆建废弃物管理	2
室内环境质量	最低室内空气质量表现	必要项
	环境烟控	必要项
	增强室内空气质量策略	2
	低逸散材料	3
	施工期室内空气质量管理计划	1
	室内空气质量评估	2
	热舒适	1
	室内照明	2
	自然采光	3
	优良视野	1
	声环境表现	1
创新	创新	5
	LEED Accredited Professional	1
地域优先	地域优先：具体得分点	1
	地域优先：具体得分点	1
	地域优先：具体得分点	1
	地域优先：具体得分点	1

LEED V4.0 认证等级分为认证、银奖、金奖和白金奖四个等级，其所对应的要求分数值分别是 40 ～ 49 分、50 ～ 59 分、60 ～ 79 分和 80 分以上（图 6–5）。

图 6–5　LEED V4.0 认证等级与要求的分数值

6.2.2 英国 BREEAM 评估体系

英国在建筑节能和绿色建筑的理论探索和实践上可谓是世界的先锋。1990 年，英国建筑研究院制定了世界上第一个绿色建筑评估体系——BREEAM 评估体系。BREEAM 评估体系的指标架构和认证流程比较成熟完善，多个国家和地区在制定各自的绿色建筑评估体系的时候直接或间接地参考了该体系，比如美国的 LEED 评估体系和我国的《绿色建筑评估标准》。

为了推广国际应用，BREEAM 评估体系根据其他国家的具体情况进行调整，针对性地推出了适用于目标国家的标准版本，例如美国的 BREEAM USA、荷兰的 BREEAM NL、挪威的 BREEAM NOR 等。截至 2019 年 2 月，BREEAM 评估体系在 81 个国家得到了应用，已经认证了超过 56 万个建筑项目。

第一版的 BREEAM 评估体系仅面向新建办公建筑，经过多年的发展，BREEAM 评估体系根据技术的发展不断修订，也逐步扩展成为包含多个标准的评估体系。该体系曾力求细分建筑类型，推出多个标准分册分别针对不同的建筑类型，之后将标准统一化使之面向所有的建筑类型，统一推出了新建建筑标准，这也是 BREEAM 评估体系中的核心标准，其指标架构和评估程序是 BREEAM 评估体系的典型代表。目前，BREEAM 评估体系由 5 个标准组成，包括：①社区标准，用于评估社区建筑规划；②新建建筑标准，用于评估新建建筑的设计和建造；③基础设施标准，用于评估新建的基础设施项目；④运行标准，用于评估既有的非居住建筑的运行情况；⑤翻新改造标准，用于评估居住和非居住建筑的翻新改造情况。其中，新建建筑标准的最新版是于 2018 年 12 月推出的 SD5078: BREEAM UK New Construction 2018 2.0（以下简称 BREEAM NC 2018）。下文将以此标准为例来讲解。

BREEAM NC 2018 的适用建筑范围较广，几乎覆盖除了住宅之外的所有建筑类型。如表 6-11 所示，标准将这些建筑分为四大类，分别是商业建筑、非居住性公共建筑、公共居住建筑和其他建筑。

表 6-11 BREEAM NC 2018 适用的建筑类型

类别	建筑功能分类	具体建筑
商业建筑	办公	普通办公、研发办公
	工业	仓储物流、加工、制造、汽车服务
	商业服务	商店、购物中心、零售区、仓储式商店、金融、房地产、职业介绍所、博彩、展厅、饭店、餐厅、外卖
非居住性公共建筑	教育	学前教育、中小学、继续教育、职业学院、高等院校
	医疗	专科医院、普通急诊、社区和心理健康医院、手术室、卫生中心和诊所
	监狱	各级别监狱、少管所、拘留所
	法庭	法庭、司法中心
公共居住建筑	长期住宿	养老院、福利院、学校公寓、地方政府保障性住宅、军营
	短期住宿	酒店、旅馆、招待所、培训中心
其他建筑	非住宿机构	画廊、博物馆、图书馆、社区中心、礼拜场所
	娱乐休闲	电影院、剧院、音乐厅、会展中心、健身中心
	其他	交通枢纽、研发、托儿所、消防站、旅客中心

该标准还根据建筑服务功能的完善程度将评价对象分为四类。

①仅外壳建筑：仅有主体结构、外围护结构、主要的室内墙以及结构楼板的建筑。

②外壳与核心建筑：在“仅外壳建筑”的基础上增加了建筑的核心设备系统，包括公共交通系统、供水、中央机械和电气系统（包括暖通空调）等，但不安装承租区域内的末端系统。

③简单建筑：其建筑设备系统的主要特点是功能有限，并基本上独立于建筑结构中的其他系统，没有复杂的控制系统。

④完全安装建筑：除了可被归类为“简单建筑”外的所有建筑。

BREEAM NC 2018 可用于评估建筑全生命周期的三个不同阶段。

①设计阶段：该阶段评估为可选的，非必须，可获得临时性认证。

②竣工阶段：可获得最终的正式认证。

③使用阶段：该阶段评估为可选的，非必须，可获得最佳实践认证。

BREEAM NC 2018 沿用了之前版本的指标体系，包括管理、健康和舒适、能源、交通、水、材料、废弃物、用地和生态、污染和创新这 10 类（见表 6-12）。

表 6-12　BREEAM NC 2018 的指标体系

管理（management）	分值	健康和舒适（health and wellbeing）	分值
man 01 工程简报和集成设计	4	hea 01 视觉舒适性	6
man 02 全生命期成本和服务期规划	4	hea 02 室内空气质量	4
man 03 负责任的施工操作	6	hea 04 热舒适性	3
man 04 调试和移交	4	hea 05 声学性能	4
man 05 后续支持	3	hea 06 安全性	1
		hea 07 安全健康的周边环境	2
能源（energy）	**分值**	**交通（transport）**	**分值**
ene 01 降低能耗和碳排放	13	tra 01 交通评估和出行规划	2
ene 02 能耗监测	2	tra 02 可持续的交通措施	10
ene 03 室外照明	1		
ene 04 低碳设计	3		
ene 05 节能冷藏制冷	2		
ene 06 节能运输系统	3		
ene 07 节能实验室系统	5		
ene 08 节能设备	2		
水（water）	**分值**	**材料（materials）**	**分值**
wat 01 用水量	5	mat 01 建造材料环境影响－全生命期评估	7
wat 02 用水监测	1	mat 02 建造材料的环境友好性声明	1

续表

水（water）	分值	材料（materials）	分值
wat 03 防漏检测	2	mat 03 建造材料可溯源	4
wat 04 节水设备	1	mat 05 耐久性和弹性设计	1
		mat 06 材料使用效率	1
废弃物（waste）	分值	用地和生态（land use and ecology）	分值
wst 01 施工废弃物管理	5	lE 01 选址	2
wst 02 使用循环再生骨料	1	lE 02 项目风险与机遇识别	2
wst 03 运行期废弃物	1	lE 03 负面生态影响管理	3
wst 04 选择性装修（仅适用于办公室）	1	lE 04 增强生态价值	4
wst 05 气候变化适应性	1	lE 05 长期的生态管理和维护	2
wst 06 拆卸和适应性设计	2		
污染（pollution）	分值	创新（innovation）	分值
pol 01 制冷剂的影响	3	inn 01 创新	2
pol 02 当地空气质量	2		
pol 03 洪涝和地表径流管理	5		
pol 04 减少夜间光污染	1		
pol 05 减少声污染	1		

BREEAM NC 2018 引入了指标权重系数，该权重根据建筑服务功能完善程度的不同而有所不同（见表 6-13）。可以看出，其中材料、用地和生态这两类指标的权重是最高的。

表 6-13　BREEAM NC 2018 的指标权重系数

指标	权重			
	完全安装	简单建筑	外壳与核心	仅外壳
管理	0.11	0.075	0.11	0.12
健康和舒适	0.14	0.165	0.08	0.07
能源	0.16	0.115	0.14	0.095
交通	0.1	0.115	0.115	0.145
水	0.07	0.075	0.07	0.02
材料	0.15	0.175	0.175	0.22
废弃物	0.06	0.07	0.07	0.08
用地和生态	0.13	0.15	0.15	0.19
污染	0.8	0.6	0.09	0.06
总共	1	1	1	1
创新（额外的）	0.1	0.1	0.1	0.1

在评分时，先确定各指标类别的实际得分，用该实际得分除以该类别的满分值，得出得分比；将得分比乘以各指标类别的权重系数，算出加权得分；最后将各项加权得分相加，即可得到最终总得分。BREEAM NC 2018 按评估得分将建筑分为 6 个等级，并列明了各评估等级在英国非住宅建筑市场中对应的级别（见表 6-14）。

表 6-14　BREEAM NC 2018 的等级体系

BREEAM 评估等级	得分	对应建筑市场等级
杰出	≥ 85	英国非住宅建筑市场中的前 1%（创新者）
优秀	≥ 70	英国非住宅建筑市场中的前 10%（最佳实践）
很好	≥ 55	英国非住宅建筑市场中的前 25%（很好的实践）
好	≥ 45	英国非住宅建筑市场中的前 50%（比较好的实践）
通过	≥ 30	英国非住宅建筑市场中的前 75%（标准好的实践）
未达标的	< 30	

6.2.3　日本 CASBEE 评估体系

2001 年，日本建筑物综合环境评价委员会实施了关于建筑物综合环境评价方法开发的调查研究工作，力求对以建筑设计为代表的建筑活动、资产评估等各种事务进行整合，形成一套与国际接轨的标准和评价方法。该评价方法称为 CASBEE 评估体系，又称为建筑物综合环境性能评价体系。

为了能够针对不同建筑类型和建筑生命周期不同阶段的特征进行准确的评价，CASBEE 评估体系由一系列的评价工具所构成。其中最核心的是与设计流程（设计前期、中期和后期）紧密联系的四个基本评价工具（见表 6-15），分别是规划与方案设计工具、绿色设计工具、绿色标签工具、绿色运营与改造设计工具，分别应用于设计流程的各个阶段，同时每个阶段的评价工具都能够适用于若干种用途的建筑。CASBEE 评估体系的使用范围可以划分为非住宅类建筑和住宅类建筑两大类，前者包括办公建筑、学校、商店、餐饮、机会场所、工厂，后者包括医院、宾馆、公寓式住宅。

表 6-15　CASBEE 的基本评价工具

工具名称	内容
CASBEE-PD（CASBEE for Pre-design）	用于新建建筑规划在方案设计阶段的规划与方案设计工具
CASBEE-NC（CASBEE for New Construction）	用于新建建筑设计阶段的绿色设计工具
CASBEE-EB（CASBEE for Existing Building）	用于现有建筑的绿色标签工具
CASBEE-RN（CASBEE for Renovation）	用于改造和运行的绿色运营与改造设计工具

在基本评价工具的基础上，CASBEE 评估体系又开发出了一系列的扩展评价工具，包括：CASBEE for Commercial Interiors（商业室内设计）、CASBEE for Temporary Construction（临时建筑）、CASBEE for Heat Island（热岛效应）、CASBEE for Urban Development（区域开发）、CASBEE for Detached Houses（独立住宅）等。

CASBEE 评估体系的创新之处在于提出了建筑环境效率（BEE：building environmental efficiency）的新概念，以此为基础对建筑物环境效率进行评价（见图 6-6）。CASBEE 评估体系构建的前提是建立了一个以用地边界和建筑最高点之间的假想封闭空间作为建筑物环境效率评价的封闭体系。将假想封闭空间内部建筑使用者生活舒适性的改善定义为“改善假想封闭空间内部的质量和性能”（Q）。在此封闭空间外是公共区域（非私有空间），将公共区域的负面环境影响定义为“外部环境负荷”（L）。其比值“Q/L”即为建筑环境效率，比值越高，环境性能越好。

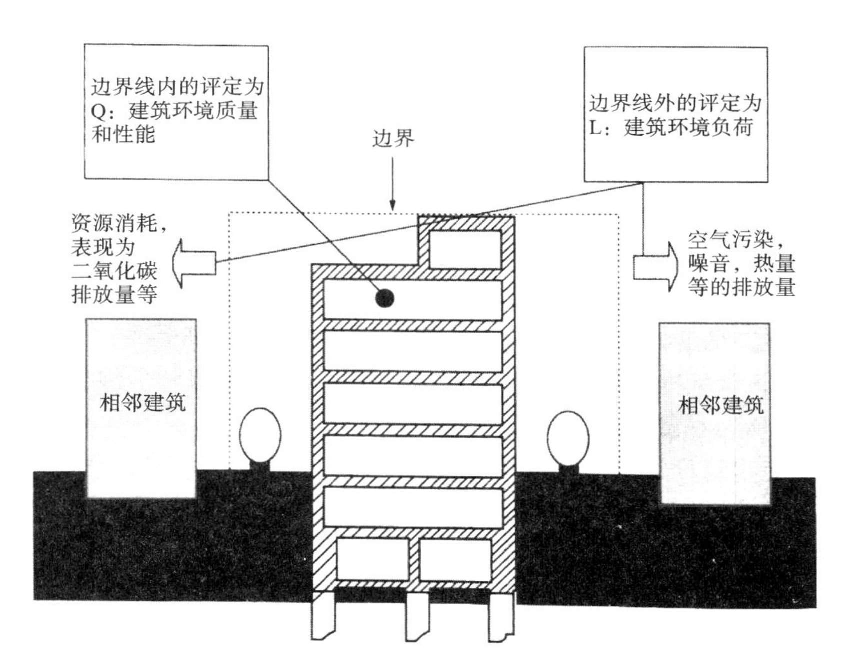

图 6-6　CASBEE 封闭空间的界定

在 CASBEE 中，评估条例也被划分成 Q（quality）和 L（load）两大类。其中 Q 类包括 Q1（室内环境）、Q2（服务性能）、Q3（室外环境）；L 类包括 LR1（能源）、LR2（资源与材料）、LR3（建筑用地外环境）。CASBEE 也采用了权重评价体系，为不同指标制定了权重系数，如表 6-16 所示。

表 6-16　CASBEE 评价指标的权重系数

评价指标	权重系数	
	非工厂	工厂
Q1（室内环境）	0.40	0.30
Q2（服务性能）	0.30	0.30
Q3（室外环境）（建筑用地内）	0.30	0.40
LR1（能源）	0.40	0.40
LR2（资源与材料）	0.30	0.30
LR3（建筑用地外环境）	0.30	0.30

在项目评分计算时，BEE 是用 SQ/SLR 的比值计算的，其中 SQ 是指 Q 类各个子项的得分乘以相应的权重系数后的结果之和，SLR 也是同理。从图 6-7 中可见，横轴为 L，纵轴为 Q，BEE 值则是远点与评价结果坐标点连线的斜率。斜率 BEE 越大，则表示建筑物的绿色水平越高。CASBEE 依据评分将建筑物

分为五个等级，详见表 6-17。

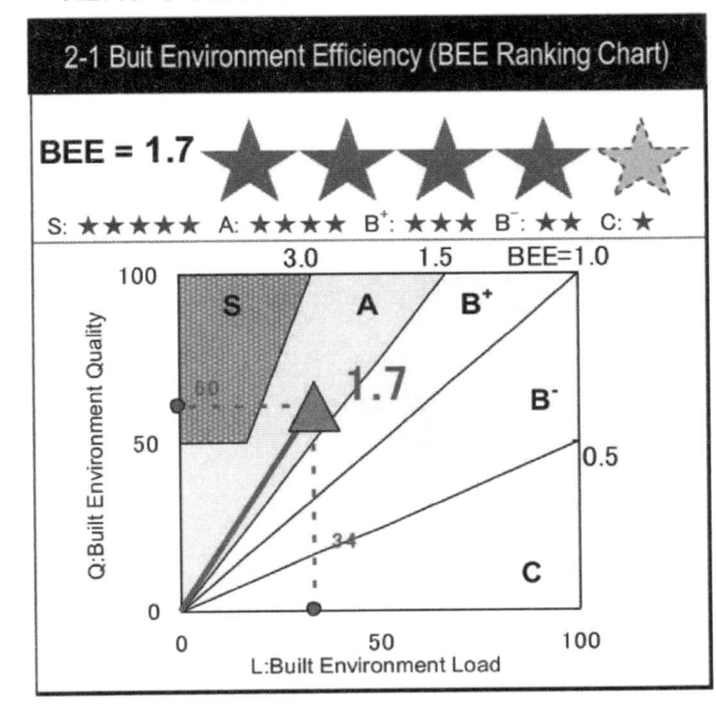

图 6-7　BEE 示意图

表 6-17　CASBEE 评估等级

等级	评价	BEE 值	星级
S	优秀	BEE ≥ 3.0 并且 Q ≥ 50	★★★★★
A	很好	BEE 为 1.5~3.0 并且 Q< 50	★★★★
B+	好	BEE 为 1.0~1.5	★★★
B-	比较差	BEE 为 0.5~1.0	★★
C	差	BEE<0.5	★

▶ 知识归纳

1. 我国现行《绿色建筑评价标准》（GB/T 50378-2019）自 2006 年颁布以来，经历了 2015 年和 2019 年两次修订，在之前版本基础上，着重构建了绿色建筑评价技术指标体系，调整了绿色建筑的评价时间节点，增加了绿色建筑等级，拓展了绿色建筑内涵，并提高了绿色建筑性能要求。

2. 国际上比较有代表性的绿色建筑评价标准主要包括美国的 LEED 评估体系、英国的 BREEAM 评估体系、日本的 CASBEE 评估体系、德国的 DGNB 评估体系、澳大利亚的 NABERS 评估体系、加拿大的 GB Tools 评估体系、新加坡的 GREEN MARK 评估体系。

▶ 独立思考

1. 中国绿色建筑评估体系的演变趋势有哪些?
2. 如何看待 2019 版《标准》对指标体系的扩充?
3. 中国与世界各国绿色建筑评估体系的主要不同点在哪里?
4. 绿色建筑评估如何结合地域性特征?
5. 如何理解低能耗建筑、绿色建筑、低碳建筑的不同?
6. 自愿性和强制性的绿色建筑评估体系对绿色建筑的推广作用有何不同?
7. 如何理解市场机制在推动绿色建筑发展上的作用?
8. 绿色建筑评价标准评估的重点是节能还是人的舒适度?为什么?

第7章

绿色建筑与人本需求

舒适与健康是人对建筑的基本需求。现阶段，对绿色建筑的关注较多集中在环保与能量节约方面，对人的基本需求的关注仍有待提高。本章从舒适与健康的角度出发，以人本需求为视角，对这一问题做出了基本介绍。

美国心理学家亚伯拉罕·马斯洛将人类需求从低到高分为生理、安全、社交、尊重以及自我实现五个不同层级（见图 7-1）。满足使用者低层次的生理需求与安全需求，尽可能满足使用者的社交需求与尊重需求，不妨碍使用者对自我实现的追求是建筑策划、设计、运行与使用过程中努力追寻的目标。

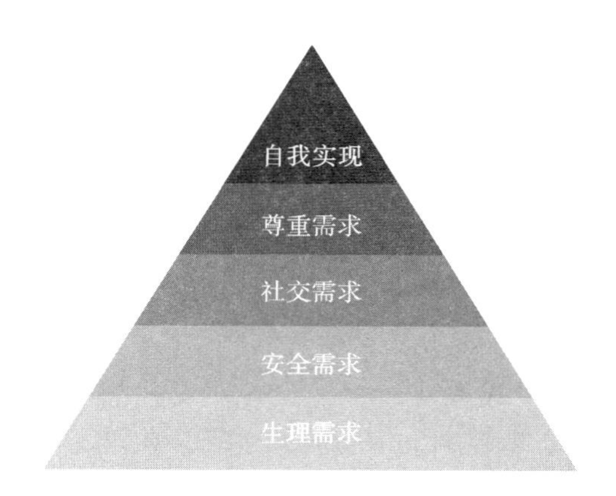

图 7-1　马斯洛理论

建筑应首先满足使用者的生理需求。具体来说就是让使用者能够避免受到恶劣气候条件与极端天气的影响。绿色建筑应在满足这一基本需求的基础上进一步满足使用者的舒适度需求。

为了满足使用者的安全需求，建筑应远离有毒、有害和有病的物质，并以此为基础，创造宜居、健康的环境。健康的使用环境在近些年逐渐成为人们的关注点。我国针对这一问题开展了大量研究，主要涉及建筑与环境、公共卫生与健康、微生物与化学、医学慢性病等交叉领域，并对室内空气质量及健康危害、室内环境与儿童健康、室内可吸入颗粒物以及半挥发性有机物污染、室内环境质量评价等方面进行了较为深入的研究，在此基础上修编完成了《健康住宅建设技术规程》等一系列文件及标准。

本章将按照生理需求与安全需求分别对绿色建筑的环境舒适和环境健康进行介绍。其中，环境舒适部分将按照建筑内部声、光、热的建筑物理要素分类展开。环境健康部分将对空气环境、水环境以及其他国家的健康建筑评价标准进行介绍。

7.1　绿色建筑与人体环境舒适

舒适感会受到使用者与使用环境的影响。不同地域、不同季节、气候都会造成舒适感知的差异。由于使用者与使用环境所具有的巨大差异，“舒适”很难进行量化界定。在大多数建筑设计的过程中，设计师只能根据生活经验与直观感受对环境情况进行评估，以提升使用者的舒适感受。

建筑物理环境主要包括声环境、光环境和热环境，舒适度则是在其基础上对多种感受展开的综合评价。空间环境对舒适度的影响主要可分为两种，一部分可通过自主控制进行调节，如调整窗帘开闭、增减衣服、打开功能设备等；另一部分如噪声隔离、墙体隔热，窗户设置等，只能依赖于建筑本身。不舒适的建筑环境会直接影响使用者的感受和体验，甚至对其心理、生理与健康情况造成较大影响。设计舒适的建筑环境应从光线、材质、噪声、温度、湿度、家具设计、颜色设计等多个方面进行考虑（见图 7-2）。

图7-2　舒适的室内空间

7.1.1　声环境

在建筑声环境的研究与应用范畴内，对使用者影响最大的是噪声。噪声是指会引起人烦躁或危害人体健康的声音。噪声污染是环境污染的一种。噪声污染与水污染、大气污染是三个主要的环境问题。

1. 噪声的分类

噪声可分为以下几个类别。

（1）交通噪声。

交通噪声在城市环境下广泛存在。汽车的行驶声音和鸣笛是交通噪声的主要来源，也是建筑隔声的主要关注点。对于机场周边的区域来说，飞机噪声甚至能达到95dB。

（2）建筑噪声。

建筑施工过程中的噪声难以避免。敲击、打桩等噪声受到政府的监管和较为严格的控制。但这一类型的噪声仍对居民生活环境有较大的影响。

（3）工作噪声。

工作噪声在工作过程中普遍存在，如工作交谈、工作设备噪声等。工作噪声的构成较为复杂，包含多种频率。降低工作噪声会使工作者的工作效率较大提升。

（4）其他噪声。

噪声充斥在生活的各个方面，邻里噪声、防盗警报、气流呼啸、房间内的通风系统等均会给我们的日常生活带来干扰。

2. 噪声对人的影响

噪声对人的影响随着声强进行变化。30～40dB的环境较为安静，当噪声超过50dB即会对人的正常休息造成影响。通常当声音大于 90dB 时，人的听力会受到严重影响，还会导致疾病的产生。噪声对人的影响具体如下。

（1）听力损伤。听力损伤通常可以分为急性和慢性两种损伤类型。当较短时间内接触较强噪声时，通常会形成急性听力损伤，包括耳鸣或者听力下降等症状。当离开噪声环境后，这一损伤通常可以恢复正常。如果长时间接触噪声，听觉疲劳得不到恢复则会造成听力下降甚至形成噪声性耳聋。同时噪声还会造成一些慢性损伤，致使人体的多个器官和系统发生病变，这一类型的伤害很难被发现。以听觉器官来说，早期的听力丧失在 400Hz 频率的情况下最容易发生，且很难发现，这一伤害过程是不可逆的。

（2）噪声会对视力造成影响。当噪声大于 90dB 时，实验表明杆细胞的光敏性即开始下降，对弱光的识别时间增长，当这一指标大于 95dB 时，瞳孔会扩大。当噪声大于 115dB 时会影响视觉对光的适应与感知。

（3）噪声是失眠的主要诱因之一，在有噪声的环境下入睡会致失眠、多梦、头痛、头晕，还会影响记忆力、注意力，甚至进一步导致消化道疾病。

（4）噪声会对心理健康产生影响。噪声条件下，人们会产生焦躁不安、烦躁激动的情绪。在这样的条件下工作，不仅工作效率会降低，事故发生率也会升高。受到噪声干扰后，人们很难集中精力进行思考，信息接收量也会降低，更容易疲倦。

（5）其他疾病。在噪声的影响下，人的心脑血管系统、消化系统、内分泌系统均会受到伤害，发病率上升。噪声会严重影响胎儿的发育。

3. 噪声的防治

噪声的防治可以分为三种：即在声源处降低噪音、在传播途径中降低噪音和在人耳处降低噪音。在实际设计过程中，设计师通常使用规划手段或建筑手段对其进行有效控制，具体手段如下。

（1）通过前期规划合理安排建筑位置，控制噪声源与居住建筑或人流较多的环境的距离，尽可能将居住建筑安排在距离噪声源较远的位置。

（2）通过建筑措施控制噪声的传播，如采用隔音隔振材料、吸声结构或构造等。

7.1.2 光

光是视觉产生的原因，也是视觉感知的基础，光环境在建筑环境设计中有着重要作用。在建筑设计的过程中，光带来了“尺度”“色彩”“材质”等一系列感受，也与“广阔”“狭窄”“封闭”等空间认知密切相关。在光的设计过程中，对光的明度、色温等要素进行设计对室内视觉舒适度有着较大影响。这一影响主要来自光的频率、色温、照度等多种差异，自然光的使用和光与环境的协同也是影响光环境的重要原因之一。

1. 光的照度

不良的光环境会造成眼睛疲劳、功能退化。办公环境中采用阳光照明可以提高工作效率。环境中有充足和均匀的日光照射对健康有益。

合理舒适的照度是保持良好视觉的条件之一。一般来说，人们在从事精细的工作时，对照度的要求较高。在从事相对粗放的工作时则可以适当降低照度。同理，在所观察物体与人的距离较远或当所观察物体处于非静止状态时，对照度的要求较高。

光线的照度超过视觉感知的临界值（通常称为眩光）时会影响人的正常视力。眩光可分为直接眩光与间接眩光两种情况，影响人的视觉舒适，容易产生疲劳，降低工作效率，甚至可能导致眼部疾病的产生。因此，在需要保持长时间工作的场所内，应使照度保持在一个合适的范围，合理控制光的分布，对其范围和方向等进行控制，避免光直接射入人的眼睛，尽量采用漫反射光对工作面进行照明。

2. 光的频率对人的健康的影响

光的频率对人的健康有一定影响，这一影响主要体现在生物时律和光化学反应两个方面。

光谱中蓝色部分波长在 450nm 左右，它会影响人体褪黑素的分泌，从而影响人的入眠效率并影响人的免疫机制，因此使用时应对这一波段的蓝光进行限制。高色温的LED灯具对人体生物钟有一定影响，因此不宜在夜晚使用；尤其影响处于生长发育时期的中小学生。

国际电工组织已经注意到不同频率的光对眼睛的危害作用，《灯和灯系统的光生物安全性》中有部分内容对光生物安全及其等级划分提供了准则与评估。目前，蓝光对视网膜的危害可分为无危险、低危险、中度危险和高度危险四个等级。对室内建筑光源来说，只能使用低危及以下级别的照明产品。对于特殊人群（如光敏药物服用者或婴幼儿）能够直视到的光源，应选用无危害的照明产品。

3. 自然光与自然视域

多项实验与研究表明，自然光会对人体生物激素浓度造成影响从而对人的生理和心理产生影响，进一步影响人的行为。在自然光环境下，使用者可以获得自然视域并对室外天气、太阳和景观环境等信息产生感知，自然采光设计应该利用这些变化创造出一个良好的光学环境。如图 7-3 所示为获得 LEED 白金认证的德洛斯建筑内部景观。

图 7-3　德洛斯建筑内部景观

开阔的视野（远处的植被、人类活动和自然风景等）会对人的健康、效率、心情等产生良好的影响。可以看到自然风景的居民幸福度普遍较高。

7.1.3 热

热舒适是人体感受最为直观的环境评价指标。这一指标的确立不仅仅取决于建筑环境，还与使用者的自身情况有直接关系，例如性别、年龄、体形、种族、衣着情况、活动情况、心理情况等。

1. 热舒适平衡方程

人体在达到热平衡的时候感到舒适，热平衡即是指人体产生的热量与向环境散发的热量相等。这一关系可以简要概括为以下公式：

$$\Delta q=q_m \pm q_c \pm q_r - q_w \quad \text{式（7-1）}$$

式中：Δq 代表人体得失热量，得热为正，失热为负，单位为 W/m^2；

q_m 为人体产热量，单位为 W/m^2；

q_c 为人体与周围空气之间的对流换热量，单位为 W/m^2；

q_r 为人体与环境之间的辐射换热量，单位为 W/m^2；

q_w 为人体的蒸发散热量，单位为 W/m^2。

这一公式将人体与环境进行的热交换简略地概括为对流、辐射与蒸发三种方式，以 Δq 来表示人体的得失热量。$\Delta q>0$ 时，人体得热，体温升高；当 $\Delta q<0$ 时，人体失热，体温降低。环境发生变化时，在环境变化量不大的情况下，人体可以进行自我调节；若环境变化幅度大，时间长，人体难以进行自我调节，则会使人体出现不舒适的情况，影响到人体的健康。

人体热舒适达到平衡时，对流换热约占总散热量的 25% ～ 30%，辐射散热量占 45% ～ 50%，呼吸和无感觉蒸发散热量占 25% ～ 30%。

2. 热舒适评价体系

热舒适是指人们对热环境满意程度的感受。这一感受会对人们的工作、学习、生活和健康有较大影响。为了营造相对舒适的室内热环境，需要对室内热环境的概念、人体与环境热交换以及室内热环境舒适性的评价方法进行研究。由于建筑热环境的影响因素多且复杂，很难用单一因素指标对其进行评价，许多学者针对有差异的环境提出了多种评价指标或方法。

（1）有效温度。这一指标是根据半裸与着夏衫的人在一定条件的环境中所反映的瞬时热感觉得出的综合指标。它是学者们在 20 世纪 30 年代提出的表征室内气温室内空气湿度和室内气流速度对人体综合影响的指标，曾广泛用于空调房间设计中。其不足之处在于高估了湿度的影响，另外未考虑热辐射的影响。后经相关研究者修正，用黑球温度代替气温，称为新有效温度。该指标被美国采暖、制冷、空调工程师协会（ASHRAE）正式采用至今。

（2）热应力指数。热应力指数即人体所需的发散热量与室内环境条件下最大可能的蒸发热量之比。热应力指数全面考虑了室内热环境微气候中的四个物理因素以及人体活动状况与衣着等因素的影响，因而是一个较为全面的评价指标。根据实验结果，它适用于空气温度偏高的环境中，常用于评价夏热环境状况。

（3）预计热感觉指数（PMV）是评价室内热舒适程度常用的指标。它由丹麦学者房格尔在大量实验研究和调查统计的基础上提出。其包括预计热感觉指数 PMV 以及不满意百分比 PPD，能够较全面客观地反映各因素间的关系。PMV 在 −0.5 ～ 0.5 范围内时表明室内环境较为舒适，PMV 在 −1.0 ～ 1.0 范围内时表明评价较为准确，当 PMV 的值超出 ±2 时，则其与人体感受差异较大（见图 7−4）。

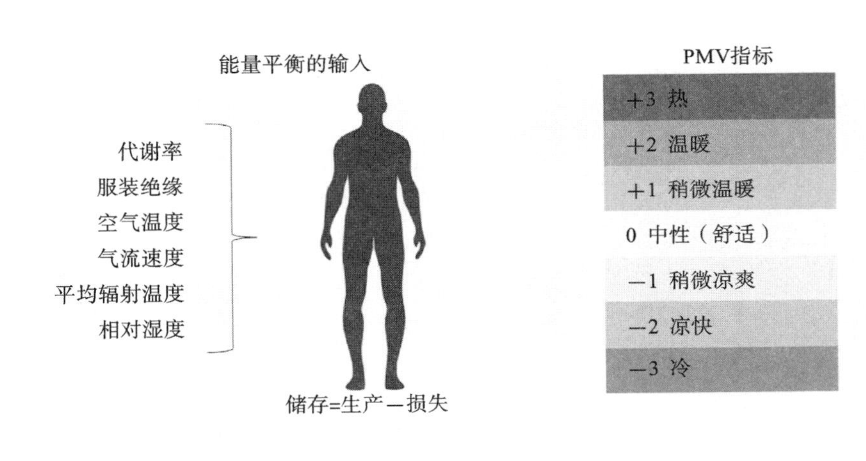

图 7−4　PMV 示意图

3. 室内热环境的影响因素

（1）气候因素的影响。

建筑处在气候的大环境中，环境因素会通过建筑物的围护结构、门窗及各类开口影响室内小气候，从而影响到人体的舒适度。围护结构不可能对室外环境进行完全的隔离，因此气候因素是评价人体舒适感受的重要影响因素。

（2）设备的影响。

有两类设备较易对室内热舒适环境带来影响：一类是会对室内环境造成直接影响的暖通空调设备，还有一类是会间接影响室内微气候环境的其他电器设备。暖通空调设备在冬季主要通过采暖加热，夏季通过制冷除湿增加人体的热舒适性。其他电器设备包括灯具、电视机、冰箱等家用电器，这些电器本身会散发热量从而间接影响室内热环境，例如灯具、冰箱等会产生热量，天然气及燃气壁挂炉会产生水蒸气等。这些电器设备对环境的影响也应考虑在建筑环境内。

（3）人的影响。

人也是热量的产生体。由于人产生的热量较少，所以在人流密度较低的房间内并不会对室内环境产生显著影响。但若在人流密度较大的场所（如会议室、候车室），人产生的热量会对环境产生较为显著的影响。在人流聚集的场所中，由于人流较大而产生的热量应纳入建筑设计的考量。

7.2 绿色建筑与环境健康

7.2.1 空气环境

空气是生命之源，一个成人需要吸入 10000 L 左右的空气。由于人类需要的空气量巨大，即使空气的构成成分中仅含有少量气体污染物和颗粒物，也会对人体造成巨大危害。

提高室内空气质量主要可分为三个步骤，即对空气质量进行评价，消除污染源，消除空气污染。《室内空气质量标准》（GB/T18883—2002）及《民用建筑工程室内环境污染控制规范》（GB50325—2001）两项标准对空气质量进行分类与限定，但这仅仅是最低限度的要求，并不能完全达到健康建筑的标准。

1. 我国居民的空气暴露情况及其影响

我国成人平均室外活动时间为 253min/d，远高于美国、日本、韩国和澳大利亚的居民，这一时长与不同国家与地区的居民性格、地理气候条件、生活方式等有关。在我国，针对不同的性别、年龄、城乡等条件，这一数据存在着显著差异。以性别来说，我国男性居民的室外活动时间高出女性 10% ～ 20%；在年龄方面，居民的室外活动时间在 45 ～ 59 岁达到顶峰，在 80 岁左右降至谷底；由于工作环境的差异，农村居民的室外活动时长显著高于城市。针对地域的差别，从西部地区到东部地区，从北部地区到南部地区，室外活动时间逐渐增加，如海南省居民的室外活动时间最长，吉林省居民的室外活动时间最短。

空气对人体的影响不仅仅体现在暴露时长方面，还与多种因素相关，其中主要包括日均暴露量、呼吸量、室内活动时间、室外活动时间、暴露频率、暴露持续时间、平均暴露时间等多种因素。空气质量与相关疾病的关系开始得到重视。对于身体较虚弱敏感的人群来说，空气污染可以导致疾病；针对健康人群来说，可诱发呼吸道疾病。

中国空气环境在 PM2.5 的防治方面有了较大改善，但还有待进一步提高。我国已制定了行之有效的政策，对空气污染物种类、排放量等进行监控。

2. 空气污染物

空气污染物是由气态物质、挥发性物质、半挥发性物质和颗粒物质（PM）的混合物组成的。

（1）空气污染物可以按照以下情况进行分类。

①按污染源位置进行分类。污染物来源主要可以分为室内和室外两类，甲醛、氡、苯等污染物主要来自室内，主要通过减少污染源来控制；氮氧化合物、硫氧化合物和 PM2.5 等主要来源于室外，需要通过隔绝污染物来控制。

②按污染释放时间特征进行分类。空气污染可以分为一次污染和连续污染。一次污染的特点是污染只在一定的时间段内释放，如吸烟、做饭、扫地等；连续污染指在所有的时间都会释放污染，如建材和家具释放甲醛等。

③按单位时间和释放量进行分类。单位时间单位面积所释放出的污染物数量是衡量材料的性能参数。在空气治理的过程中，释放量是必须考虑的因素。

（2）空气中的污染物主要有以下几种。

①生物类污染物。这类污染物由生物产生，主要包含多种致病细菌、排泄物颗粒以及生物体分泌物，这类污染物常黏附在空气中的尘埃或水雾上，被人们吸入从而产生伤害。

②一氧化碳。一氧化碳主要来自燃料燃烧不完全和汽车排气。一氧化碳进入人体之后可使血红蛋白丧失携氧的能力，引起组织缺氧，甚至导致死亡。

③甲醛。甲醛主要来自建筑产品和家用物品释放的物质。这些物品包括复合压制纤维板、石膏板等。大量接触甲醛可诱发癌症。

④硫氧化物、氮氧化物以及臭氧。这些气体污染物通常是由室外渗透进入室内，亦可能来自室内器材的放电或者燃烧。

⑤可吸入颗粒物质。这类污染物指悬浮在空气中的、直径不超过10μm的颗粒物，能随呼吸进入人体，对健康危害大。

⑥氡。这一气体具有放射性，致癌；主要来自地下渗出与建筑材料释放。

⑦挥发性有机化合物（VOC）。这类物质是导致疾病的首要因素，其广泛存在于大量装饰及结构材料中，大量家用品如消毒水、清洁剂、杀虫剂、地板蜡等也会产生此类空气污染。

⑧ PM2.5。PM2.5是一类污染物的统称，指直径2.5μm以下的细颗粒物。其粒径小，面积大，活性强，易附带有毒物质，能在大气中停留较长时间，危害人体健康。其主要包含有机碳、元素碳、硝酸盐、硫酸盐、铵盐、钠盐等成分。

3. 室内空气污染的控制与净化

（1）室内空气污染的控制。

①通风。去除室内的空气污染物常采用新风稀释的方法。在清洁空气的环境或无空调的环境中，开窗通风是最直接的做法。

②污染源控制。改变建筑以及装修所使用的材料可以从根源上解决大部分室内空气污染的问题，建议采用环保材料。

③净化处理。即通过空气净化器、除臭器、空调等设备来降低室内空气污染，可采取过滤、静电、吸附、催化、负离子、增湿等多种技术，针对不同的污染物类型进行处理。

（2）室内空气的净化方法。

室内空气污染物常以气体和气溶胶等状态存在。气溶胶主要是指空气中分散的微小的液体和固体微粒所形成的较为稳定的胶体状态。清除空气中的固体微粒和清除气体的方法是有差异的。

清除空气中的固定颗粒主要采用介质过滤和静电除尘两种方法。

①介质过滤。过滤介质可分为粗效、中效和高效三种。较大的灰尘可用粗效的无纺布过滤，较小的微粒可使用玻璃纤维过滤纸进行过滤。

②静电除尘。这一方法主要是指通过金属极之间的强烈电场使空气电离形成新的离子或电子，从而相互吸附，达到沉积吸附有害物质的目的。

有害气体可通过吸附法、催化氧化法、低温等离子技术和光催化技术进行处理。

①吸附法。这一方法指采用活性炭、纤维和活性炭毡来吸附有害气体。活性炭是最为常用的颗粒

多孔材料固定床，但由于其容量有限所以需要经常更换，同时在吸收的过程中注意防治二次污染。

②催化氧化法。催化氧化是物理反应和化学反应相互作用的过程，其主要包括污染物从气相到固体催化剂表面的体相扩散，污染物分子内扩散到催化剂载体的孔中得到吸附和分解，反应产物内扩散离开孔隙，产物由催化剂外表面扩散回到气相本体4个步骤。在这一过程中，温度和传热速率对反应有较大的影响，同时对反应过程中产生的有害物质应及时进行处理，以防治二次污染。

③低温等离子技术。这一技术可以避免催化氧化法中存在的反应温度高、催化剂寿命短、使用成本高等缺点，近年来发展较快。

④光催化技术。这一技术主要是利用了二氧化钛的光催化反应，近些年来逐渐得到了运用。

7.2.2 建筑用水与环境

建筑用水可以分为饮用水、生活用水、卫生用水、灌溉用水、系统用水、消防用水几种类型。

建筑用水主要需要关注以下几个问题:

（1）用水标准。

我国《自来水水质标准》要求城市供水不得含有致病微生物，水中所含化学物质和放射性物质不得危害人体健康，同时水的感官性状应保持在良好状态。生活用水与人的生活密切相关，不良气味、细菌、杂质和水垢都会对人的健康造成不利影响。生活用水的处理方式通常包括前置过滤以去除大颗粒杂质、中央净水以去除不良成分与细菌、水的软化等。

（2）用水舒适。水质、水压、流量、温度、热水供应速度、用水设备的调节都在用水舒适的范畴当中。发达国家大部分家庭采用中央热水系统，可以使用热水循环泵通过程序控制来对家庭热水进行管理，应用预热循环技术可实现热水的即开即用，提高家庭生活热水的舒适性，并可多点恒温供水、多楼层供水等。预热循环技术同时还避免了传统热水器中管路冷水的无端浪费，节省生活用水。循环系统可对加热系统进行实时监控，避免了洗浴时浪费水、气、电等资源。

（3）生活热水的控制。生活热水的控制主要涉及用水安全、恒温恒压等方面。在用水安全方面，热水供应系统应设置膨胀罐及可靠的安全阀和泄压阀以保证热水供应系统的恒压安全。同时，热水应能保持恒温恒压并能保持用水稳定。供水应该安装恒温混合阀，使热水的供水温度低于储水温度，并且实现供水温度的可调性，保持供水温度恒定不受冷热水压力温度及用水量变化的影响，在冷水中断时能迅速关闭混合出水，起到调温的作用。在贮水方面应采用即热式或闭式储热水罐，由冷水将热水顶出，以获得均衡的冷热水压力，保证恒温热水的稳定。在此基础上，热水供水温度要控制在48℃左右，最大限度地减少热水在管道输送中的热损失，避免造成浪费。

7.2.3 健康建筑评价标准

现阶段，建筑环境健康得到了越来越多的关注，美国、日本、德国等发达国家针对建筑健康已建立了一系列较为成熟的标准。

1. 美国健康住宅评价标准

20世纪中叶，美国公共卫生协会住房卫生委员会对住房与健康之间的关系进行了研究。同时，公共健康组织对室内环境进行了相应的规定。21世纪，随着人们生活品质的不断提高，越来越多的人对健康与住宅之间的关系产生兴趣，人们意识到健康不仅与住宅结构相关，同时也与建筑内环境密切关联。这里着重介绍美国健康住宅评价机构对于室内健康环境的评价标准。

美国健康住宅评价标准是基于评价机构做出相关调查得到的大量数据而制定的。美国的健康住宅评价机构主要包括：美国公共卫生协会（American public health association，apha），国家健康住宅中心（national center for healthy housing，NCHH），住房和城市发展部（housing and urban development，HUD），环境环保署（environmental protection agency，EPA），国家疾病控制和预防中心（centers for disease control and prevention，CDC）。

2006年，美国住房和城市发展部、国家疾病控制和预防中心共同编制了《健康住宅参考手册》，为营造健康的室内环境提供参考。该手册主要从以下七个方面对室内健康环境作出评价。

（1）基本的生理需求。

①保护不受外界侵害；

②尽量减少过度热损失的环境；

③保证人体尽可能减少热损失的环境；

④化学污染物浓度均在合理的浓度范围下；

⑤充足的日光照射及避免眩光；

⑥有阳光直射；

⑦适当的人工照明及避免眩光；

⑧不受外界噪声的干扰；

⑨足够的空间可以供人锻炼及小孩娱乐。

（2）基本的心理需求。

①充分的私人空间；

②正常的家庭生活机会；

③正常的社区生活机会；

④适当的设施使家务变轻松，不至于使人身心疲惫；

⑤有维护住宅卫生的设施及人员；

⑥尽可能使住宅及其周围环境美观；

⑦与社区的准则一致、和谐。

（3）防范疾病。

①安全及卫生的供水；

②保护供水系统免受污染；

③提供公共厕所设施，最大限度减少疾病传播的危险；

④防止住宅内表面受污水污染；

⑤避免住宅周围有不卫生的状况；

⑥尽量使住宅内不要有生物体，其可能传播病毒；

⑦有保持食物新鲜的设施；

⑧有充分的睡眠空间以减少接触传播的危险。

（4）避免损伤。

①发展和实施建筑规范，保障居民最低安全标准的生活以避免损伤；

②探索替代材料，提出电器设备的设计或构造方法以避免损伤；

（5）防止火灾。

①安全的取暖设备；

②清除壁炉旁边的装饰和易燃材料；

③在木材炉的外围用耐火材料；

④安装温度计监测烟道温度。

（6）传播媒介及害虫。

①监测、识别、权衡判断每种害虫的危险等级；

②使环境不适宜害虫的繁殖生存；

③使用防虫材料，使害虫不易侵入；

④减少吸引害虫的因素，如食物；

⑤使用杀虫陷阱及其他物理消除装置，必要时使用灭虫剂。

（7）有害物质及室内空气污染物。

①应在室内减少铅、石棉、砷等有害物质的积累；

②室内污染物可以分为生物污染物和化学污染物，对人体影响极大，严重时可危害生命。

综上所述，美国《健康住宅参考手册》的侧重点在于对室内的各项污染源分项分析，对来源、传播途径、对人体的伤害及控制策略均有阐述，为实际生活中构建健康住宅提供了指导性意见。

2. WELL 建筑标准

2014 年 10 月，美国 WELL 建筑研究所颁布了 WELL 建筑标准（WELL Building Standard），针对人体健康提出建筑设计与评价标准（见图 7-5），其目标是通过测量、认证和监控建筑的性能表现，实现研究成果的系统化与可应用化。WELL 建筑标准的特点是使建筑室内环境与人体系统充分结合，为了更好地说明建筑环境与人体健康的关系，WELL 建筑标准着重研究了建成环境对人体系统的影响。

图 7-5　WELL 建筑标准体系标识

现阶段，WELL 建筑标准已经发布了第二版，其包含一套以最新科学研究成果为支撑的策略，旨在通过设计干预措施、运营制度和管理政策改善人类健康状况，培育健康文化。第二版 WELL 建筑标准借鉴了公共卫生专业人员、建筑科学家等各界人士的广泛经验和知识。它有以下特点。

（1）原则。

①公平性。为人们提供最大利益，对弱势群体给予特别考量。

②全球性。提出的干预措施在多种应用层面都是可行、可实现和相关的。

③有据可循性。有强有力的、经过验证的研究作支持。利用这些研究结果得出的结论，基本符合科学界的认可。

④高技术含量性。借鉴行业最佳实践和行之有效的策略，与相关领域或学科的调查结果有一致性。

⑤用户至上性。通过动态的程序来界定标准的内容，为利益相关方的参与提供多种机会，并融入当今科学、医学、商业、设计和运营领域中领导者们的专业知识与意见。

⑥富有适应性。能够响应科学知识和技术的进步，不断调整和整合该领域的新发现。

（2）评分和认证等级（见表 7-1）。

表 7-1 WELL 评分和认证等级

总分	WELL 认证		WELL 核心体认证	
	每个概念的最低得分	认证等级	每个概念的最低得分	认证等级
40 分	0	WELL 铜级	0	WELL 核心体铜级
50 分	1	WELL 银级	0	WELL 核心体银级
60 分	2	WELL 金级	0	WELL 核心体金级
80 分	3	WELL 铂金级	0	WELL 核心体铂金级

（3）概念（见图 7-6）。

图 7-6 WELL 条款下的不同类别

WELL Core
Guidance and Scoring

①空气。

空气概念的目标旨在通过多样化的措施，在建筑物的整个生命周期内维持较高的室内空气质量，其中包括消除或减少污染源，采用主动和被动式建筑设计和运营策略，以及人类行为干预等。

这一概念可以细分为以下单项：A01 空气质量；A02 无烟环境；A03 通风合规；A04 施工污染管理；A05 增强空气质量；A06 增强通风；A07 可开启窗；A08 空气质量监测和意识；A09 污染渗透管理；A10 燃烧程度最小化；A11 源分离；A12 空气过滤；A13 增强空气供应；A14 微生物和霉菌控制。

②水。

水概念覆盖建筑物内液态水的质量、分配和控制。其中包括了涉及饮用水供应和污染物阈值的条款，以及针对避免损坏建筑材料和环境条件的水管理条款。WELL 水概念旨在提高建筑用户充足补水的比例，降低因水污染和建筑物内过高湿度造成的健康风险，并通过更好的基础设施设计和运营提供适当的卫生条件、意识及提供水质维护。

这一概念可以细分为以下单项：W01 水质指标；W02 饮用水水质；W03 基本水管理；W04 增强水质；W05 饮用水质量管理；W06 饮用水推广；W07 潮湿管理；W08 卫生支持；W09 非饮用水就地再利用。

③营养。

营养概念要求提供水果和蔬菜及营养透明度，鼓励建立健康的食品环境，增加水果和蔬菜摄取，限制使用精加工食品，设计健康的环境来支持健康和可持续的饮食方式。

这一概念可以细分为以下单项：N01 水果和蔬菜；N02 营养信息透明度；N03 加工成分；N04 食品广告；N05 人工添加剂；N06 份量；N07 营养教育；N08 用心饮食；N09 特殊膳食；N10 准备食品；N11 负责任的食品采购；N12 食品生产；N13 本地食品环境；N14 红肉和加工肉类。

④光。

光概念提倡人暴露在自然光线下，旨在营造可促进视觉、心理和生理健康的光环境，减少昼夜节律紊乱，改善睡眠质量，并积极影响情绪和工作效率的照明环境。

这一概念可以细分为以下单项：L01 光接触；L02 视觉照明设计；L03 昼夜节律照明设计；L04 人工照明眩光控制；L05 日光设计策略；L06 日光模拟；L07 视觉平衡；L08 电气照明质量；L09 使用者控制照明环境。

⑤运动。

运动概念倡导通过环境设计、政策和计划来促进日常生活中的体育锻炼，以确保建筑和社区满足人们运动的条件；在生活的空间内创造和增加运动的机会，以增加运动量，促进体育锻炼和积极的生活，并摒弃静态行为。改变人们的身体活动习惯会产生巨大的影响。

这一概念可以细分为以下单项：V01 积极的建筑和社区；V02 人体工程学工位设计；V03 运动网络；V04 适合运动通勤者和住户的设施；V05 场地规划和选择；V06 活动机会；V07 活力家具；V08 身体活动空间和设备；V09 促进身体活动；V10 自我监测；V11 人体工程学设计。

⑥热舒适。

热舒适概念旨在通过改进暖通空调系统设计和控制，以及满足个人的热环境偏好，提高人们的工作效率，并为建筑物的所有住户提供最大限度的热舒适。

这一概念可以细分为以下单项：T01 热舒适性能；T02 热舒适验证；T03 热环境分区；T04 个人热舒适控制；T05 辐射热舒适；T06 热舒适监测；T07 湿度控制；T08 增加可开启窗；T09 室外热舒适。

⑦声环境。

声环境概念旨在识别和调节建筑环境中使用者可体验的声环境舒适度参数。

这一概念可以细分为以下单项：S01 噪声地图；S02 最高噪声等级；S03 声障；S04 混响时间；S05 消音表面；S06 最低背景噪声；S07 撞击噪声管理；S08 增强音频设备。

⑧材料。

材料概念旨在减少可能影响健康的化学物质在建筑的建造、改建、装修和运营中的使用。这一概念提出了选择建筑材料和产品的两种策略。一种是通过成分公开来提高材料的质量，而第二种是促进评估和优化产品成分，最大限度地减少其对人类和环境健康的影响。这两种策略都旨在弥补供应链中的数据缺口，支持绿色化学创新并推动市场向更健康、更可持续性的产品转型。由于在日常运营中人们将潜在危害产物引入了建筑物，可使用低危害清洁产品减轻对室内空气质量和公众健康状况的影响。为了进一步减轻环境污染和保护公众健康，材料概念发布了部分废弃物种类的安全管理指南、害虫管理（IPM）原则、使用低危害农药以及标志和使用注意事项，进一步保护人们的健康。

这一概念可以细分为以下单项：X01 材料限制；X02 室内危险材料管理；X03 铬化砷酸铜（CCA）和铅的管理；X04 场地整治；X05 增强材料限制；X06 挥发性有机化合物（VOC）限制；X07 材料透明度；X08 材料优化；X09 废弃物管理；X10 害虫控制和杀虫剂的使用；X11 清洁产品和规范；X12 减少接触。

⑨精神。

精神概念提倡实施一系列的设计、政策和计划策略，通过各种预防和治疗手段来保障人的心理健康。

这一概念可以细分为以下单项：M01 心理健康推广；M02 自然和场所；M03 心理健康服务；M04 心理健康教育；M05 抗压管理；M06 恢复的机会；M07 帮助恢复的空间；M08 帮助恢复的计划；M09 更多自然接触；M10 戒烟；M11 药物使用服务。

⑩社区。

社区概念旨在支持基本医疗保健的可及性，满足人们医疗需求，建立一个包容的、参与度高的住户社区。社区概念注重保障人们身体健康以及促进社会多样性和包容性的设计、政策和战略的实施，提供获得卫生服务的机会，使所有人都能参与空间设计并从中受益，为真正公平、多样化和健康的社区奠定基础。

这一概念可以细分为以下单项：C01 推广健康和福祉；C02 整合设计；C03 应急准备；C04 住户调查；C05 增强住户调查；C06 健康服务和福利；C07 增强健康推广；C08 对新晋父亲的支持；C09 对新晋母亲的支持；C10 家庭支持；C11 公民参与；C12 多样性和包容性；C13 无障碍和通用设计；C14 应急资源；C15 紧急应变和恢复能力；C16 住房平等；C17 负责任的劳动实践。

除了以上项目之外，WELL 还设置了创新项目，制定独特策略打造更健康的环境。

这一概念可以细分为以下单项：I01 创新；I02 专业资质人士；I03 体验 WELL 认证；I04 健康之门；I05 绿色建筑评估体系。

3. 英国室内健康环境评价标准

英国的室内健康环境评价标准（housing fitness regime，HFR） 从1985年开始实施，主要内容涉及室内环境质量，室内潜在伤害威胁（如跌落、烫伤）等。2001年，英国政府又颁布了健康住宅标准（decent homes standard，DHS），该标准提出健康住宅的基本定义，提出在2010年底实现住宅100%满足健康住宅的相关要求。2006年，英国颁布了住房健康与安全评价体系（housing health and safety rating system，HHSRS，见图7-7），用于替代已经不能满足社会发展的HFR标准。HHSRS是基于风险评价工具的评价体系，用于帮助政府部门应对住宅建筑潜在的健康威胁。HHSRS对29种房屋潜在健康威胁或安全威胁进行调研，并对每种威胁进行权重评价，用于帮助确定房屋是否存在严重的隐患。

图7-7　住房建康与安全评价体系（HHSRS）

HHSRS条文

HHSRS主要内容如表7-2所示。

表 7-2　HHSRS 主要内容

评价内容	具体内容
生理需要	热湿环境、潮湿和霉菌生长、过冷、过热
污染物	石棉、农药、一氧化碳及燃烧产物
心理需要	空间感、安全感、噪声、空间拥挤程度、可能的闯入性、照明、噪声
传染病防护	卫生设备、水流供给、室内卫生虫害及垃圾情况、食物安全、供水系统、个人卫生及排水系统
意外事故防护	浴室跌落、水平表面跌落、楼梯跌落、楼梯间跌落、电源使用安全、防火、明火及高温表面、碰撞、爆炸、设备可操作性及位置、结构倒塌和坠落

HHSRS 考虑了各种影响住宅健康和安全的因素，并且以权重为基础使用分级方式，使发生概率高但危险性低的事件与发生概率低但危险性高的事件进行比较，使长期存在缓慢影响的危险与短期迅速发生的危险进行比较，使引起身体损伤与引起疾病的事件进行比较。该评价体系还考虑了最易受危害人群、居住者的生活习惯、社区的环境等。这些因素对我国健康住宅的研究具有一定的借鉴意义。

4. 德国室内健康环境评价标准

德国通用的健康住宅规范为 SBM-2008，SBM-2008 评价判定分为 4 个等级，分别为安全、轻微、严重、极严重。

①安全。这个类型提供最高等级的预防，它反映了自然条件或现代生活环境中的一般背景值。

②轻微。作为预防。

③严重。从建筑生物学的观点来看，这类型的数值无法被接受，在此类型的参考范围内，污染物对人体健康有重大影响。

④极严重。表示需要立即改善，此类型代表达到标准限定值。

SBM—2008 的评价指标包括以下几种。

①场、波、辐射。其中包括交流电场、交流磁场、无线电频辐射、直流电场、直流磁场、放射线、地质扰动、声音与扰动等评价指标。

②室内毒素、污染源、室内气候。其中主要包括五个大类，分别是有毒气体、溶剂与其他挥发性有机化合物（VOC）、杀虫剂与其他挥发性的有机化合物（SOC）、粒子与纤维与室内微气候因素。

③真菌、细菌、过敏源。其中主要包括真菌与其孢子和代谢物、酵母与其代谢物、细菌与其代谢物。

5. 日本室内健康环境评价标准

2001 年，由日本学术界、企业家、政府三方面联合组成“建筑综合环境评价委员会”，并联合研究开发了建筑物综合环境性能评价体系（comprehensive assessment system for built environment efficiency，CASBEE），标识如图 7-8 所示。

CASBEE 以节能、循环利用等减少环境负荷的方式为基础，并从室内的舒适性等环境品质方面来综合评价建筑物环境性能。该体系以各种不同用途、规模的建筑物作为评价对象，从“环境效率”定义出发进行评价，评价建筑物在限定的环境性能下通过某种措施减少环境负荷的效果。

CASBEE 条文

图 7–8　CASBEE 标识

CASBEE 将把住宅综合环境性能分为住宅自身的环境品质 Q（quality）和住宅外部的环境负荷 L（load）。环境品质指标分别是：Q1 室内环境；Q2 服务性能；Q3 室外环境。环境负荷用环境负荷降低程度 LR 来评价。LR 包括：LR1 能源；LR2 资源、材料；LR3 建筑用地外环境。LR 值越高越好。

CASBEE 内容如下。

（1）声环境。对和室内舒适性、工作方便性有关的背景噪声水平进行评价，同时评价空调等设备的噪声对策、隔声措施以及吸声措施。

（2）热环境。对控制与维持室内温度、湿度的管理方式及与这些因素有关的空调设备与系统进行评价。

（3）光环境。对利用建筑开口及设备进行高效采光、防止眩光，根据桌面照度进行照明控制等进行评价。

（4）室内空气品质。对影响室内空气品质的材料选定、通风换气方法、施工方法进行评价。评价项目包括避免污染源物质产生的“污染源对策”以及以去除污染物为目的的“通风换气”和“运行管理”等内容。

CASBEE 根据不同的建筑类型及建筑的不同时期设定相应的评分标准，采用 5 分评价制，并根据重要性设计了相应的权重系数，参评项目最终得分为各子项得分乘以其对应权重系数的结果之和。

CASBEE 将 Q 和 L 的比值作为评价指标定义，即环境效率 BEE，定义式如下：

$$BEE=Q/L$$

BEE 可分为优秀、很好、好、略差、差五个等级（见表 7–3）。

表 7-3 BEE 等级

等级	评价	BEE 等级	图标
S	优秀	BEE ≥ 3.0，Q ≥ 50	★★★★★
A	很好	1.5 ≤ BEE < 3.0	★★★★
B+	好	1.0 ≤ BEE < 1.5	★★★
B-	略差	0.5 ≤ BEE < 1.0	★★
C	差	BEE < 0.5	★

CASBEE 对建筑的全生命周期各阶段都做了评价，且在不同的阶段对于不同功能的建筑其评价标准不同。由此可见，CASBEE 在健康建筑评价方面具有其创新与独到之处，对我国室内健康环境评价体系研究具有参考价值。

6. 芬兰室内环境质量评价标准

1995 年，芬兰室内空气质量与气候协会（the finnish society of indoor air quality and climate，FiSIAQ）发布了室内环境质量评价标准（见图 7-9）。2001 年，FiSIAQ 对标准又进行了修改。

图 7-9 芬兰室内环境质量评价标准

该标准旨在为建筑设计、施工与设备安装提供参考依据，综合考虑了建筑建造方式、供暖、通风与空调、装饰装修材料等因素，同时也鼓励设备与材料供应商采用低挥发性建筑产品。以下作简单介绍。

（1）评价标准基本结构。

评价标准内容包括室内空气质量与气候目标值、设计与建造说明、建筑产品要求、建筑与施工、HVAC 系统、建筑材料分类与通风系统分类。该标准旨在优化建筑全生命周期各个阶段，以确保室内具有良好的空气环境、热环境等。

（2）评价标准的应用效果。

2001 年，Tuomainen 等人对该标准使用情况进行了评估。研究结果表明，相对于使用传统建筑标准建造的建筑，使用室内气候建筑以及装饰材料分类标准的建筑室内环境质量更为优越。

（3）室内环境质量分类。

室内环境质量主要分为 3 类，即 S1、S2 与 S3，分别对应最佳的室内环境质量、良好的室内环境质量与一般的室内环境质量。

▶ 知识归纳

1. 绿色建筑中的人本需求可以分为人体环境舒适和环境健康两个部分。

2. 人体环境舒适可以从声光热方面进行考虑。

3. 健康环境可以从水和空气进行考虑。

4. 由于地域差异与各个标准侧重方面的不同，健康建筑评价标准并不单一，各项标准的制定与分类有较大差异。

▶ 独立思考

1. 建筑环境可以满足使用者的哪些需求?

2. 为了提高建筑舒适度，可以对哪些设计因素进行改造?

3. 作为使用者，你对建筑环境有哪些需求?

4. 有哪些措施和手段可以提升建筑环境的舒适性?

5. 各项健康建筑评价标准的侧重点有什么差别?

第 8 章

绿色住区、城区和城市

城市是座大建筑，建筑是个小城市。车站机场宛如城市的门厅，公园广场宛如城市客厅，居住区正如城市的卧室。绿色设计思想不仅用于建筑单体上，还可应用到城市设计中。如何实现这一目标？本章将给予解答。

8.1 绿色住区设计

住区的原始形态从古代城市诞生开始就出现了。住区是城市的主要功能之一，但因社会经济等因素，住区在城市中往往处于从属的地位。近代以来，“人文精神”“场所论”“文化遗产保护”以及“可持续发展”等理念被广大业内人士接受，旧城改造、新区建设、安居工程以及多样化的住区类型在近十余年间纷呈涌现。我国的住区建设正从解决物质需求转向对自然生态的保护和对传统文化、地域特征等问题的关注。“人文主义”“绿色住区”开始成为我国住区规划的主流思想。

8.1.1 绿色住区的兴起与发展

从 18 世纪到 20 世纪，世界人口从 17 亿迅速增长到 60 多亿，各国都面临着巨大的能源消耗和居住需求挑战。在能源消耗中，居住建筑占了很高的比例。以上海为例，居住建筑的能源消耗占全市的 15%，碳排放占全市的 19.8%。在全国范围内，住宅建筑能源消耗占总能源消耗的 37%。因此，在住宅面积需求大幅增长的同时，推进城市住区全生命周期的绿色设计、实现节能减排，逐渐成为住宅小区设计与评价研究的重要目标。

1. 绿色住区的概念

“绿色住区”作为一个合成词，由“绿色”和“住区”组成。由于绿色象征着自然和生命，逐渐被赋予了“生态友好”的寓意，如“绿色建筑”“绿色能源”等。“住区”是由居民及其生活和发展的居住环境组成的。通常，“住区”的定义是一个被城市道路或自然边界包围的城市区域，其主要功能是居住并为周边居民提供公共服务基础设施，人口为 3 万 ~5 万。

在我国颁布的《绿色住区标准》（CECS 377—2018）中，绿色住区的概念定义为：基于可持续发展的原则，通过建设模式、技术和管理的创新，在规划设计、生产建设、运营维护与管理等全生命周期中，减少能源和资源消耗，减少污染，营造与自然和谐共生的健康宜居生活环境，实现经济、社会和环境三方面效益的统一。

2. 绿色住区概念的发展

在城市和历史共同发展的过程中，环境污染、能源短缺、城市重建、人口增长等问题的出现为世界敲响了警钟，人们逐渐认识到与自然共生的重要性，提倡生态保护的“绿色”发展模式和通过节能减排实现可持续发展。

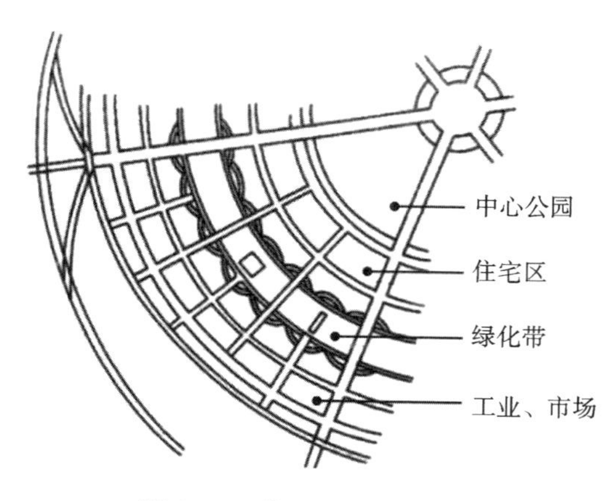

图 8-1　“田园城市”图解

在 19 世纪末，著名的英国社会活动家 Ebenezer Howard 提出“田园城市”的理论。在他的著作《*Garden Cities of Tomorrow*》中，鼓励节制社区用地并发展卫星城市，通过限制工业用地面积，来实现城市人口的有机疏散、保证绿化覆盖率和城市自然循环。“田园城市”布局如图 8-1

所示。

自 20 世纪 60 年代以来，人们意识到生态环境遭到重大破坏将引发不可挽回的环境危机，因此“绿色发展”的理念应运而生。人们重新审视人与自然的关系，强调改善生活环境的重要性，对居住区可持续发展日益重视。

20 世纪 90 年代初，街区尺度的绿色可持续设计概念才被提出。绿色街区强调了结合日照、风向因素，对建筑布局、道路规划、绿地布置进行充分设计，将资源循环利用，建设节能、环保型社区。1992 年，在巴西里约热内卢举行的联合国环境与发展大会上，各国就如何解决目前紧迫面临的环境、健康及社会问题达成了共识，会议发布的 *Agenda 21: the Earth Summit Strategy to Save Our Planet* 提出了关于人类住区建设、更新与维护的全球战略任务，在土地的合理利用、维护运营、配套设施、公共交通系统以及相关专业人才的培养等方面提出了指导策略。绿色住区的概念就此登上历史舞台。表 8-1 展示了绿色住区概念的历程。

表 8-1　绿色住区概念的历程

时间	相关研究进展	背景	起因	影响
1962 年	美国海洋生物学家，蕾切尔·卡逊《寂静的春天》出版	工业革命后，欧洲国家、美国、日本等国出现公害事件	唤起人们的生态意识	激起人们对环境问题的关注和保护意识，并引起各国政府重视，环保组织纷纷建立
1969 年	伊恩麦克哈格著作《设计结合自然》	工业发展导致环境恶化	引导人们在谋求发展的进程中，尊重自然发展，保护生态环境	阐述了人与自然的共生关系，唤起人们的环保意识
1972 年	联合国人类环境会议宣言	斯德哥尔摩“人类环境大会”召开	鼓舞指导各国人民保护和改善环境	联合国环境署成立，并促进“国际环境法”的推出
1976 年	通过《温哥华人居宣言》	联合国人类住宅会议在温哥华 举行	引起各国对人类居住与环境问题的重视	促使联合国人居机构的成立
1987 年	世界环境与发展委员会 提出关于人类未来的报告《我们共同的未来》	地球的资源和能源远不能满足人类发展的需要，生态的压力对经济发展的重大影响	提出一种新的发展模式，在不占用后代发展所需的前提下，实现发展，为各国政府的政策提供参考	提出“可持续发展”理念，将环境保护与人类发展切实结合，实现了人类有关环境与发展思想的重要飞跃
1991 年	六位建筑师起草《阿瓦尼原则》	快速城镇化发展和城市主义带来了环境恶化、过度的汽车依赖、邻里交往缺失等问题	减少交通需求、节约能源、维持社区活力	实现资源有效利用，为各国住区的可持续发展提出了可借鉴策略
1992 年	绿色住区被提出	联合国环境与发展大会召开	面向新世纪，拟定环境保护与行动计划	提出“可持续住区”的概念，制定人类住区建设发展的全球战略任务并提出规划策略

“绿色住区”的概念将“可持续发展”与“居住区”相结合，从而达到居住区节能减排的目的，实现人类城市与自然环境和谐共存。绿色住区设计既重视城市区域的整体性、系统性，也兼顾建筑、景观设计方面的细节处理。

绿色住区相关理论基础

8.1.2 绿色住区规划布局设计

根据住宅区的功能要求，绿色住区规划设计综合布置住宅、公共服务设施、道路、绿地等，是一项综合性较强的设计。它应满足居民的使用、卫生、安全、经济和美观等要求。合理的规划布局是绿色住区的前提。

1. 绿色住区选址

（1）生活用地在城市中的组织。

在城市中，人们在选择居住场所时总是与就业场所相关联。如图 8-2 所示为西安东郊工业区和家属区的布局关系。城市居住用地与其他类型用地相互交织、穿插，构成了具有一定区域规模的居住区域。

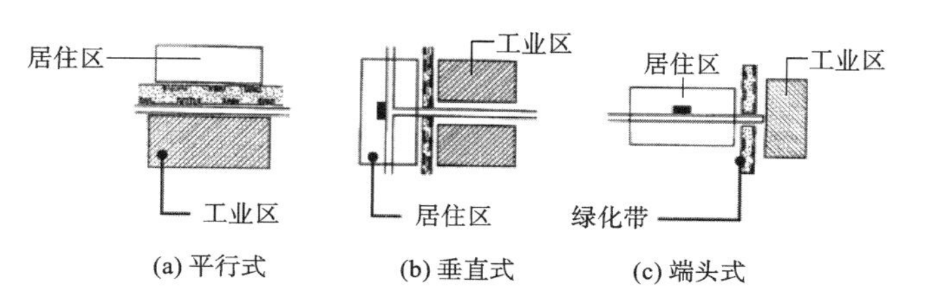

图 8-2 住区与工业用地布局关系

（2）居住区在城市中的分布。

社会学家伯吉斯提出的同心圆学说认为，居住用地在城市中呈圈层形式分布，如图 8-3 所示。而土地经济学家赫德提出的楔形理论所描述的居住用地是伴随就业场所的发展变化，形成伴随、延伸的扇形模式，如图 8-4 所示。无论前者还是后者，我们都可以看出居住用地在城市中与中心区、工业用地以及劳动力密集的商业用地、办公用地密切相关，而且还沿着城市的主干道、新区等区域发展、延伸。

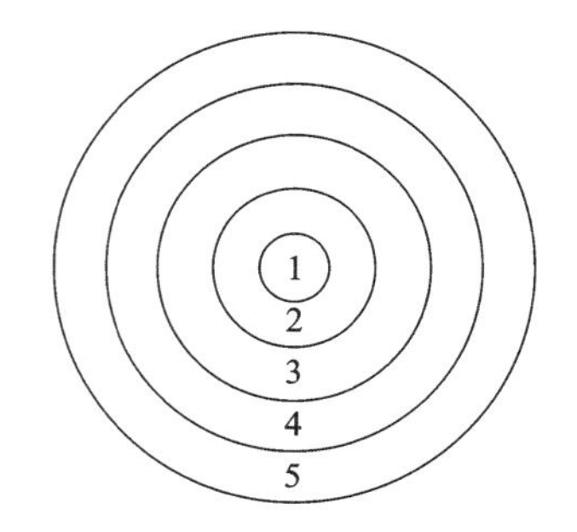

图 8-3 同心圆理论示意图

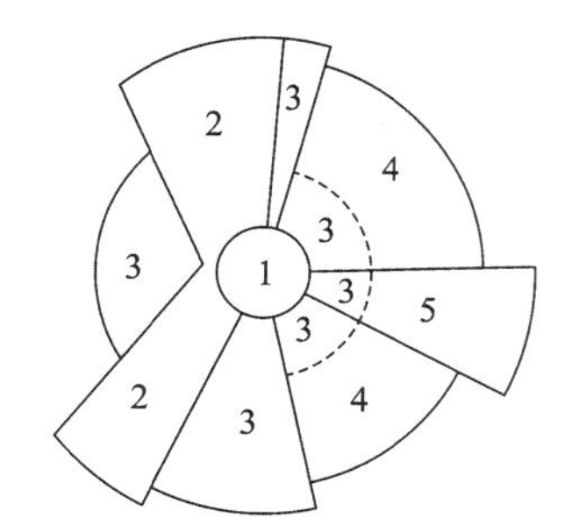

图 8-4 楔形理论示意图

（3）住区选址要求。

生活居住用地的分布与组织是城市规划布局工作的重要内容。我们应处理好居住生活用地与城市各类用地的关系，尤其是与工业用地的关系。因此，在住区选址时应注意以下三点。

①居住生活用地应满足居民的家庭生活及基本社会生活需要，距离城市服务设施的距离适中。

②住区宜选择在阳光充足、环境优美、不易受灾、便于通风、方便生活、交通便利之处。

③居住生活用地应与就业地联系方便，以便减少上下班给城市带来的交通压力，减少城市碳排放。

2. 布局规划的基本要求

（1）生态环境。

为了保护自然生态环境，我们应尽量保护原始的地形和地貌。道路、房屋的布局应结合地形进行设计，使居住区与自然环境融为一体。

（2）容积率。

在保护自然生态环境的前提下，空间容量要适度。在容积率方面，住宅区应在 2.0 以下，一般为 1.5 左右，高水平的住区应为 1.0 左右。当前我国人口密度 300 人 / 公顷，人均城市用地面积 35m^2。未来目标为人口密度 200 人 / 公顷，人均城市用地面积 50m^2；较高标准的城市应达到人口密度 100 人 / 公顷、人均城市用地面积 100m^2 的标准。

（3）保证绿地面积，提高居住环境质量。

住宅景观是自然生态的重要组成部分之一，在美化生活环境、改善居民居住质量方面起着重要作用。因此，设计应确保绿化面积不小于小区面积的 30%。此外，我们还应该保护场地中现存的河流、森林和植被，并进行合理的改造和利用。如图 8-5 所示为某住区内部绿化规划示意图。

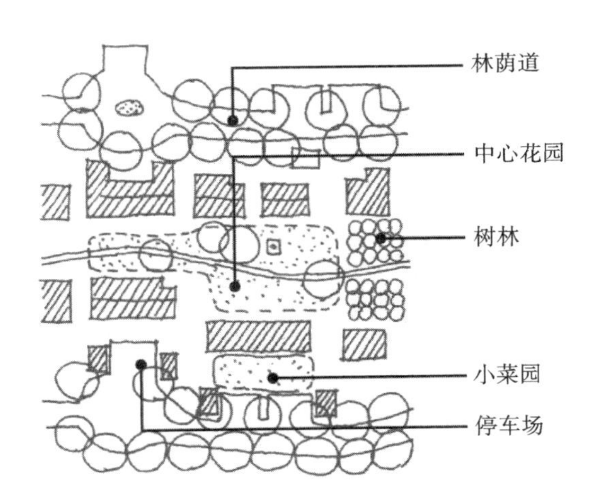

图 8-5　某住区内部绿化规划示意图

（4）科学布置道路系统，合理解决停车问题。

小区级路网应根据地形确定，宜沿场地等高线布置，以利于排水和防洪。路线设置要兼顾开放性与私密性。目前，私家车数量越来越多，道路宽度与停车位之间的矛盾日益突出，因而保证道路宽度十分重要。小区级道路是联系各居住组团的主要道路，一般宽 7m；组团级道路宽 4m，以使消防车、救护车和私人汽车能顺利通过；小区内的步行路宽 2 ～ 2.5m，供居民步行交通。

（5）居住组团内设置邻里庭院。

庭院是居民享受阳光、空气、绿地的室外空间，对老年人和儿童来说是休闲、娱乐的地方。庭院常出现在组团中心，所以在规划中要确定合适的居住组团规模，200 ～ 300 户为一组团。同时，建筑布置应结合地形，灵活错落，适当围合。住宅群组布置要符合当地居民的居住心理和行为特征等方面的要求。

（6）不同住宅类型相结合。

住区内应有丰富的住宅类型，如低层别墅、多层住宅和高层公寓相结合，使不同住户的需求得到满足。每个庭院都要有自己的特色，建筑的布局、造型和细节应体现地方特点。户外空间的草地、树木、水系及道路铺装应有机结合。

（7）结合传统文化。

在建筑单体、景观营造方面我们应继承和发展当地的传统建筑文化，并注意东西方文化的融合，取长补短，达到地方特色突出、多元文化并存的目标。建筑应美观大方，环境要优美宜人，充分体现城市发展中文脉的传承。

（8）提高物业水平。

绿色住区要有相应的物业管理设施，用以塑造一个适应当代社会行为的居住环境，并重视各种建筑智能设施的应用，如通信自动化、建筑设备智能化，创造一个万物互联的高效住区。

（9）改善垃圾收集方式

在生活垃圾处理的过程中，餐厨垃圾的分类处理是绿色建筑环境管理的重点工作。与公共建筑餐厨垃圾相比，居住区餐厨垃圾具有数量少、分散度高的特点。当它与其他垃圾混合时，不仅使城市垃圾处理困难，处理成本大幅增加，而且在运输过程中容易滋生细菌，危害人们健康。因此，在居住区推广实施良好的餐厨垃圾处理措施是非常必要的。处理厨房垃圾一般有以下三种方法。

①利用家庭式厨余垃圾处理器，从源头处对餐厨垃圾进行处理。这种处理器多安装在厨房水槽下方，使用时只需将厨房垃圾放入水槽入口，并注入一定量的水即可，操作方便，改善了卫生环境，并减少塑料袋的用量。

②社区集中式处理，属于厨余垃圾处理流程的中端。社区专设一个场所，配备厨余垃圾处理设备，待住户厨余垃圾集中后一并进行生化处理，厨余垃圾经处理后转为有机肥料，可运往生态农场使用。

③市政环卫集中处理，是后期处理的一种方式。市政环卫车运输垃圾至专门处理餐厨垃圾的地点，再通过专用机器进行再生化处理，其效率相对较高。

3. 住宅组群布局

绿色住区是以人为本的住区，因此在进行住宅组群布局时，必须以居民的生活行为要求为依据。在居住环境中，人是主体，各种空间、设施等配置都是为居民服务的，环境是承载人行为的物质载体。在进行住宅组群的布局设计之前，我们应当分析居民邻里生活行为的特征，以及各种生活行为对空间环境、公共设施等的需求。不同层级的邻里生活对外部空间有不同的要求，如进行组团住宅布局时，可设计半开放的空间；在进行邻里生活院落的组织时，可设计围合性较强的院落空间，作为半私密性的专属相邻住宅共有的户外生活空间。

地形地貌、建筑物、植被是影响住宅组群布局的主要因素。其中建筑对空间的限定对室外空间布局影响最大，这决定着住区外部空间的形状、尺度以及不同空间的组合方式。

住宅组群布局的基本形式可分为以下几种。

（1）行列式。

行列式是指建筑物按照一定的朝向和合理的间距排列成行的布局方式，如图 8-6 所示。这种布局可以使大部分客厅、卧室获得同等良好的采光和通风条件，有利于管道铺设和施工建设，是十分常用的布局方式。它的缺点是住宅群体和户外空间形式单调，识别性差，易产生穿越交通。因此在设计中经常采用交错山墙、错位布置建筑单元等方式来使外部空间活跃起来。

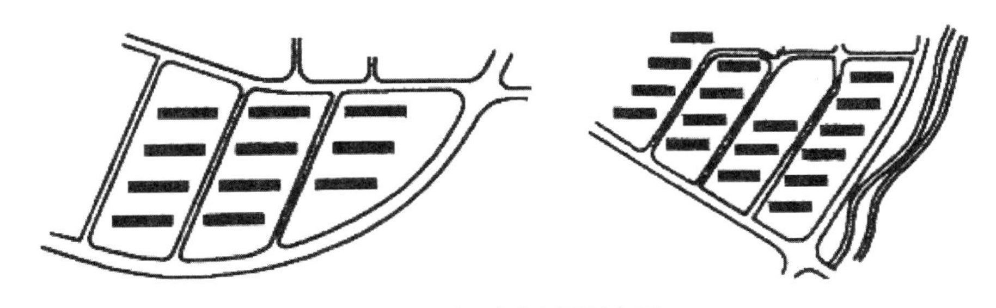

图 8-6　行列式布局示意图

（2）周边式。

建筑沿外部街道或内部院落围合布置称为周边式，形成的庭院空间相对封闭，内向集中，空间领域感和归属感较强，有利于组织绿化和休闲娱乐场地、促进邻里交往。对于寒冷和多风沙地区，可阻挡风沙并减少院内风雪，增强防风防寒性能；同时还可节约用地，提高住宅建筑密度。它的主要缺点是东西朝向的住宅占比较高，易产生西晒，不利于湿热地区使用；转角户环境较差，室外有旋涡风、噪声干扰；对地形的适应性不高，而且施工不方便，造价较行列式更高。周边式布局示意图如图 8-7 所示。

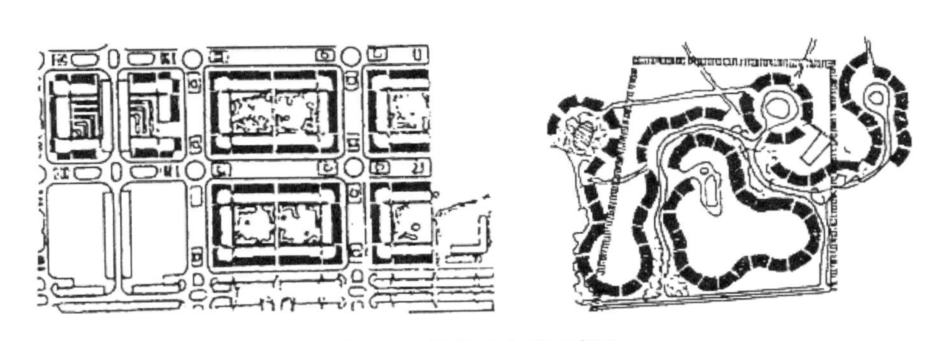

图 8-7　周边式布局示意图

（3）点群式。

点群式是由基底面积较小的住宅建筑分散布置形成的群体空间，如图 8-8 所示。点群式布局的住宅建筑多为塔式住宅，对地形的适应性比较高，各户日照和通风条件良好。它的缺点是建筑外围护结构面积大，导致体形系数大，对节能不利；外部空间较为分散，主次关系较为混乱，识别性方面也有欠缺。

图 8-8　点群式布局示意图

（4）混合式。

将以上三种布局形式结合使用即为混合式布局，如图 8-9 所示。较常用的是以行列式为主，穿插少量住宅、公共建筑沿道路布置，或在用地边角处点状布置，可以形成围合又不失开敞的院落空间。混合式布局可以使多数住宅获得良好的朝向与日照，还可以形成主次分明的外部空间，并且易于适应地形，是绿色住区常用的规划形式。

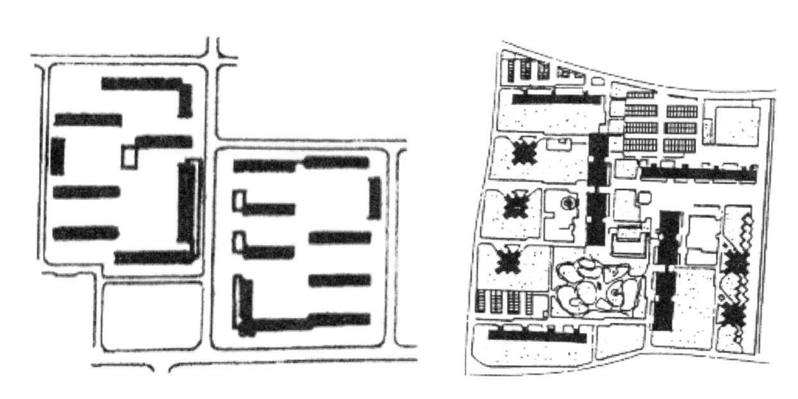

图 8-9　混合式布局示意图

（5）自由式。

自由式布局是结合具体的用地条件，在满足日照、通风、间距等要求的前提下，以自由灵活的方式布置住宅建筑，如图 8-10 所示。

图 8-10　自由式布局示意图

绿色住区在规划设计之初，就要考虑好场地形状、地貌条件，确定合理的布局形式，使建筑尽可能多地获取自然采光与通风，提高土地利用率，形成较为宽敞和开放的外部空间，减弱高层住宅给人的压迫感。

8.1.3 太阳能与风能利用

绿色住区减少了对常规能源的依赖，将能源转向以太阳能、风能为代表的可再生能源，从而减少碳排放，改善住区生态环境与区域城市气候。因此，在进行组群布局时，除了考虑便利性、艺术性外，还应对建筑间距、朝向、平面形式、可再生能源利用一体化设计等多方面进行有机协调。

1. 日照与太阳能利用

（1）日照要求。

住宅的日照要求也称为日照标准，在我国决定日照标准的主要因素有两个，一是所处地理纬度，二是城市规模、用地情况。日照标准可定义为：不同建筑气候区、不同规模大小的城市地区，在所规定日照标准日内的有效日照时间里，保证住宅建筑底层窗台达到规定的日照时数。我国不同地区对住宅建筑日照标准的规定不尽相同，具体可参见《城市居住区规划设计规范》。

为满足日照标准，前后建筑之间需要有一定距离，称为日照间距。它根据住宅的朝向方位，又分标准日照间距和不同方向日照间距。正南向住宅为满足日照标准，所需最小间距是标准日照间距。当住宅偏离正南方向时，其日照间距以标准日照间距按照一定系数进行换算。

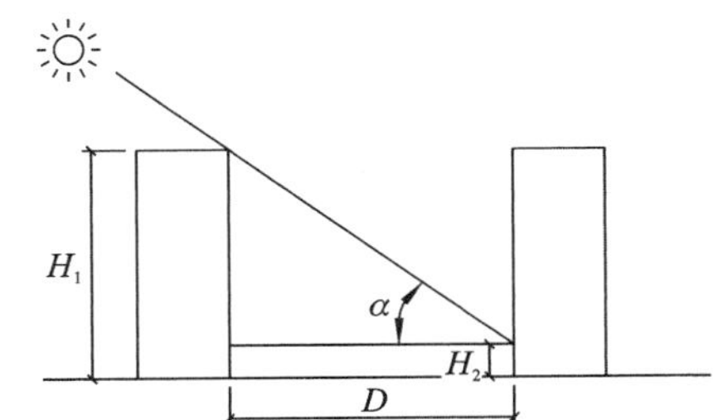

图 8-11　日照间距计算方法

标准日照间距的计算如图 8-11 所示。以日照标准日正午太阳照到后排建筑底层窗台为依据，公式如下：

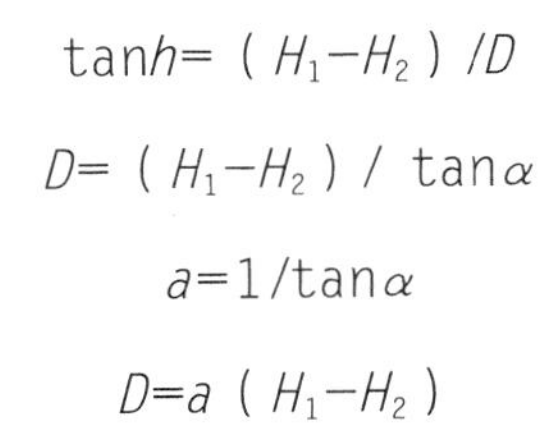

$$\tan h=(H_1-H_2)/D$$

$$D=(H_1-H_2)/\tan\alpha$$

$$a=1/\tan\alpha$$

$$D=a(H_1-H_2)$$

式中，D 为标准日照间距，m;

H_1 为前排建筑屋檐标高，m;

H_2 为后排建筑底层窗台标高，m;

α为日照标准日太阳高度角；

a 为日照间距系数。

（2）住区太阳能利用。

对太阳能的利用主要有光热转换、光电转换、光化学转换三种方式，在建筑中主要利用的是光热与光电转换。太阳能利用技术体系主要可归纳为三个层次：被动式太阳能系统，太阳能热利用系统，太阳能光伏发电系统。

2. 住区自然通风

（1）建筑朝向的选择。

为了更好地组织住宅自然通风，住宅建筑的纵轴应尽量垂直于夏季主导风向。我国大部分地区夏季的主导风向是南或东南，所以在传统建筑中朝向以偏南为主。但实际规划中，不可能把建筑都安排在相同朝向，因此各地区可根据当地气候、地理等因素选择各自合理的朝向范围。房屋朝向选择的原则是，防止太阳辐射与冬季寒风，并争取房间的自然通风。

此外，周围建筑物（尤其是前栋建筑）对自然通风的影响很大。不同风向入射角对住宅气流的影响如图 8-12 所示。以行列式布局为例，不同风向入射角可产生不同的室外风场分布。综合考虑风的入射角与住区风速、风流场和漩涡区的关系，选定入射角在 30° ～ 45° 较为恰当。

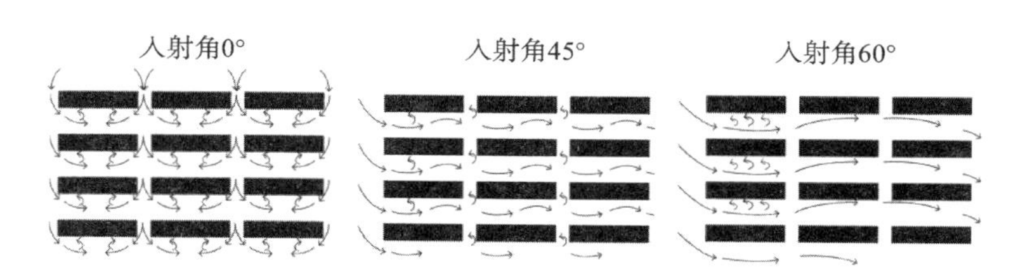

图 8-12　不同风向入射角对住宅气流的影响

（2）建筑布局形式的选择。

对我国南方炎热地区来说，行列式和自由式布局可以为住区内部引入更多自然风。行列式中又以错列和斜列效果更好，错列相当于加大了前、后栋建筑的间距，因而对通风有利。行列式形成的巷道也有利于通风：无风时，因热压作用产生巷道风，白天巷道内受太阳辐射少，升温慢，风从巷道吹向周边区域；夜里，巷道散热慢，风从周边区域吹入巷道，紧邻巷道的房子就得到巷道风。周边式布局中，部分建筑的前后都处在负压区，不利于形成穿堂风，而且又有部分住户处于东、西朝向，所以不适用于南方湿热地区。

为增加空气流通可采用如下方法：①在前排住宅适当位置（如楼梯间等处）设置通风口；②利用底层房间做过街楼，以增加通风量；③可将前排建筑底层全部架空，增大通风面积；④与室外庭院结合，增强通透感，成为防晒、防雨的开放空间。

（3）改善住区通风条件。

绿色住区的设计应从规划开始就尽可能利用自然风。当所处地区使用一般布局方式难以达到通风效果时，设计者可通过局部改变建筑布置方式来改善通风条件，如将住宅左右、前后交错排列或上下高低错落以扩大迎风面，增多迎风口；将建筑疏密组合增加风流量；利用地形、水面、植被等因素来解决通风、防风问题。

8.1.4　住区环境绿化

充足的住区绿化是提高住宅区生态、空间环境质量的自然基础和必要条件。为了保证足够的绿地面积，我国对绿地率的要求一般在 30％以上。目前我国城市中人均绿地面积仅在 $5m^2$，应争取达到人均绿地面积 $10m^2$。

1. 住区绿地系统设计原则

（1）整体性原则。

绿色住区中外部环境包括人工环境和自然环境。设计者必须考虑到绿色住区与周边城区以及城市总体格局的联系，如住区建筑的规模、高度、功能、布局、密度、造型、色彩等，绿地系统、水体系统、道路系统的设计都应纳入整体环境关系中去考虑。各项系统的整体性要求布局设计时要从上位城市规划、城市设计入手，同时也应妥善处理住区内部绿地与建筑、道路的关系，使住区内外各种用地协调发展。

（2）连续性原则。

进行住区绿地的规划布局时，应将地被植物、灌木、乔木等要素结合周边建筑的功能特点、当地的气候条件和居民户外行为习惯综合考虑，形成多层次、多功能、结构序列完整的立体系统，为居民创造优美、舒适的户外活动环境。在规划设计中，点状、线状、面状绿地在保持自身完整性的基础上还要增强彼此的联系，这样才能避免绿地斑块的过度孤立和分散，最大程度发挥生态效益，构建出主次分明、连续完整的住区绿地系统。

（3）多样性原则。

多样性在绿色住区环境营造中被赋予了丰富含义，不仅包括植物、生物的多样性，还包括空间功能、居民活动场所方面的多样性。将各种基本功能单元（如广场、草坪、庭院等）进行组合，在住区内部创造出多样丰富的户外空间，如北京菊儿胡同的“类四合院”设计即保持了单元式公寓私密性与四合院形式。

（4）地域性原则。

我国幅员辽阔，不同地区的条件有着很大差别。住区绿地的规划设计既要适应当地居民的审美习惯，又要实现防止不良微气候的作用。如选择植物物种时，应结合当地气候特点，多采用本土树种。

（5）生态性原则。

连续、完整的绿地斑块具有改善空气质量、隔声降噪等一系列生态功能，对改善住区微气候有不可忽视的作用。设计者应对绿地的面积、形状、位置进行精心设计，加强与水体、活动空间、建筑的渗透，以创造更加优良的生活环境。

（6）实用性原则。

我国传统民居中的绿化空间十分讲究实用性。天井、庭院这类无屋顶的空间都有绿化覆盖，同时可供居民休息、交流和娱乐使用。可见，绿地空间的设计应增强亲和性，真正地做到为民所用、为民所享。

2. 绿化空间的人性化设计

（1）入口绿化。

在住区入口、建筑入口处可采用标识提高辨别性、引导视线和车辆、改善入户体验等。绿色住区的入口处用绿篱围起来是常见的做法，可以通过改变植物物种或修剪成特定形状来强调入口，更好地烘托出绿色住区的特色。

（2）墙基绿化。

建筑或围墙的墙基与地面生硬相交是一种粗糙的处理方法，应在这类区域栽植花木进行改善。设置墙基绿化时，沿着墙基栽种一排灌木是最简单的绿化方法，可避免影响室内的自然通风与采光；也可通过植被色彩和高低层次的变化来丰富墙基绿化，或修剪造型形成节奏变化。

（3）墙体绿化。

夏季，为了降低建筑外墙面的温度和美化环境，墙体绿化是有效且方便的选择。冬季，植物叶落后可使建筑获得日照，降低制暖能耗。我国的多层住宅小区往往建筑密度大，地面可进行绿化的面积相对较少。而大量的墙面面积为立体绿化提供了可操作空间。要扩大住区的绿化面积，可以通过沿墙基种植多种攀援植物进行垂直绿化。为了不影响室内通风采光，可在墙上适当位置进行布置，引导蔓茎有序生长。

（4）角隅绿化。

楼房转折处、相交处等角隅空间常有成块的绿地。大块的角隅可设计成小园林或儿童活动场所；小块角隅可种植观赏性植物。在角隅设计树丛式绿地时要注意植物高度不要过高，以免遮挡道路转弯处的视线，造成行车隐患。

（5）屋顶绿化。

设计屋顶绿化时，需要首先考虑屋顶荷载是否满足要求。一般的屋顶绿化比较适合种植草坪、低矮灌木或盆栽植物。由于屋顶上的土层相对较浅，在树种的选择上，建议采用须根多、水平根系发达的品种，避免使用高大乔木，以免其主根向下生长造成漏水。特殊情况下，如果需要种植乔木，应将其种植位置布置在建筑承重结构上，可在承重柱或承重墙上方设置较厚土层，并做好防水设计。

（6）架空层绿化。

在我国南方地区，住宅底层多为架空层，可作为室内外相交融的公共活动空间。对架空层进行绿化设计可改善居民使用体验，沿架空层边缘成排地栽植花木是最简单的做法。架空空间外部可以栽种较高大的观赏植物。绿化向架空层内部延伸，打破了室内外的界限，使建筑、环境相互融合。

8.1.5　绿色住区的噪声防治

绿色住区注重居民的生活体验，声环境同热环境、光环境一样，也是一项重要因素。判断一种声音是否属于噪声，在很大程度上取决于人耳对声音的感受。总体上说，噪声一般指高于 90dB 的声音或其他无规律、杂乱组合、不和谐的声音。

1. 住区噪声源控制准则

住宅小区噪声源多数是周围街道的交通噪声，此外还有住区内的商店、菜市场、学校、幼儿园、广场以及一些公共服务设施的声源。住区内噪声控制应注意以下几点。

（1）住宅小区在选址时应尽量避免毗邻铁路线。当难以避开时，应设置有效的隔声措施，然后再从环境设计、住区平面布局、建筑构件设计中作防治措施。

（2）当住宅建筑不得不沿城市干道布置时，应首先对群体布局进行考虑，使沿街住宅起到隔声效用，保护内部建筑。在住宅平面设计中，起居室、卧室不应设在临街的一侧。外窗应采用通风隔声窗，每户至少应有一间到两间的卧室背向街道。

（3）小区内配套建设的各种服务设施，无论是单独建造的还是置于住宅建筑底层的，都应根据实际情况做好隔声隔振处理。

（4）住区内部的小学体育场、幼儿园游戏场应选择适当的位置，避免影响周边人群。

（5）小区内的菜市场、各类商店应与住宅保证足够的间距，或通过构筑物、绿化等设施进行隔离。

2. 住区噪声的防止措施

（1）绿化的防噪声作用。

乔灌草组合式绿化由于树皮、树叶、地面对声波有吸收作用，当绿化带宽度达到 15~20m 时可对噪声进行有效吸收。

（2）防噪绿化的布置。

防噪绿化通常与景观设计、生态功能结合起来布置，主要有以下几种形式。

①隔声绿岛。绿岛多呈点状，形状根据地形可设计为圆形、方形、三角形等。它主要是以绿化小品为主，如花坛、花池、假山、花架等，不仅能降低噪声级，还可改善噪声对人的心理影响。经实测，噪声经 15m 宽的夹竹桃丛可降低 16dB；经过 13m 宽的假山与花架可降低 11dB。

②块状绿地。由于室外管线、各类道路等因素的影响，使绿地难以连续，因此形成面积有限的块状绿地。噪声经过 50m 宽度的花丛绿地可减少 20dB，经过 15m 宽混合树种的绿地可减少 10dB。

③带状绿地。带状绿地是防噪绿化的主要形式，常用于道路两旁或建筑的周围，形成一道“隔墙”来阻止噪声传播。但枝叶茂密的带状绿地会影响通风，此时应注意乔木与灌木合理搭配。

④沿住区周围建立围合式绿化带。住区周边的连续围合式绿化带是减弱住区内部噪声的最佳方式之一，不仅隔离了噪声，也形成一条阻挡尘土与汽车尾气的屏障，还可改善住区内的温湿度。绿化带保护范围内是配置幼儿园、儿童游戏场所、老年人休闲交流场所的理想位置。从减噪角度分析，高大的树木、灌木丛与地被植物组成的绿化带效果最佳。图 8-13 所示为噪声衰减量与绿化带宽度之间的关系，图中曲线 a 表示声级在无绿化的自由空间传播时的衰减情况；曲线 b、c 是在不同绿化情况下的减噪量。

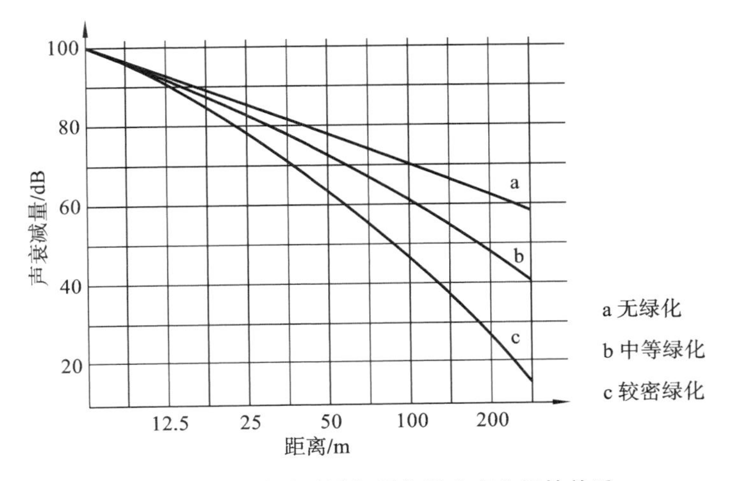

图 8-13　噪声衰减量与绿化带宽度之间的关系

（3）建筑群的防噪声布局。

住宅建筑群体的布局与噪声的传播密切相关。相对于城市主干道，我国常见的住宅布局如图 8-14 所示。混合布置方式的噪声污染最小，平行布置方式的噪声污染次之。沿着主干道的住宅为社区内部形成了一道屏障，为了达到阻隔的最佳效果，还应注重临街建筑的细部设计。

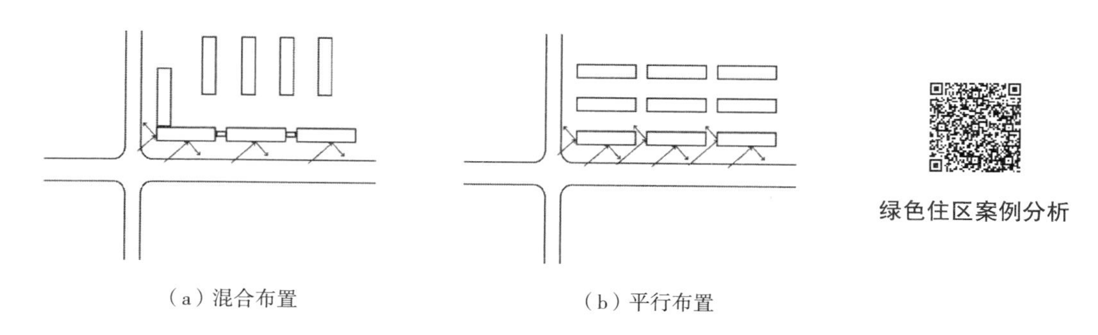

（a）混合布置　　（b）平行布置

图 8-14　住区布局受交通噪声干扰的比较

（4）住区临街建筑的防噪。

临街的住宅建筑需要做专门的防噪设计。设计时应注意以下几点。

①尽可能设置“绿色走廊”。为了不使临街住宅直接面对嘈杂的街道，用地充裕时设置绿色走廊，在其中混合种植乔木、灌木、绿篱和花卉。

②在建筑功能方面，与主干道平行的建筑，优先考虑旅馆、公共服务建筑、办公楼等，在这些建筑的后面布置住宅建筑，以保障住区的安静。沿街建筑之间应避免留有过大的“缺口”。

③受到用地条件的限制，不得不在道路两侧直接安排住宅时，临街一侧应设置外廊、厨房、卫生间等辅助用房，客厅、卧室等居住房间朝向住区内侧。面向街道一侧的外廓和房间所设置的窗要保证气密性，减少噪声干扰。

8.2　绿色城区与城市设计

传统的城市设计多以具体项目为依托进行局部设计，缺乏对城市各因子之间的整体性研究和系统分析，只能从生态敏感性和土地适宜性入手制定生态策略纲要，无法解决当前面临的能源和资源紧缺问题。

基于“整体优先、生态优先”的绿色城市设计是在对传统城市设计方法总结反思的基础上综合发展起来的整体设计方法。它除了运用传统城市设计的一些行之有效的方法外，还综合运用各种可能的生物气候调节手段，对气候条件“用防结合”，协调处理积极因素和消极因素。以下从地段、片区、区域 - 城市三个层次介绍绿色城市设计策略。

8.2.1　地段级的绿色城市设计

地段级的城市设计所考虑的主要内容是单体建筑以及一些小尺度的街区建设项目，如街道、公园、广场、城市综合体及其外部空间的设计。

1. 地段级城市设计策略

地段级的城市设计不仅要注重街道界面、建筑形式和户外开放空间等建筑群体的基本组成部分，还应融合周边区域的规划和设计，特别要注重空间、建筑之间的关联。针对这一层次的城市设计，设计师应采取一些积极的措施加以改进。

（1）环境增强。

设计师利用绿色设计中的环境增强原则，强化局部的自然生态要素并改善其结构，如根据气候和地形特点，利用建筑周边环境并配合自身设计改善通风和热环境。

（2）气候适应。

气候条件、生态环境和地形地质是城市建设的先决条件。气候环境的多样性影响了建筑形式、布局的多样性。通常采用被动式设计。建筑的被动式技术主要依赖合理的平面布局和经济的体型设计，如图 8-15 所示，选择合适的体型系数比基于纯粹美学的城市更加舒适、节能。

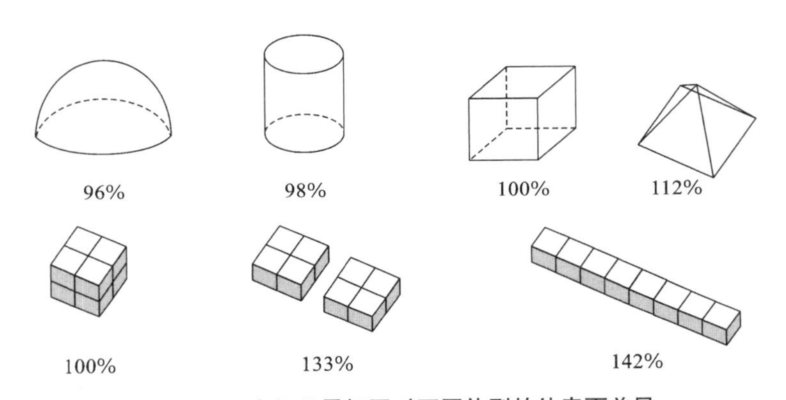

图 8-15　空间总量相同时不同体型的外表面差异

（3）缓冲空间。

为防止室内温度波动过于强烈，设计师需要在建筑与周边环境之间建立若干层缓冲空间。这好比我们在寒冷时穿厚重的衣服保暖，炎热时穿件宽大的衣衫遮阳并利用扇子来散热，这些“衣服”和“扇子”就形成人与环境之间的一种梯度关系。建筑也是一样，在面对恶劣温湿度环境但围护结构隔绝能力无法满足需求时，可以通过设置空间梯度有效缓解外界环境变化对室内微气候的影响，如南方地区里弄在宅间形成冷巷，通过内天井以及外部巷道形成完善的通风系统，解决散热问题。

地段级城市设计对象可以划分为如下三个层次。

①城市组成：包括建筑群体、街道、广场、公共空间等。

②建筑层次：包括排屋、多层建筑、合院建筑等。

③建筑构成：包括屋顶、阳台、窗户、墙体等。

在地段级城市设计尺度上，需要建立完整的室外公共空间、过渡空间、内部院落空间和建筑细部之间的空间梯度关系，以起到综合改善建筑物室内外环境条件的作用。

2. 公共空间设计的绿色策略

在地段级城市设计的各个要素中，外部公共空间与人们日常生活有着紧密关联。在绿色视角下，设计师应针对地形地貌特征和生物气候条件，将自然和人工要素进行合理组织，对环境中的声、光、热等因素进行有效调控，满足人们需要。

（1）阳光利用。

阳光利用是优化光环境的一项重要内容，包括获得日照和控制光污两方面内容。调查数据表明，居民进行室外活动时十分关注阳光和活力，其次才是可达性、美学、舒适性和社会影响度。为提高场地活力，应使城市公共空间尽可能多地获得直接阳光，太阳高度、方位的季节性改变以及周边建筑物的遮挡都必须考虑。对于夏季炎热的地区应结合绿化种植和构筑物的遮阴，实现部分遮阳和防晒。

（2）改善风环境。

设计师应积极利用自然要素和人工设施改善局地风环境。在炎热地区应注意主导风向和绿化布置，加强通风效果，增加遮阴面积，如采用骑楼、连廊等；设计渗透性地面，利用景观水面蒸发降温。在寒冷地区应安排好高大建筑物和街道布局，以避免形成不利风道，要注意街角涡流、下沉气流和尾流会影响到人群活动的舒适性。

（3）优化热环境。

热环境是人体感受最为直接、对人体影响程度较大的物理环境。当气温低于12.7℃或高于24℃时，大多数居民的户外活动时间将明显减少。设计师应结合自然和人工方法来调控局部气温，优化户外空间热环境。在日晒强烈的地区可建设一些有遮蔽的人行通道。此外还应结合城市设计的手法，在建筑与外环境之间创造层次丰富的过渡空间，既能有效地对极端气候进行防护，又可以通过绿化、水体等要素满足人们亲近自然的需求。

（4）提高空气质量。

空气质量影响着人们的健康。街道、广场等公共空间是城市常见的户外开放空间类型，为人们提供驾乘、休闲、步行等条件，但它们也可能成为城市空气污染源。设计师应根据所处地区的日照、风向、气温等气候条件，合理组织街道、广场、绿地等的位置与方向，引导自然风扩散污染物，改善周边空间的空气质量。提高空气质量可采取以下措施。

①从源头治理，防止和减少排放，合理安置汽车修理厂、垃圾站等高污染源的位置，同时兴建步行街、骑行车道以降低高峰时段汽车尾气排放量。

②加强气流循环，在街道处引入自然风，防止局部逆温的形成和长时间存在，并避免空间封闭。

③保护住区、学校等区域，让对污染敏感的功能区远离高污染区域，临近布置时应建立保护带，避免污染物扩散。

8.2.2　片区级的绿色城市设计

片区级城市设计的对象主要是城市中具有独立功能或相对完整空间的片区。在这一层次上，要实现绿色城市的目标，关键是基于城市总体设计，分析该地区在城市整体中的位置，保护并强化现存的自然生态环境和人工环境特色，充分开发潜能，提出合适的设计策略和可操作技术。在这一中观层次上，绿色城市设计重点关注的内容主要有两方面。

（1）妥善处理好新区与旧区之间生态系统的关联性，在建造新城的同时兼顾修复原有的城市生态环境，建立符合整体优先、生态优先准则的区域生态关系，创造高品质的公共空间和建筑，为人们工作、学习和生活的场地增添活力。

（2）对于旧城更新中出现的复杂的生态受损问题，通过合理调整城市产业结构、重构外部开放空间以及综合治理城市棕地等手段，进一步达到城市生态修复的目标。

片区级的绿色城市设计策略有以下几种。

1. 新区规划建设的绿色城市设计策略

新区规划建设的绿色城市设计策略应着眼于以下几点：①在区域系统内重组城市建设、农业与自然环境的关系；②根据对各种内、外条件的综合考察，在科学论证的基础上确定其合理位置；③根据新区的规模、功能等界定新区与老城区的连接模式；④通过使用革新技术重建能量的循环流，合理选择交通模式，以创造新的城市运营方式；⑤合理安排建筑空间布局，避免出现人为的非生态现象。以下是新区规划建设中具体的绿色城市设计策略。

（1）基地选址。

在新区选址与结构布局的初步构思阶段，进行区域性气候分析具有重要作用。地理位置、地形地貌、气候条件对城市生活环境舒适性的影响较大。这是因为土地的使用性质可以随城市的发展进行变更，建筑物可以重新建设，而城市的地理位置和所处的气候环境却是相对稳定的，历经百年甚至千年都不会有明显改变。因此，新区的初始选址和结构布局能够影响城市结构演变和发展趋势，一个不理想的地理位置对未来大部分市民的生活环境质量将产生长久影响。城区选址应避开阴影处、山坳处等不利地形。

新区设计之初，要慎重考虑新区的地理位置，合理安排城市结构与发展模式。部分城市在扩张过程中忽视了区域气候环境与生态环境的相互关系。新区的空间布局应根据区域的地形、日照、风速风向、温湿度等局地气候条件做出相应调整，如尽力避免寒风或风沙的危害；利用地形变化引导水面或山体中的冷气流进入城区，缓解城市热岛效应并吹散城市上方大气中的污染物。

（2）合理确定新老城区的承接关系。

新老城区的形态承接关系如图8-16所示，主要表现为外延型扩张、隔离型扩张和飞地型扩张等几种类型。具体设计时应充分考虑新老城区自身的特点，并根据实际的自然环境和气候条件采取相应措施。

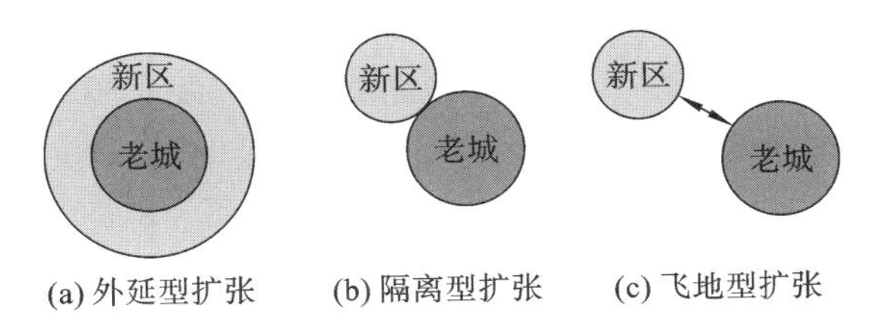

图8-16　新老城区的承接关系

①外延型扩张。对于具有一定历史的城市，其建成区空间多为连绵成片的。很多城市空间都呈现出外延式扩张的特点，这种发展模式使城市各部联系更加紧密，提高运转效率，但缺点也十分突出，如道路堵塞、空气质量下降、城市热岛现象严重等。可以预见，按此种模式发展出的新区也将面临同

样的问题，同时老城区的环境问题会进一步恶化。

②隔离型扩张。该模式摒弃了连接成片的发展方式，在新区和旧城之间通过预留“绿带”“蓝带”进行空间上的划分，保障城市绿地面积。其难度在于需要足够宽度、面积的隔离绿带才能发挥生态效应。设计师应从城市生态补偿出发，综合考虑绿地吸热降温、滞尘减噪、净化空气等方面的作用，对城市通风廊道进行合理组织，有效缓解城市扩张过程中的各种环境问题。

③飞地型扩张。该模式将新区处理为“飞地”，突破原有城区范围，使新区呈现出卫星城的分散形态。这种扩张模式要求在卫星城与主城区之间、各卫星城之间、新城和乡镇之间留出足够面积的农田和森林，形成一个个“绿楔”，形成生态预留地，从而将农村冷湿空气通过楔形绿地和绿色开放空间输入市区。

（3）建立具有气候调节功能的缓冲空间。

城市建设中的缓冲空间主要指通过城市结构、道路系统、公园体系、建筑群体空间设计，在城区之间、城市和周围环境之间建立一个气候缓冲区域。它既可以在一定程度上减轻各种极端气候的影响，又可以增强微气候调节效果。在新区规划建设中应结合生物气候设计的基本原理，留出生态空间，组织绿色空间，创造宜居空间。

在中观尺度上建立绿地、水体等开放空间与城市之间的自然梯度，合理安排好不同层次的具有气候调节功能的缓冲空间，形成点、线、面合理分布的整体网络，并使之与动植物群体、城市景观系统、城市风道、城市生态园和城市局地微气候等诸多因素相适应，使新区规划具有真正的绿色设计意义。如在沿河、滨水、深林周边等开放地段预留合适的非建设用地，将其设计为公园，配合绿化设施，尽量保留、保护好城市的“蓝道”和“绿道”系统，进一步发挥这些缓冲空间的效益，对增加局地大气环流、增氧除尘具有重要作用。

（4）采用新型交通模式，优化城市能源结构。

合理布置各种设施及公共交通，应采用新型的交通模式，提倡公交优先和环保出行，限制小汽车通行；采用“就近规划”，尽可能地将出发地与目的地集中设置，将行人放在首位；进一步改善交通环境，积极倡导自行车和电动车交通，减轻城市大气污染；积极完善交通政策和一体化的交通格局，大力发展轻轨地铁等有轨交通。目前国内一些城市通过设置公共汽车专用车道、采用低能耗污染少的公共交通工具（如环保电力汽车）等措施，已取得初步成效。

（5）重视环境效应。

新区规划应注重整体环境效应，尽力防止“逆温层”等不良环境现象的出现。理想的空间布局模式应在城区中心位置布置高大的建筑物，在城区周边的区域布置低矮房屋，避免出现高楼环绕在城区周边、而中心区却是低矮破旧房屋的布局，这样容易形成“人工盆地”，使城市生态遭到破坏。城市建筑布局如图 8-17 所示。城市建筑布局还应避免在开敞水域、深林周边布置高层建筑，以免形成一道挡风墙，影响建筑环境。

2. 旧城更新中的绿色城市设计策略

（1）旧城结构的调整。

旧城更新的绿色设计策略与新区建设明显不同，应以疏导、调整、优化、提高为主，注意保护旧城历史上形成的社区结构，并确保城市历史文化的延续以及城市自然生态条件的改善。规划时对老城

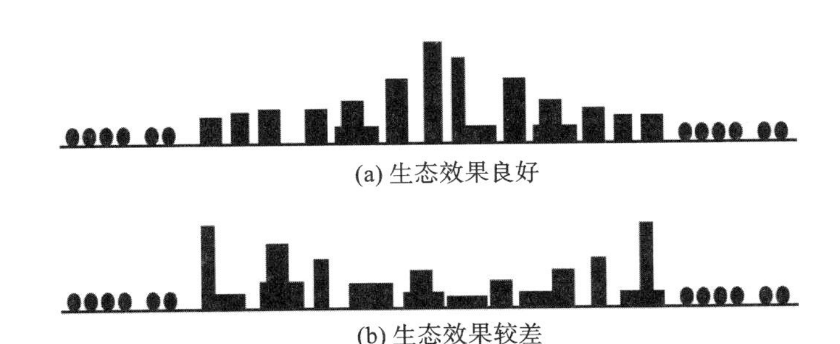

图 8-17　生态效果不同的城市建筑布局

区一些污染严重的项目要“关、转、停、移”，将严重影响市区环境质量的工业项目（如化工、电力、造纸、冶金等产业）进行转移，大力推广洁净产业，积极发展第三产业。

（2）旧城中气候缓冲空间的建设。

目前我国老城区开放空间严重不足，高楼林立、风道堵塞致使污染严重，普遍存在严重的热岛现象。针对旧城更新中缓冲空间的优化，可以采取以下策略。

①推广老城“绿心化”。通过打造城市立体绿化、完善水体系统、营造城市通风道等手段都可以有效遏制热岛效应，其中扩大绿化面积最为重要。研究表明，当绿化覆盖率大于 40% 时热岛效应明显缓解，如果超过 60%，且绿地规模大于 3 公顷，能使绿地周边区域的温度与郊区相当。

②重建绿色风道。城区需要引入新鲜空气来排污以及排除热量，整合城市绿地结构来营造绿色通风廊道，为空气从郊区流向市区提供顺畅的通道；并在城乡结合部保留和重建大型绿地，结合城市干道、公园体系、水系设置一定数量的与主导风向平行的“绿色风道”，以利于减轻城市热岛效应、排除市区空气中的污染物。

③提高城市“绿量”。由于植物具有光合作用、蓄水特性和蒸腾作用，其在降温、增湿和除尘方面有着优异性能。旧区应改造硬质铺地，尽量增加城市的“软地面”；通过在城市街头多种植草木、在停车场、广场采用生态化植草砖等手段，既保证场地使用功能，又能够增加绿地率，还可采用屋顶绿化、外墙面垂直绿化等有效手段。

④利用地形风。由地形变化所引起的风会形成局地风环境，温度低、密度大的空气将向下运动，这种由重力作用引发的空气流动通常在周边无风的夜晚产生。利用这一原理，在旧城周边地势较高处建设绿化用地，可以利用其提供的冷空气吹向相对高度较低的城区。倾斜绿化走廊是利用地形风的有效方式。

3. 城市棕地的治理和再开发

城市棕地主要是一些被废弃、闲置、未得到充分利用的工业或商业用地，由于存在环境污染，难以再次利用与开发。城市棕地的治理和再开发的难点在于投入成本较高。但研究显示，改造城市棕地对改善当地的生物气候环境大有裨益。城市棕地再开发，可将原有受污染的、拥挤的地区修复为有利于人类健康的环境，并将之纳入可持续发展的范畴。

8.2.3　区域 – 城市级的绿色城市设计

区域 – 城市级的绿色城市设计工作对象主要是城市建成区及其与周边城乡的关系。在进行该尺度的绿色城市设计时，应遵从“整体优先”的原则，从城市总体生态格局入手，从本质上去理解城市的发展过程，综合城市自然环境和社会各方面的因素，协调好城市内部结构与外部环境的关系。

1. 绿色城市格局的主要内容

城市格局指的是城市内部各实体、开放空间的分布状态及其相互关系，如道路结构、开放空间、水体系统、绿化系统、城市社区以及中央商务区的布局和安排。城市格局从总体上影响城市的生态环境。把握好城市建设中的绿色格局将为未来城市的发展提供良好的生态基础。

（1）城市总体山水格局的构建。

对大多数城市而言，它们只是区域山水基质上的一个斑块。城市之于区域自然山水格局，犹如果实之于生命之树。在城市扩展过程中维护自然山水格局和大地机体的连续性和完整性，是维护城市生态安全的关键。破坏山水格局的连续性，就会切断自然过程，包括风、水、物种、营养等的流动，必然会使城市发育不良。历史上许多文明的消失也大都归因于此。自然环境为城市格局提供了基础，环境的独特性决定了城市形态的独特性。保留、提高原有自然环境的特征是绿色城市设计的首要任务。

（2）城市绿地系统的建设。

绿色城市设计与生态系统、大地景观、整体和谐、集约高效等概念相联系。城市开放空间的“绿道”和“蓝道”系统必须与动植物群体、景观连续性、城市风道、局地微气候等诸多因素相结合，以创造一个整体连贯的，并能在生态上相互作用的城市开放空间网络，这种网状系统比集中绿地生态效果更好，可以促成不同温度的空气进行水平交换，更快、更顺畅地达成平衡，为城市提供真正有效的“氧气库”和舒适的游憩空间。“蓝道”和“绿道”系统作为城市生态廊道的重要组成部分，具有以下功能。

①传输功能。风道可以为城区输送新鲜空气，带走市区高温。

②切割功能。绿廊、水廊可以有效降低城市总体温度、缓解热岛环流、减弱积温效应。

③防护功能。乔木林带可用于城市的防风沙、防尘、隔声降噪等方面。

（3）城市重大工程项目的生态保护。

城市重大工程项目建设应加强保护自然景观、维护自然和物种的多样性。在过去的一百多年中，人类的城市建设活动给生物多样性和景观多样性造成了负面影响，而景观破碎和生境破坏正是全球物种加速灭绝的主要原因。

以公路建设为例，以往的城市道路建设，往往割断自然景观中生物迁徙、觅食的路径，破坏了生物生存的生境和各自然单元之间的连接度。近年来，我国在高速公路建设中为保护自然物种，在动物经常出没的主要地段和关键点，通过建立隧道、桥梁来保障动物顺利通过，减少道路对生物迁移的阻隔作用。

（4）城市交通体系的组织。

一个理想的城市道路系统必须满足交通、景观、环境、生态等各方面的要求。随着城市的进一步发展，交通问题将会变得越发严峻。以小汽车为中心的高能耗交通体系导致交通拥挤、过度消耗资源和大气污染等问题。为了避免拥堵、改善现有城市的交通状况，必须将近期建设和长远规划联系起来，打造可持续的交通基础设施，建立水运、空运、陆运全息型的整体交通模式，并妥善管理。

面对日益紧缺的能源问题，可采取以下方法。①限制私人汽车交通，倡导以公交优先、环保优先为主的出行方式，充分利用公共交通，积极改进技术，采用高效清洁的机械设备，逐步提高公共交通的舒适性、安全性、方便性、准时性。②加强自行车交通慢车道的建设和管理，改善城市步行空间，鼓励步行、骑自行车等环保节能型交通模式。③在市区局部地段采取适当手段来限制机动车，如设立步行街区、步行购物中心、慢速街道和无汽车街道等。

解决城市交通问题应对交通方式进行优化，优先考虑集体交通方式，使用无噪声、污染小、效率高的技术。巴西南部的库里蒂巴所倡导的公交优先模式已引起国际社会的广泛关注，如图 8-18 所示。其交通布局特点表现为：快速巴士沿专用公交道路行驶，支线巴士可到达道路尽端，各个道路尽端之间可由小区内部巴士连接，而直达巴士可直接穿越城区。库里蒂巴所设立的公交专用车道和高效公交系统对我国城市交通发展具有一定的借鉴意义。

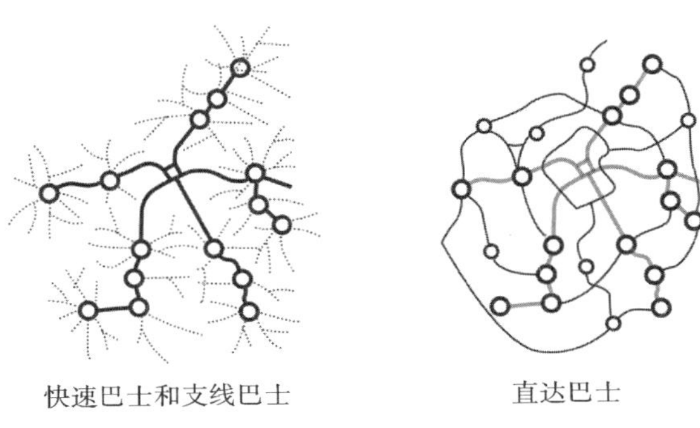

图 8-18　库里蒂巴的公交优先模式

绿色城区
案例分析

2. 绿色城市格局的调控

城市生态问题表现为三个方面：一是资源发展利用不当；二是城市结构与布局不合理；三是城市功能不健全。因此前瞻性的城市总体结构形态上的调整、生态基础设施的建设和生态服务功能的完善，具有非常重要的战略意义。我们应遵循绿色城市设计的基本原理，建立大地“绿脉”以及和谐的城乡一体化系统，使之成为城市居民持续获得自然生态服务和舒适环境的保障。

（1）优化城市空间结构形态。

①从集中发展走向有机疏散。某些城市采用了单核心的集中发展模式，由于受到城市内部扩张的压力，城市一圈一圈不限制地连片向外蔓延，形成“摊大饼”的形式，大面积的绿地往往环绕在城市外部，与城市内部联系较少，生态效应差。城区绿地零星散布于建筑群中，无法形成内部绿地系统，且与郊外绿地难以整合，无法形成健康的局地气候环境。为了避免这种情况，应对城市内部结构做根本性的调整，这就要求城市选择某些方向呈指状向外发展，将大片“绿楔”引向密集的城市中心，增加绿化与城市的接触面，使邻外绿地与城市相互交融，改善城区气候。

②从中心城走向卫星城模式。过度拥挤的城市会导致城市物理环境的恶化，从而影响人们的生活。这时就需要依靠放射型交通在中心城市外发展出多个次中心，将一部分功能分散到周围的卫星城去。卫星城作为较小的、有良好设施的、周围有开阔绿地的城市单元，有利于减轻中心区的热岛效应和污染集中的程度。中心城与卫星城之间的开放空间的宽度至少需要 500m，最好达到 1000~1500m。

③从城市化走向城乡融合。21 世纪的城市设计应体现一种新型的、集中城市与乡村优点的设计思想。日本学者岸根卓郎于 1985 年提出“城乡融合设计论”，它是自然系统、空间、人工系统综合组成的三维立体设计，其基本思想是创造自然与人类的信息交换场，具体实现方式是以农、林、水产业的自然系统为中心，在绿树如荫的田园、山谷间和美丽的海滨配置学校和设施先进的产业居住区等，使文化生活与自然浑然一体。

（2）建设城市生态基础设施。

传统的基础设施主要指城市市政设施系统，即道路交通系统、能源供应系统、给排水系统、邮电系统、防灾系统、环卫系统等。它是城市正常生产和生活得以运转的保证。而生态基础设施，从本质上讲是城市依赖的自然系统，是城市居民能够持续地获得自然服务的基础。它包括绿化系统、林业及农业系统、自然保护地等。良好的生态基础设施是一个城市得以健康发展的前提。

（3）完善城市生态服务功能。

生态服务功能是指生态系统与生态过程所形成的人类赖以生存的自然环境条件。它是维持城市环境和创造良好人居环境的基础，在城市气候调节、废弃物的处理与降解、大气与水环境的净化、水文循环、减轻与预防城市灾害等方面起着重要作用。

8.2.4 绿色城市设计中不同要素的应对

在创建绿色城市的过程中，应充分认识到自然要素和人工要素的分布对城市建成环境的影响，这对于发挥城市生态效益、走可持续发展的道路具有十分重要的意义。

1. 城市气候因素

（1）城市气候的总体特征。

城市气候是指某一地区在不同的地理纬度、大气环流、海陆位置和地形所形成的区域气候背景条件下，受城市特殊下垫面和人类活动的影响，形成的一种局地气候条件。城市气候与周围郊区的气候存在明显差异，表现为气温和风速的不同，如图 8-19 所示。这些差异主要是由以下一些因素造成的：城市空间热辐射平衡的改变；地面和建筑物之间及建筑物与上方空气之间的对流热交换；城市内部产生的热量等。

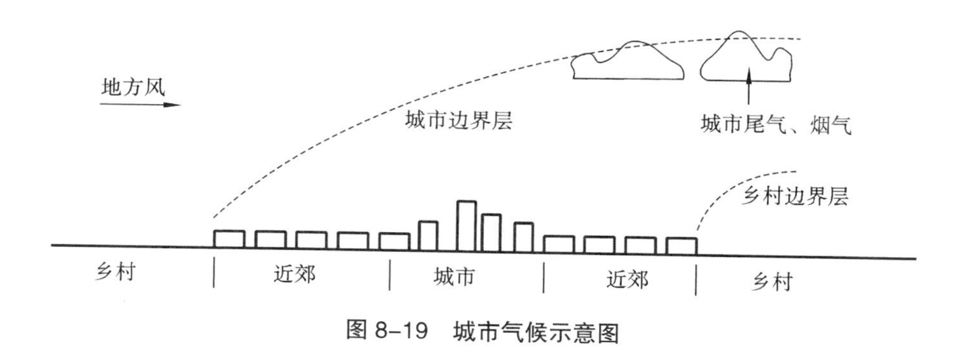

图 8-19 城市气候示意图

城市气候主要表现为以下两方面。

①城市“五岛”效应。不同气候区域的城市气候不尽相同，但也具有一些共性特点。与郊区相比，

城市气候集中表现为气温高、湿度低、风速小、太阳辐射弱、降水多、能见度差等特点，即通常所说的城市“五岛”（热岛，雨岛，干岛，湿岛、浑浊岛）效应。

②城市逆温现象与尘罩效应。逆温层是指城市空气下层温度低而上层温度高的现象，这与一般下高上低的大气温度不一样。通常情况下，大气污染会随着热空气上升气流混入高空的冷空气而扩散，但在逆温现象出现时，被污染的冷空气难以上升扩散，导致空气污染加重。当城市处于静风又有热岛环流的条件下，烟及灰尘会在城市上空形成穹窿状尘罩，这种尘罩效应使得城市中的粉尘、烟气无法及时排除，而城市周边的污染物又会随着热岛环流抵达中心区，加重了市区的大气污染，造成空气质量恶化。

（2）气候要素的应对原则。

①日照。

日照是影响城市和建筑设计的核心因素，同时在很大程度上影响了温度、湿度、风和降水量等其他气候因素，因而成为决定城市选址、布局、建筑朝向、间距的关键。寒冷地区以最大限度地获取阳光为出发点，而炎热地区则以减少太阳辐射为目标。设计时应计算日照控制面，以得知哪种形态可获得最充分的日照。当日照控制面的概念用于城市设计时，可成为城市发展的动态调节者，在保证阳光优先的同时能够提高城市建筑物密度。

②风。

为了减少或避免工业区产生的大气污染向城市中心区及居住区扩散，在城市总体设计和用地规划时，要考虑大气输送等自然通风条件对用地功能的影响，应将生活区布置在工业区的上风向，这对于以西风和西南风占绝对优势的西欧、北美地区而言比较合适。我国东部地区受东亚季风影响，夏季盛行东南风，冬季盛行西北风，难以兼顾冬夏两季，上述原则就存在局限性。

③气温。

气温是表示空气冷热程度的物理量，是人们最为熟悉的生物气候条件之一，也是影响人体舒适性的主要因素。气温是一个非常易变的参数，在不同时间、地点、高度、朝向都会有或多或少的变化，其影响因素主要有太阳辐射、风、地表覆盖状况及地形，其中以太阳辐射影响最大。

④降水量。

降水是指从云层中降落到地面的液态或固态水，包括降雪、降雨、冰雹等。降水量是影响气候的重要因素之一。降水量大小受纬度、海陆分布、大气环流、地形等因素的影响，全球各地的平均降水量差别较大。在平原上，降水量分布是均匀渐变的，具有一定的纬度地带性；在山区，由于山脉的起伏，降水量分布产生规律性变化：①随着海拔的升高，山区气温降低而降水量增加；②南坡降水量大于北坡，并且南坡的空气、土壤和植被均优于北坡。

2. 地形因素

地形即地表的综合形态。在地貌学中，地形按规模大小可分为小地形（决定房屋、构筑物及其综合体）、中地形（决定居民点组群系统）、大地形（决定整个城市及其个别区域）和特大地形（影响全国居民分布体系）四种。选址和地形有着直接关系。

（1）早期聚落选址。

在城市建设结合地形环境方面，古人表现出惊人的智慧。传统的城市空间主要以自然空间为架构，并将建筑物与自然山体、水域相配合，强调“龙、砂、水、穴”四大构成要素，共同构成完整的城市空间格局。龙，即山脉，这是因为中国古代城市选址“非于大山之下，必于广川之上”，故形成城市空间意向的第一要素便是城市所依傍的山脉。砂，泛指前后左右环抱城市的群山，并与城市成隶属关系。水，用来界定和分隔空间，形成丰富的空间层次与和谐的环境围合。穴，是指山脉或水脉的聚集处。早期聚落选址明显蕴含着朴素的气候设计思想，对改善城市环境有一定的积极作用。

（2）城市选址与地形环境关系。

从城市选址、布局和总体设计来看，大地形和特大地形对城市环境的影响不容忽视，但就城市设计而言，我们通常更关注中、小地形对城市环境的影响。在场地整理时，我们可以充分利用小地形或制造小地形，以达到调控微气候的目的，如改变该地区的风向，为某个特别的地形实现降温或升温。不同地形的利用原则如表 8-2 所示。

表 8-2　不同地形的利用原则

	对气候的回应	地形的利用原则
湿热地区	最大限度遮阳和通风	选址坡地的上段和顶部，以获得直接通风，同时位于朝东的坡地上以减少午后太阳辐射
干热地区	最大限度遮阳，避开尘风，防止眩光	选址处于坡地底部以获得夜间冷空气的吹拂，选择东坡或东北坡以减少午后太阳辐射
夏热冬冷地区	夏季遮阳和促使自然通风，冬季增加日照	选址位于可以获得充足阳光的坡地中段为佳，同时要考虑夏天风向的影响
寒冷地区	最大限度利用太阳辐射	位于南端斜坡的中段以增加日照，高处应足以防风，低处避免积尘与冷空气的影响

3. 开放空间

（1）开放空间对城市环境的影响。

从城市通风角度来看，城市绿地、水体开放空间与建筑群中的街道本质上没有太大区别，两者都提高了城市的通风能力。从城市空气净化的角度而言，城市绿色开放空间对空气污染有着直接和间接的影响。直接影响是植物可以过滤空气中的部分粉尘、尾气、烟雾等有害物质。间接影响是对城市通风条件的影响，通风可以驱散街道上的空气污染物。

开放空间对城市环境的影响还与景观破碎度和景观连接度有关。低破碎度、高连接度的开放空间系统有利于形成网络状结构。在市区中心、旧城区等用地紧张的区域，平均分布且连接成网的小型开放空间要比集中的大面积的开放空间效益更大。

（2）开放空间布局方式。

①变形虫式。该模式以英国哈罗新城为典型。采用绿色开放空间在新城的街区之间、街区内邻里组团之间加以分隔，使城郊绿地连续不断地渗入街区内部，形成联系紧密的有机体，来获得最大的整体性与连续性。这种模式要求以长度不小于 100m 的绿化带将街区分割为若干面积不大于 250 公顷的区域，有利于形成通畅的风道。

②散点式。该模式受到苏联游憩绿地“分级均布”思想的影响，是在用地紧张情况下的一种绿色

开放空间分布模式。这种模式要求街区以交通干道为界，将各级开放空间作为绿色斑块嵌入相应规模的用地中心，并用绿道将各级绿地联系起来。这种多点分布的模式有利于形成网状结构，比单独的大型开放空间具有更好的气候调节效果。

③鱼骨式。此模式以印度昌迪加尔为典型。该城市具有复杂的气候特征，冬天凉爽，夏季干旱炎热且潮湿。开放空间布局的主要特点是，以带状公共绿地贯穿街区，并相互联系成为横纵贯穿城区的绿带，可确保建筑组群与公共绿地充分接触，并能保持较高的建筑密度。

案例分析

绿色城市案例分析

1. 绿色社区更新改造案例——旧金山 Hunters View 社区

（1）项目概况。

Hunters View 社区位于美国旧金山东南角，始建于 1943 年，原是船厂工人的临时住区，存有大量公共住房。当时的设计毫无原则，布局与外部缺乏联系。1954 年，政府对此地进行过一次改建，增加了数条街道和部分住宅。但此后该地区长期被政府忽视，成为“城市角落”，致使该社区环境颓败，建筑受损，成为旧金山最差的公共住房区。

2008 年，旧金山房屋管理局注意到 Hunters View 社区存在的问题，将其作为 City’s Hope SF 项目的第一个更新重建项目。更新重建项目占地约 22 英亩，设计师力求改善与外界交通不畅的现状，并对原有公共住房、内部街道、公园等进行更新设计，如图 8-20 所示。

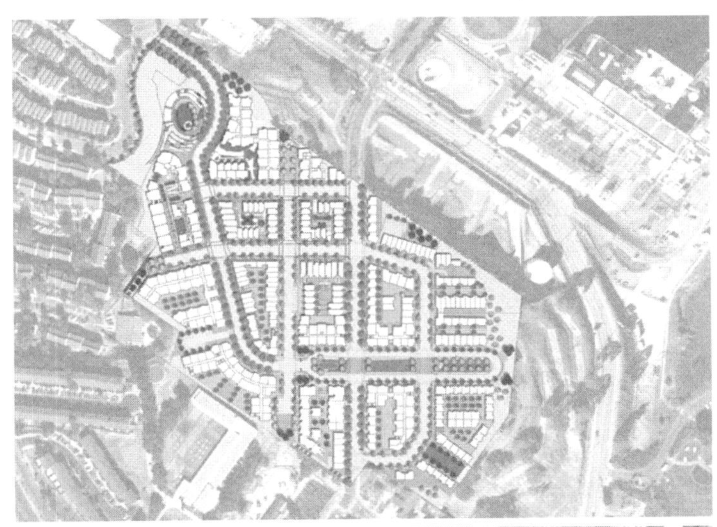

图 8-20　旧金山 Hunters View 社区更新

（2）现状问题。

Hunters View社区原是一个没有物理边界的开放性社区，内部布局混乱，绿地、建筑、公共空间衰败。在构建绿色社区过程中存在三方面问题。

① 绿地荒废孤立。

社区内建筑密度不是很高，但绿地却不成体系，大量绿地处于荒废状态，既没有景观价值，也不能发挥出应有的生态价值。住宅间及路旁绿地各自孤立存在，相互间联系不强。且植被种类单一，以草类植物为主，乔木数量较少，蓄水能力不足，缺乏生态韧性。

②建筑破损。

Hunters View社区成为低收入者的聚居地。社区建筑经历前后两次建设，建筑类型全为公共住房，本身质量并不好，在数十年使用后，已出现不同程度破损，部分建筑甚至无法继续居住。

③水循环受阻。

Hunters View社区地势并不平坦，其西北角地势最低，由于排水系统不完善，雨水无法汇入大海，下雨时雨水常汇聚于此。且建筑之间虽有绿地，但蓄水能力较弱。这些因素造成社区无法完成水循环。

（3）绿地修复。

绿地修复采用了以下措施：a. 以街道为载体，结合街道规划形成绿带；b. 以街区内建筑围合空间为核心，形成内部花园；c. 结合本地气候，选择寿命长、低维护、耐旱品种，增加植物的多样性，尤其是乔木的种类与数量，补足行道树与街区内部开放空间的树木。

①街道绿化系统。

首先分析社区内道路系统，找出与外界联系不畅的问题所在，重新规划道路，建立与外部城市的连接，并优化社区内部路网格局。然后对街道断面进行优化，合理布置车行道、人行道、行道树与绿化带，使社区内的绿地结合道路系统形成一个整体。

②街区内部花园。

街区建筑多为围合式布局，内部绿地相互没有联系且呈现荒废状态。设计师重新考虑了场地高差、居民活动等问题，让绿地能够使用，设置活动场地与家具设施，与居民形成互动。

（4）建筑修缮。

对旧建筑的处理有两种方式：①破损不严重，尚有利用价值的建筑，修复其外立面，增强保温能力，重新设计入口，改造台阶方向，使踏步尺寸合理，并结合布置草坪与树木；②对无法继续使用的建筑则拆除重建，同时适当进行加建，使街道界面连续。

（5）雨水收集利用。

社区西北处地势较低，在这里利用原有荒废草地建设一个椭圆形公园，修复草地生态状况，并增种果树、药材等，提高绿地的蓄水能力。公园中央是一片草坪，下方设置一个大型蓄水池，公园内的道路、坡道采用透水铺装，下设管道连接至蓄水池。由于社区原有基础设施不完善，街道排水不畅，因此设计师在社区内道路两旁结合绿地布置沟渠，使雨水沿着沟渠汇聚到公园的蓄水池中。这些水可以用于绿地的灌溉。

2. 片区级绿色城市设计案例——海口三角池片区城市设计

（1）项目概况。

2016 年 12 月，海口市在中央指导下决定在城市老区内进行城市双修工作，并于 2017 年 2 月与中规院进行合作，由中规院进行城市设计，至此海口市开始了“城市双修”示范工程。其中的三角池片区历史较久，是海口市城市空间节点之一，但同时面临着建筑老旧、生态破坏、交通不畅、环境嘈杂等问题，因此海口市选取三角池片区为“城市双修”首批示范项目之一。项目场址位于海口市三角池区域，具体范围为海府路以西、海秀路以东、沿文明西路向北至宏州电器城、向南至东湖湖心岛的区域，面积约为 10 公顷。

（2）片区现存问题。

三角池片区的现存问题表现为景观设施失位，自然水体受损，城市空间与公园生态环境难以融合；交通秩序混乱，街道空间体验差，城市功能缺失；建筑质量不佳，风貌失色等。其根源是忽视了城市角落区域的生态环境、空间环境。三角池地区是海口市城市问题的典型代表，有着鲜明的综合性、复杂性。

①景观设施失位。

绿化、水体等景观疏于维护，且形式陈旧。水体驳岸缺乏设计，水岸融合处理不到位，没有发挥出水体的生态价值。景观设施数量较少，且质量较差。这些问题导致了绿化景观与市民活动的割裂，没有形成人与环境的良好互动。

②道路环境失序。

道路环境失序表现为：街道绿化的面积、位置、尺度难以满足需求，部分路段缺少绿化分隔，街道绿化系统不完善，使道路环境不尽人意；慢行空间不足，行人与非机动车通行区域过窄，机动车、摊贩等侵占步行空间，人行通道不能正常使用；交通秩序混乱，非机动车和机动车混行，干扰严重，行人安全也得不到保障。

③建筑质量不佳。

生态修复不仅要考虑环境方面的问题，还要与建筑相结合，使建筑与环境共同作用，提升生态环境品质。三角池地区建筑质量的问题主要反映在两个方面。一是没有考虑气候适应性，海口市处于热带海洋气候，当地建筑需要着重考虑防阳光直射、快速排水等问题，但其建筑却缺少遮阳和避雨构件，外立面处理过于简单，没有进行建筑立体绿化。二是市容市貌品质欠佳，空调外机、广告位等严重影响建筑外立面形象，且沿街建筑底层空间品质较低，与街道的过渡不足，一定程度上影响了行人通行。

（3）生态环境提升策略。

①营造城区绿道系统。

2018 年，中规院以环东湖的绿道作为城市绿道体系建设的出发点，形成完善的、覆盖整个城区的绿化网络，利用绿道串联起城区公共空间；同时对受损的水体进行水质恢复，改善驳岸设计，并结合实际条件，将绿道按不同类型深化设计，如依托道路型绿地、滨水型绿地和借公园路型绿地等。

②打造以人为本的生态街道。

项目通过三个方面来营造以人为本的生态街道空间：在街道空间中通水增绿，多元化的街头空间设计，完善街道家具设施。这些措施将街道空间营造成亲近自然、空间适宜、充满活力的街道，如图 8-21 所示。

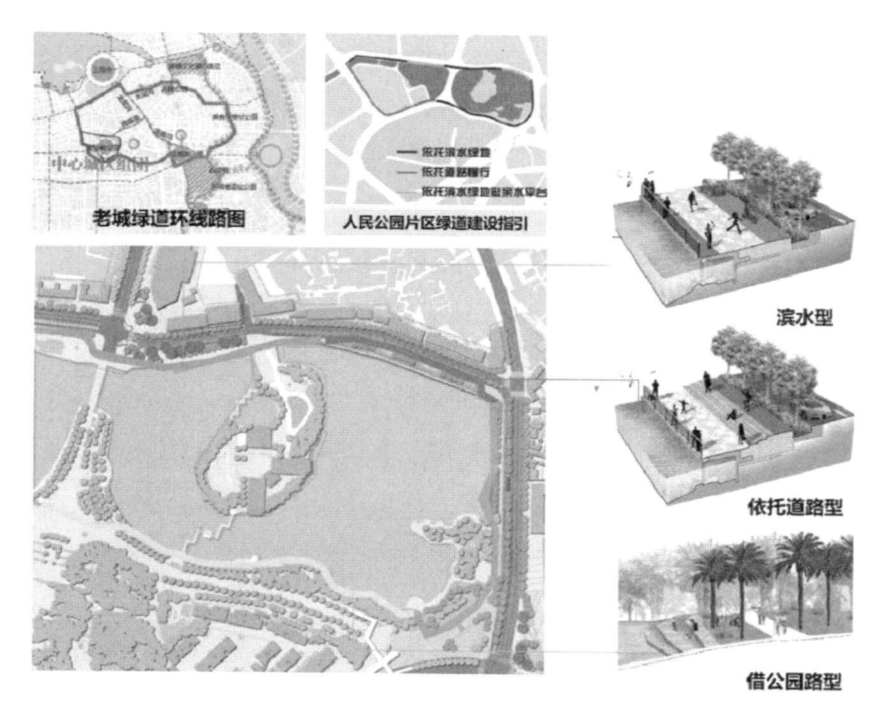

图 8-21　海口三角池片区城市设计生态环境提升策略示意图

具体措施包括：鼓励沿街建筑立体绿化，使建筑绿化和遮阳一体化；恢复被侵占的街头绿地，使道路绿化系统完整连贯；在建筑底层利用檐廊增加灰空间，完善室内外过渡，同时提供遮阳降温作用；补充缺失的城市基础设施，提升户外活动体验；利用设置单行道等方式适当减少机动车道面积，补足人行空间；对公共空间基础设施、广告牌等进行精细化整改设计。

（4）交通梳理策略。

①集约高效利用道路空间。

在街道交叉口处，存在空间利用效率过低的问题。对空间重新进行整合，实现生态空间、活动空间、交通空间相互协调。

典型案例是新华西路与东湖路交叉口的修复设计：将交叉口机动车道面积适当缩小，额外的空间用于沿街行人步行与活动、增设绿地等；改善慢行系统的过街体验，将转角处机动车停车空间替换为景观绿化，如图 8-22 所示。

②优化道路断面，实行人车分流。

对于街道交通秩序混乱问题，解决方法是：对道路断面进行优化设计，结合绿化布置实现机动车、非机动车与行人的分行；明确路权，增加路口非机动车过街等候空间，设置遮阳棚等附属设施，并用彩色沥青提醒机动车驾驶员，保障行人与非机动车的安全。

（5）建筑的适应性修复。

项目需要综合考虑气候环境、城市风貌等因素对建筑进行修复，具体措施有：在建筑底层加强空间过渡，结合廊棚、绿化营造灰空间；弥补立面遮阳构件；增加建筑立体绿化等，如图 8-23 所示。

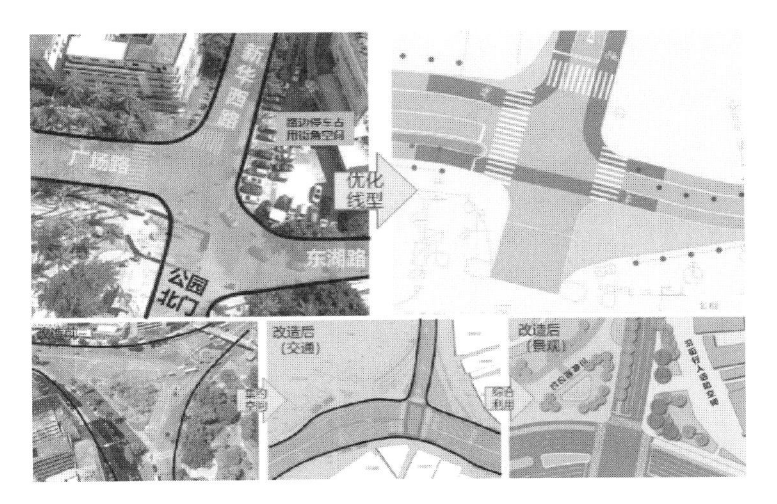

图 8-22　海口三角池片区城市设计交通梳理策略示意图

图 8-23　海口三角池片区城市设计中的建筑适合性修复

3. 社区花园绿色更新——上海黄浦区蒙西低碳花园

（1）项目概况

蒙西低碳花园坐落在蒙自西路 50 号的一条小弄堂内，它位于蒙西居委会南侧，面积约 150 ㎡。打浦桥街道历年来注重社区在低碳、减排、降耗方面的宣传指导工作，为了进一步宣传低碳生活进社区，将低碳理念融入社区居民生活中，打浦桥街道大步向前、积极探索，于 2018 年 5 月获得了第二批上海市低碳社区创建资格（蒙西小区、汇龙新城），创建周期二年，蒙西低碳花园就诞生于此。

（2）建设目标

蒙西低碳花园原本是蒙西居委会南侧一个闲置的小院子，街道通过多次走访调研，深入了解蒙西小区的基本情况，根据小区住宅高密度、人口老龄化、公共空间异常缺乏的特点，街道因地制宜、取长补短，合理利用闲置空间，将低碳理念融入其中，力争将其改造成为一个低碳节能倡导之地、科普休闲娱乐之所、自治共治融合之家。

（3）低碳措施

低碳花园整体分为了 8 大功能区：①雨水洗车区；②智慧灯杆；③入口景观区（兼具堆肥）；

④绿化观赏区；⑤鱼菜共生区；⑥夜光展示墙；⑦休闲交流区（雨水回收）；⑧展示分享区。

绿色技术方面采用了两大技术策略：雨水收集，太阳能利用；一大社区策略：互动参与。

①雨水收集。通过对雨水的收集，打浦桥街道将海绵社区的理念融入花园。在本项目中，雨水的来源主要有三个：一是花园中心的雨水收集器，二是透水路面，三是楼顶积存雨水。这三个来源的雨水，通过各自管道或者透水路面，汇集到地下的蓄水池，经过过滤、净化装置，重新回到地面供花园使用。雨水的再利用体现在三个区域，鱼菜共生的供水，植物灌溉，以及洗车（见图 8-24）。

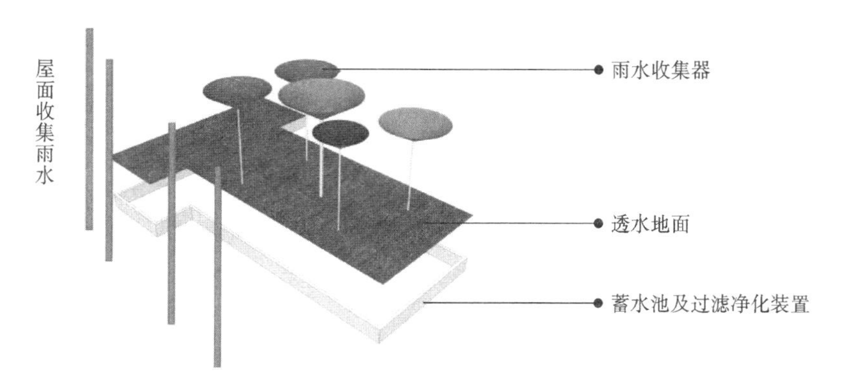

图 8-24　低碳花园雨水收集系统

②太阳能利用。太阳能利用方式包括：智慧灯杆，太阳能光伏板和夜光标识。智慧灯杆，不是简单的光伏灯杆，而是集合了 8 大功能的多功能灯杆：气象数据监测、路灯照明、监控摄像头、光伏电板、WiFi、LED 显示器、电动车充电和一键报警。通过太阳能软件的分析，在花园西侧入口处附近太阳能资源比较好，通过该处光伏板安装，用于入口处推拉门用电。而为了利用东墙较弱太阳辐射资源，设计了光伏板串联 LED 灯泡，白天收集太阳能、晚上发光。白天是一个景观，而晚上可以在墙面上形成一个标识导引（见图 8-25）。

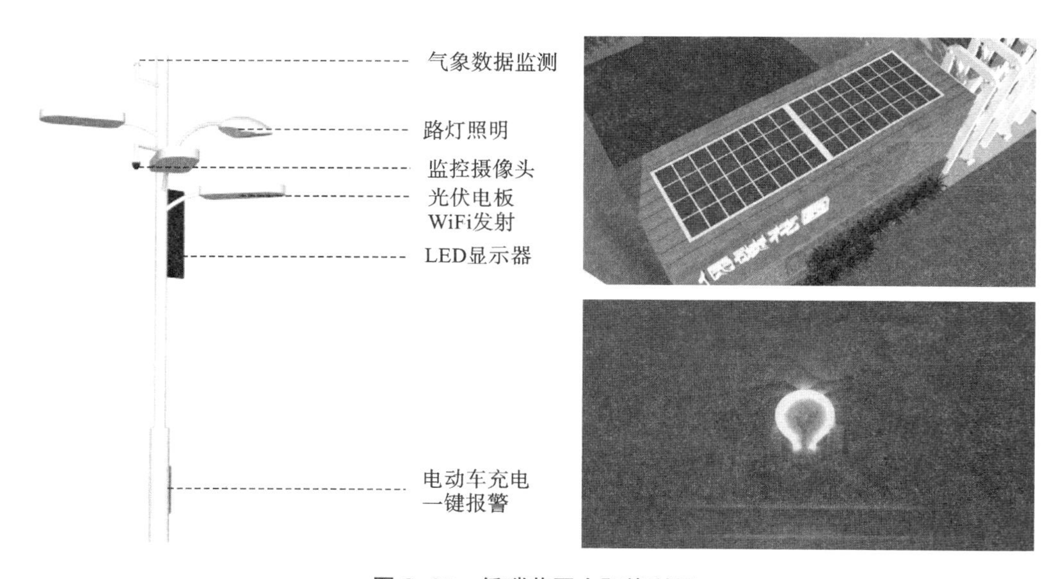

图 8-25　低碳花园太阳能利用

③互动参与。针对社区儿童和青少年较多的情况，在这块区域设置了几台像传统健身器材的装置，实际上他们不仅可以起到健身效果，还可以与花园的雨水系统产生互动。比如，通过转动灌溉装置，可以将水从集水池抽到地上、进而对前面介绍的绿化观赏区进行浇水、灌溉；通过踩单车，可以将水从地下抽到水池中，并形成喷泉景观，该区域不仅具备休闲娱乐的用途，还具备一定的科普性，小朋友们可以从各种设备的使用中了解到一定的科学知识，获得科学启发（见图 8-26）。

图 8-26　低碳花园互动参与策略

在前期调研的过程中发现，蒙西小区居民有浓厚的养花、种花的兴趣，因此街道将这个区域打造成一个居民植物的展示和分享的区域。一方面居民通过参与小区自治活动的形式，获得自治积分，居民可以使用积分来兑换花园绿植进行养护，另一方面成立花园志愿者团队，由小区居民自治管理。为了克服场地空间不足的困难，在现有的围墙内侧加了一道木格栅墙，这样可以将展示的植物挂在墙上，增加了大约 20 平米的展示面积。此外，考虑到喜爱种植的中老年人比较多，因此专门设计立体花架（见图 8-27）。

图 8-27　低碳花园建成后照片

▶ 知识归纳

1. 绿色住区是以可持续发展为原则，以绿色协调发展为方针，通过建设模式、技术、管理方式的创新，在规划设计、生产施工、运维管理等全寿命周期内，降低能源和资源消耗，减少污染，建设与自然和谐共生的、健康宜居的居住生活环境，实现经济效益、社会效益和环境效益相统一的住区。

2. 绿色住区随工业革命而兴起，为解决环境污染及迅速城市化带来的城市拥挤、城乡分离、资源分配不均等问题，学者们提出了“广亩城市”“田园城市”“阳光城”等规划理论，并最终形成了“可持续住区”的概念。

3. 住区应恰当选择其在城市中的位置，以适应城市居民的生活方式，保持居住与就业场所的方便联系。

4. 绿色住区规划的基本要求有：保护自然生态环境，保证绿地面积，结合地形布局，控制容积率，慢行交通优先，注重邻里交往，结合传统文化，垃圾无害化处理等。

5. 住宅组群布局的基本形式有行列式、周边式、点群式、自由式与混合式。其中行列式和自由式的日照、通风效果较好，行列式中又以错列和斜列更好一些。在规划设计之初，设计者就要考虑好场地形状、地貌条件，确定合理的布局形式，提高土地利用率，同时形成较为宽敞和开放的外部空间，减弱高层住宅给人心理造成的压迫感。

6. 绿色住区应注重可再生能源的利用，群体布局时，应配合建筑太阳能一体化设计，提高太阳能利用效率。

7. 绿化是提高住宅生态环境质量的必然条件和自然基础，居住区绿地面积应在30%以上。绿化设计要遵循整体性、连续性、多样性、地域性、生态性以及实用性原则，要着重处理好入口绿化、墙基绿化、墙体绿化、角隅绿化、屋顶绿化。

8. 为提高居民的生活体验，住区内要严格控制噪声，可采用绿化防噪、地形防噪、建筑群布局防噪等方式，特别注意临街建筑的降噪设计。

9. 基于“整体优先、生态优先”原则的绿色城市设计是在对传统城市设计方法总结反思的基础上综合发展起来的整体设计方法。它综合运用各种可能的生物气候调节手段，“用防结合”，处理好积极因素的利用和消极因素的控制两个方面，从整体上优化城市空间品质、改善城市生态环境。

10. 地段级城市设计可采用环境增强、气候适应、设置缓冲空间等策略，其中公共空间要充分利用阳光，通过自然与人工要素改善风环境，优化热环境，提高空气质量并减少不良光环境。

11. 片区级城市设计主要涉及城市中功能相对独立的片区，应为地段级城市设计提供明确规定，妥善处理好新老城区生态系统的衔接关系，并关注旧城改造和更新中的复合生态问题，合理解决城市产业结构的调整、开放空间的建设以及城市棕地治理和再开发等诸多问题。

12. 进行片区设计时考虑的因素包括基地选址、新老城区承接关系、气候缓冲空间的设计、采用新型交通模式、优化能源结构等。

13. 进行区域—城市级的绿色城市设计时应从“整体优先”的观点出发，从城市总体生态格局入手，综合城市自然环境和社会各方面的因素，协调好城市内部结构与外部环境的关系。

14. 缓解“城市病”可采取的手段有：从集中发展走向有机疏散，从中心城走向卫星城模式、从城市化走向城乡融合的空间结构，建设城市生态基础设施，完善城市生态服务功能。

15. 城市气候是指在不同的地理纬度、大气环流、海陆位置和地形所形成的区域气候背景条件下，受城市特殊下垫面和人类活动的影响形成的一种区域性气候。城市设计应避免出现城市“五岛”（热岛、雨岛、干岛、湿岛、浑浊岛）效应、逆温现象与尘罩效应。

16. 城市开放空间对城市气候有着明显影响。小规模均匀分布的开放空间比集中空间具有更好的冷却作用。开放空间的布局模式有变形虫式、散点式以及鱼骨式。

▶ 独立思考

1. “绿色住区”“绿色城市”的含义是什么?

2. 住区布局有哪几种模式? 各自的优缺点是什么?

3. 绿色住区在选址方面要考虑哪些因素?

4. 在绿色视角下，公共空间设计有哪些策略?

5. 城市发展过程中，将不可避免地出现运营维护老旧化的区域，形成“城市角落”，应如何将绿色理念应用到城市角落空间中?

6. 请简要分析当前我国城市建设中对生态环境破坏的现象，并提出修复策略。

第 9 章

建筑更新与绿色建筑

城市建筑经常需要更新，小到门窗的更新换代，大到承重体系、围护结构的重建。在可持续发展理念的引导下，建筑更新正朝着绿色化方向发展。本章将探讨建筑绿色更新工作开展与绿色建筑技术应用。

9.1 建筑更新概况

9.1.1 建筑更新的背景

我国城市化建设正进入快速发展的阶段，建筑业发展迅速，建筑规模不断扩大。2018 年起，我国的既有建筑面积突破600亿平方米，并且以每年超过20亿平方米的速度持续增加。随着城镇化率的提高，城乡可建设用地减少，旧城改造和建筑更新是城市开发的必然趋势，建筑行业正由快速开发建设转向存量更新的发展阶段，既有建筑更新再利用成为趋势。

1. 建筑更新的现实需求

随着社会经济发展和人民生活水平的提高，建筑行业的发展也面临着更高要求。既有建筑已不能满足现阶段的生产生活需求，在城市发展转型的背景下，以既有建筑更新改造为主要内容的城市更新有着重要意义。建筑更新的需求逐渐增加，既有建筑的更新改造市场具有很大的发展潜力，表现在以下方面。①随着使用年限的延长，既有建筑在安全性、环境舒适度、能效等方面都逐渐下降，声、光、热等环境质量差，迫切需要进行更新改造来提升建筑的环境品质。②一些既有建筑在功能方面无法满足现阶段的使用需求，废旧建筑亟待进行功能的更新置换，以适应新的时代需求。③既有建筑数量多、分布广泛，由于建造年代久远以及节能意识薄弱，许多既有建筑在建造之初缺乏相关规范的引导，因而出现大规模的高能耗建筑，具有非常大的节能潜力。随着绿色建筑和建筑节能相关的标准和规范不断更新完善，针对既有建筑的性能提升和更新改造成为必然要求。

建筑作为城市历史文脉的重要载体，承载着特定的时代特征，兼具技术与艺术价值。由于缺乏建筑更新的引导，相关工作的开展暴露出很多问题。在对既有建筑的处理上，各地出现大规模大拆大建现象，给环境和资源带来巨大压力。拆除老旧建筑带来了大量的建筑垃圾，建筑推翻重建的能耗大、成本高，不符合可持续发展的理念，不仅造成资源能源的浪费，更造成城市历史文脉的断裂。为了更好地传承历史文脉，促进可持续发展，亟须开展针对性的既有建筑保留利用与更新改造工作。

2. 既有建筑能耗现状

建筑业是我国第二大能耗主体，仅次于工业。建筑能耗占全社会总能耗的 30% 以上，并保持上升趋势。广义的建筑能耗包括建材生产、建筑施工和建筑运行等方面的能耗。为了深入研究建筑用能的具体特征，建筑能耗的研究重点关注建筑的运行能耗，具体包括采暖、空调、照明、电器设备等方面的能耗。

我国既有建筑存量大、能耗高，具体原因有以下方面：①由于设计前期重艺术而轻技术、重造型而轻节能的设计观念，许多老旧建筑在建设之初对建筑节能考虑较少，缺乏被动式技术和绿色设计措施，造成了巨大的采暖和制冷能耗。②既有建筑在围护结构性能、空间利用率、建筑能效等方面都有所下降，与新建建筑相比，维持舒适的室内环境需要消耗更多能量。

根据使用性质的不同，一般将建筑能耗分为居住建筑能耗和公共建筑能耗两类。根据建筑能耗调查数据统计结果，公共建筑的能耗远大于居住建筑。建筑的能耗来自空调、采暖、照明、热水、通风等。

既有住宅建筑的能耗主要表现在冬季采暖和夏季防热，造成高能耗的原因主要在于围护结构的保温隔热性能较差。建筑建造的时期由于相关节能标准不完善，导致围护结构的保温隔热措施缺少实际应用。由于建设年代较早，很多居住建筑中的电器设备能效比很低，因此电器设备的更新换代也是重要关注对象。

3. 既有建筑绿色更新

在绿色发展理念的指导下，建筑更新不仅包括建筑使用功能、结构安全等方面的更新，也应适应技术发展趋势，深入贯彻可持续设计理念，引入绿色建筑相关技术，将绿色建筑的最新研究成果应用到建筑更新中。结合绿色建筑的要求，建筑更新应关注既有建筑节能改造和绿色更新。

我国建筑绿色更新的发展经历了从“节能改造”到“绿色改造”的过程，从关注单一的能耗指标演化为注重既有建筑综合性能提升。建筑绿色更新的早期多为以建筑节能为目标导向的既有建筑节能改造，从节约能源的角度出发，提出围护结构、供热制冷系统、能耗计量系统以及照明系统的能效提升技术。2015 年，《既有建筑绿色改造评价标准》（GB/T 51141—2015）发布，绿色改造逐渐取代节能改造，成为建筑绿色更新的新方向。绿色改造以节约能源资源、改善人居环境、提升使用功能为目标，对既有建筑实施维护、更新、加固等工作。我国既有建筑改造从“节能改造”“综合改造”逐渐过渡到“绿色改造”，体现了绿色建筑理念和人本主义在建筑更新中的影响，从关注单一的能源到关注人居环境、资源可持续利用和综合性能提升的演变。

9.1.2 建筑更新的意义

建筑更新具有重要的现实意义。在生态与经济方面，建筑更新可以减少能源与资源的浪费，建筑材料循环利用以减少对环境的破坏，降低前期投资成本以及建筑全寿命周期的运行成本。在社会层面，对于已经不满足现有建筑舒适性能的老旧建筑来说，建筑更新有利于提升城市品质，实现社会空间利益的再分配。在文化方面，对于具有文化价值的历史建筑，建筑更新有利于保护历史建筑并提升其风貌。总的来说，建筑更新是符合当前国情的决策，对生态、经济、社会建设都有着重大意义。

1. 建筑更新的生态意义

建筑更新是对已建成的、存在更新改造需求的建筑进行适应性更新。建筑更新着眼于建筑的保护与再利用，有利于节约能源资源、减少碳排放等，有着积极的生态意义。

随着建筑节能的相关政策提出，绿色建筑和既有建筑绿色改造是未来建筑业发展的方向，进行既有建筑绿色改造是我国推进节能减排的重要举措。针对我国既有建筑普遍存在的能耗高、环境质量差的问题，进行更新改造不仅可以降低建筑能耗和资源消耗、减少污染物排放，而且有利于提高全民的生态意识，减少建筑活动对生态的破坏。

2. 建筑更新的经济意义

建筑更新改造可以减少能源消耗，缓解我国的能源压力。能耗的主要形式有电力和煤炭，建筑更新可通过节能来衡量经济效益。另一方面，通过建筑更新减少建造活动造成的污染物排放，减少了治理污染的经济支出。

从建筑的全生命周期来看，建筑更新改造工程的投资回收期为5~10年，而建筑的使用年限远远高出这个数值，因此长远来看，建筑更新显著降低了建筑的综合成本。

3.建筑更新的社会意义

建筑更新对历史保护建筑的修复性更新方面研究开展相对较早，对既有建筑节能改造相关的研究在逐步发展。建筑更新的社会意义主要体现在以下两方面。

（1）延续历史文脉。

旧城和历史建筑代表了一个地方的特色，建设中对这些建筑进行保护并更新有利于延续当地历史文脉。建筑反映了城市发展的历史，而建筑更新则有利于保留城市发展史，保护城市的独特历史特色，避免出现“千城一面”这种历史文化特色缺失的现象。

（2）提高使用者满意度。

为适应当前社会经济发展，开展老旧建筑的更新工作迫在眉睫。通过建筑更新改造，延续建筑的使用价值，提升建筑环境品质，从而提高使用者满意度，体现了以人为本的思想。

9.1.3 建筑更新的原则

2016年，我国在《中共中央国务院关于进一步加强城市规划建设管理工作的若干意见》提出“适用、经济、绿色、美观”的原则，用以推动既有建筑绿色可持续发展。

1.适用性原则

适用性对应人的生理需求。建筑更新的适用性需要考虑建筑未来的使用需求以及相应的室内环境条件改善。针对老旧建筑室内环境质量差的特征，需改善围护结构保温隔热特性，以减少非可再生能源的消耗。建筑更新的适用性原则包括以下两方面。

（1）气候适应性。

建筑更新改造应因地制宜，根据建筑所处气候区的环境气候特征制定适宜的改造方案。南方炎热地区需要重点关注建筑的夏季防热，适当兼顾冬季保温；而北方寒冷地区则需要关注冬季保温；夏热冬冷地区情况较为复杂，需要综合考虑夏季防热和冬季保温。

（2）更新改造策略的适用性。

建筑更新应避免繁复无用的设计，根据建筑使用功能和能耗特点综合考虑，保证建筑设计的适用性。

2.经济性原则

在建筑更新过程中，不仅需要满足绿色化改造需求，还需要保证其经济性。建筑更新的经济性原则应体现在建筑更新的各个环节，如设计方案的制订、节能材料的选择、适宜技术的应用、建筑节能效果等，应考虑建筑在全寿命周期中的成本控制，以避免不必要的经济投入。

在制定设计方案时，应根据建筑的实际建成情况，选择适宜的技术，不可盲目追求高技术的应用；建造中应尽量选择实用的材料，不用刻意追求新材料、新技术的应用；综合考虑成本投入和后期回报比，选择物美价廉的设备系统；在施工阶段，应减少人力物力的浪费。

3. 绿色性原则

近年来国家对绿色建筑相关的激励政策越来越多，绿色建筑更新也引起了各行各业的重视。开展建筑更新时，应注重资源节约和环境保护，促进可持续发展，实现人与自然、建筑与自然和谐相处。一批绿色建筑更新项目的成功实施为建筑更新提供了经验和借鉴。

4. 美观性原则

在历史建筑的更新改造中，建筑的历史元素蕴含着当地历史文脉和城市记忆，应注意保护历史建筑的风貌并在建筑更新中以更好的方式呈现。在建筑更新中，建筑的外观设计应注意新老建筑之间的对比，需要与环境相适应，建筑的风格和样式应保留原有肌理特征，形成整体的美观效果。

9.2 国内外既有建筑绿色更新的发展

9.2.1 我国既有建筑绿色更新概况

1. 我国既有建筑现状

由于某些城市的城市化建设追求规模与速度，对建筑节能重视程度不够，导致出现了一批能耗高的项目工程，因此建筑节能改造市场有着巨大的潜力。

2. 我国既有建筑绿色更新的相关政策

我国建筑更新经历了从“节能改造”“综合改造”到“绿色改造”的转变，从功能本位、资源节约到开始重视人居品质、健康性能，我国建筑更新在探索中不断完善政策保障、创新市场机制，形成了相对完整的法律法规体系。近年来住房和城乡建设部先后发布了建筑节能改造和绿色改造的技术规程、技术导则及能效测评方法，推出一系列建筑更新和绿色建筑相关的法律法规和评价标准，以保障既有建筑绿色改造工作顺利开展（见表 9-1）。

表 9-1　我国既有建筑绿色改造相关政策

名称	主要内容	发布时间
《既有居住建筑节能改造指南》	从建筑基本情况调查、居民工作、节能改造设计、节能改造项目费用、节能改造施工、施工质量控制与验收等方面阐述工作要点和措施建议	2012 年 1 月
《既有居住建筑节能改造技术规程》（JGJ/T 129—2012）	既有居住建筑节能改造应根据节能诊断结果，制定节能改造方案，从技术可靠性、可操作性和经济实用等方面进行综合分析，选取合理可行的节能改造方案和技术措施	2012 年 10 月
《夏热冬冷地区既有居住建筑节能改造技术导则》	结合夏热冬冷地区气候特点和用能模式，对既有居住建筑围护结构节能改造的设计、施工、验收和检测评估等过程进行规范	2012 年 12 月
《既有建筑改造绿色评价标准》（GB/T 51141—2015）	遵循因地制宜的原则，结合建筑类型和使用功能及其所在地域的气候、环境、资源、经济、文化等特点，对规划与建筑、结构与材料、暖通空调、给水排水、电气、施工管理、运营管理等方面进行综合评价	2015 年 12 月
《既有住宅建筑功能改造技术规范》（JGJ/T 390—2016）	为保障既有住宅改造的功能与使用安全、提升建筑品质而制定，涵盖设计、施工与验收环节，适用于住宅户内空间改造、适老化改造、设施改造、加层或平面扩建等	2016 年 6 月

续表

名称	主要内容	发布时间
《建筑节能与绿色建筑发展“十三五”规划》	提升既有建筑节能水平。完成既有居住建筑节能改造面积 5 亿平方米以上，公共建筑节能改造 1 亿平方米，城镇既有居住建筑中节能建筑所占比例超过 60%	2017 年 2 月
《既有社区绿色化改造技术标准》（JGJ/T425—2017）	为提升既有社区的绿色化水平，从既有社区的诊断、策划、规划与设计、施工与验收、运营与评估等方面制定绿色化改造技术标准	2017 年 11 月

《既有建筑绿色改造评价标准》（GB/T 51141—2015）中的评价指标分为规划与建筑、结构与材料、暖通空调、给水排水、电气、施工管理和运营管理 7 类，不同类型的建筑在各类指标权重的分配上有些差异（见表 9-2）。

表 9-2　既有建筑绿色改造评价各类指标的权重

建筑类型		评价指标						
		规划与建筑	结构与材料	暖通空调	给水排水	电气	施工管理	运营管理
设计评价	居住建筑	0.25	0.20	0.22	0.15	0.18	—	—
	公共建筑	0.21	0.19	0.27	0.13	0.20	—	—
运行评价	居住建筑	0.19	0.17	0.18	0.12	0.14	0.09	0.11
	公共建筑	0.17	0.15	0.22	0.10	0.16	0.08	0.12

进行既有建筑更新改造是我国实施节能减排的重要举措，“十三五”期间，我国出台大量政策激励既有建筑更新工作。2017 年 2 月，住房和城乡建设部组织编制了《建筑节能与绿色建筑发展“十三五”规划》，以推动建筑节能与绿色建筑发展。规划为既有建筑节能水平提升指明了方向。

“十三五”期间既有建筑节能重点工程

既有居住建筑应实施节能改造，完善采暖、制冷、环境综合整治等措施，完成既有居住建筑节能改造面积 5 亿平方米以上，实现全国城镇既有居住建筑中节能建筑所占比例超过 60% 的目标。对既有居住建筑来说，北方地区应结合清洁取暖要求，推进既有居住建筑节能改造和供暖系统改造，同时开展夏热冬冷和夏热冬暖地区既有居住建筑节能改造试点项目，探索老旧小区宜居性节能改造。创新改造投融资机制，吸引社会资本投入建筑加层、扩展面积、物业和公共设施租赁等改造。

既有公共建筑应强化节能管理，推进能耗统计、能源审计工作，完成公共建筑节能改造 1 亿平方米。开展公共建筑节能重点城市建设，探索市场化改造模式。不断推进节约型学校、医院等公共建筑的建设，推动建设绿色校园、医院节能及绿色化改造试点。

“十三五”期间，地方上也采取多种激励措施来促进既有建筑的绿色更新改造工作，加强既有建筑绿色更新技术的应用。2016 年，上海市绿色建筑协会启动了上海市既有建筑绿色更新改造评定工作，并发布实施细则。

为保证我国既有建筑绿色改造的顺利实施，需要积极探索既有建筑绿色改造技术路径及融资模式，完善相关政策、标准、技术及产品体系，为大规模实施既有建筑绿色更新改造提供支撑。

3. 既有建筑绿色更新的地域特征

由于我国幅员辽阔，地形复杂，地域性气候特征区别明显。为了使民用建筑设计与地区气候特征相适应，我国制定了建筑气候区划标准。《建筑气候区划标准》以温度、降水量等作为标准，将全国分为7个气候区，提出相应建筑设计要求和技术措施。从建筑热工设计角度出发，《民用建筑热工设计规范》以温度为标准，将全国分为严寒地区、寒冷地区、夏热冬冷地区、夏热冬暖地区和温和地区等五个热工分区，可作为热工设计的参考依据。

既有建筑的更新改造应根据不同地区气候环境和能耗特征的差异，探索适应气候的节能设计实施细则和节能评价标准。针对南北方不同气候特点及用能形式，国家分别出台了针对北方采暖地区和夏热冬冷地区、夏热冬暖区既有居住建筑节能改造的实施意见、技术导则和能效测评办法。下面将根据北方采暖地区和南方湿热地区的地域特征进行既有建筑节能设计相关的梳理，包括两地的主要能耗特征、既有建筑节能改造策略等。

（1）北方地区。

我国北方地区城市基本依靠集中采暖，农村地区则是依靠居民自家的锅炉、土炕等进行供热。全年采暖期长达4～6个月，年均采暖能耗大。分散的采暖形式不仅能源利用效率低，而且造成了严重的空气污染，所以集中采暖是更为节能的采暖形式。

采暖地区居住建筑能耗主要来自冬季采暖，这些地区不仅需要推进供热体制改革，还需要重点进行围护结构的性能提升，减少冬季热损失并降低采暖能耗。

采暖地区的公共建筑节能更新需要结合国家节能改造的相关政策要求，对现有公共建筑的能耗现状进行调查评估，据此确定建筑绿色改造的技术方案。另外，相关的经济激励政策和市场化运作也要落实，为项目启动提供资金支持。

（2）南方地区。

南方地区空调使用期长，针对夏季隔热的节能改造是建筑更新的重点。居住建筑普遍开窗率高，公共建筑中大量应用玻璃幕墙，且缺少遮阳设施，导致夏季室内过热，空调制冷能耗高。

目前对于冬季保温的措施研究较多，而针对夏季隔热的改造技术还需要更多的探索。国家已经陆续推出分别针对夏热冬冷地区、夏热冬暖地区的节能设计标准，建筑门窗隔热、遮阳的技术和设备也在研究之中，立足当地气候条件的既有建筑绿色更新具有广阔的发展前景。

4. 国内既有建筑绿色更新面临的问题

（1）既有建筑更新改造市场不完善。

尽管既有建筑的更新改造具有显著的经济、环境与社会效益，但是在改造初期一次性投资大，投资回收期长，需要稳定的经济条件支撑。我国的建筑更新改造还处于起步阶段，缺少经济激励政策、融资难是建筑绿色更新工作推进的主要困难。

为促进既有建筑更新改造市场培育，需要采取经济激励及行政激励等手段来调动全社会对既有建筑绿色更新的积极性；为市场主体拓展融资渠道，运用市场融资、中央补助、地方政府补贴、社会投资、税收减免等政策为建筑改造项目的开展提供资金支持；加强试点示范工程的带动作用，在建筑市场中进行大规模推广。

（2）既有建筑绿色改造缺乏重视。

既有建筑绿色改造是绿色建筑与建筑更新理念的结合，而实践中常常只涉及既有建筑节能改造，忽视了既有建筑的绿色品质要求。既有建筑绿色改造涉及的范围不仅包括节能，还要求在建筑全寿命周期内节水、节地及节材等，通过既有建筑绿色改造满足绿色建筑的标准。实践中重视新建绿色建筑也导致忽略了既有建筑绿色化改造，盲目拆除重建造成土地、资源、能源等浪费，且成本高昂。

（3）缺乏技术集成。

目前的绿色改造以外围护结构、照明或空调等单项技术为主，缺乏系统性的改造方法。既有建筑的绿色改造是一项综合性工程，需要相关规范规程的科学指导，不断完善节能改造相关的技术规程和技术导则。就节能改造来说，局部的节能技术导致项目的节能率不高，建筑整体的节能效益低。既有建筑绿色改造工程应从多学科的综合视角出发，整合优化设计方法，通过绿色技术的集成改善环境舒适度、节约能源资源、优化使用功能，进而提升改造的生态效益、经济效益、综合效益等。

9.2.2 国外既有建筑绿色更新概况

20 世纪 70 年代，受到能源危机的影响，发达国家较早开始了建筑节能和既有建筑改造再利用的探索，通过实施相应的激励政策来推动建筑节能更新的科研和产业发展，相关政策较为完善，形成了相对成熟的发展体系。例如德国、丹麦、波兰等国家通过大量财政补助推动既有建筑节能改造；美国、日本为太阳能建筑提供财政补贴，其建筑节能更新技术和评价标准也已经达到了一定水平，相关实践取得了突破性进展。发达国家的先进经验对我国推进既有建筑绿色更新具有参考意义。

1. 德国

德国在绿色建筑体系与技术的研究方面处于世界领先地位，政府对建筑节能十分重视，颁布了一系列法律法规和激励政策推动建筑节能的研究。德国目前有许多成功的建筑节能改造项目和案例。随着新技术和新材料的发展，建筑节能改造取得了高技术和低能耗的效果。在节能材料研发、节能技术的研究和环保法规的实施方面都取得了很多成就，使用环保建筑材料和先进的节能技术，无论是新建建筑绿色设计还是既有建筑节能更新，都积累了宝贵的经验。

（1）相关法规。

德国于 1976 年颁布了《建筑节能法》，初步对建筑保温、采暖、通风以及设备系统提出了较为笼统的限定，使建筑节能工作有法可依；随后逐步建立了层次分明的“一律”“两规”“多条例”等法律体系，其中《建筑节能法》作为基础法律，《建筑保温法规》《供暖设备法规》作为辅助法规，对围护结构传热系数和最大热损失量做出具体规定，同时补充了《供热计量条例》《生态建筑导则》等条例，促进市场依法运行，形成了完善的法律体系。

2002 年起，德国立法机关在 1976 年《建筑节能法》的基础上，整合保温和供暖设备运行法规，颁布了《能源节约法》。该法典在应用方面将新建建筑和既有建筑区分开，推动了建筑节能的发展。《能源节约法》鼓励对既有建筑物进行节能改造，对不符合节能规范的设施实行强制报废措施。通过节能法规的颁布，德国建筑节能的核心思想从控制建筑围护结构单体外墙、外窗和屋顶等的最低保温隔热指标，转化为对建筑物能耗的控制，在实际工程中实行建筑能耗定量化及建筑能耗证书制度。

（2）经济激励政策。

德国采取税收改革、财政补贴、优惠贷款等经济激励政策，促进既有建筑的节能改造。

1999年，为降低能耗、鼓励新能源研发，德国开始实行生态环保税收改革。政府适当提高汽油和建筑采暖的税率，加强了能源消耗的税收，同时减轻企业和个人的税收负担。通过税收政策提高能源的价格，促进全社会节约能耗和节能技术的研发应用。德国政府对建筑节能领域提供财政补贴，如安装使用太阳能设备、新风热回收系统、热泵等，补助标准与节能效果挂钩。

此外，德国政府还设立专门的银行优惠贷款和基金来推动旧房改造工程，既有建筑节能改造可申请银行优惠贷款，如德国复兴信贷银行（KPF）等，有力推动了德国既有建筑节能改造的发展。

（3）节能技术研发。

德国建筑节能改造的相关技术包含围护结构保温隔热构造、装配新风热回收系统、太阳能供热和热水系统等，其中围护结构保温隔热构造分为以下几种。

①外墙保温优化。德国的气候冬冷夏热，围护结构节能改造的重点在于保温性能优化、降低建筑的采暖能耗。外墙保温优化的措施有加设保温层和增加保温层厚度。节能改造使建筑能耗降低为原来的15%，并提高了室内环境品质和人体舒适度。同时，德国积极探索新型外墙保温材料，新材料的研发为建筑节能更新的技术措施提供了更多选择。如室内保温材料中运用了相变材料，不仅可以调节室内气温，而且利用相变材料储能减少热量交换，提高室内气温的热稳定性。

②门窗保温性能提升。由于窗的传热系数高，且门窗框的安装存在一定的热桥，建筑的门窗是围护结构中保温的薄弱部分和主要的热损失部位。通过窗户材质的更换，选用节能门窗可以减少通过门窗的热量流失。德国的建筑更新项目中常采用节能的双层中空玻璃窗和断热型材窗框，双层中空玻璃的间层填充惰性气体有效减少透过门窗构件的热传递。

③外保温与装饰一体装配化。装配式可以加快施工速度，减少湿作业，对住户影响小。采用工厂预制的方式将外保温与外立面装饰材料做成一体的预制构件，可以直接在现场装配，节省施工成本。

2. 英国

英国也在大力推行建筑节能，环境保护部设置了专门负责全国建筑节能工作的节能办公室。英国现有建筑物数量庞大，这些既有建筑会产生很多能源浪费，因此政府每5年调高一次房屋的节能标准，以此为依据进行节能改建，从而降低建筑物的能源损耗。

英国政府为了推动旧建筑节能改造政策的实施，按照改造花费给予相应比例的资金补贴，并针对不同年代不同结果的既有建筑制定不同的更新改造标准。

英国开展的建筑节能改造实践，对节能减排做出了重要贡献，取得了显著的经济效益和社会效益，也为其他国家的建筑更新提供了经验和借鉴。

例如在墙体更新方面，提高墙体保温性能，可以在原有建筑的墙内中空气腔中填入具有良好保温能力的节能材料。对于门窗更新，常用的做法有利用双层保温玻璃中间的空气层保温，在原有窗户外侧加保温窗，减少对旧窗的改动，巧用原有窗框。表9-3给出了英国历年建筑围护结构的传热系数。由表中数据可知，随着节能材料和技术的研发和应用，屋面、墙体、窗户和地板的隔热性能均在逐年提高。

表 9-3　英国历年建筑围护结构传热系数（W/（m^2·K））

建筑围护结构	1965 年	1976 年	1980 年	1990 年	2002 年
屋面	1.42	0.6	0.35	0.25	0.16
墙体	1.7	1.0	0.6	0.45	0.35
窗户	—	—	—	3.3	2.0
与地面接触的地板	—	—	—	0.45	0.25

在绿色建筑评价体系中，英国建筑研究院环境评估方法（BREEAM）发展较为成熟，其中 BREEAM In-Use 是专门针对英国本土既有建筑的评估体系，以降低既有建筑运行成本、提升环境性能为目标，其核心评价条目包括土地利用和生态污染、健康和舒适、能源、水资源、材料与废弃物、交通运输、运营管理七个方面，根据建筑类型的不同，各部分所占比重有所区别。

3. 美国

美国的既有建筑改造起步较早，在节能法律法规制度、政策激励体系、市场运作模式、标准化措施方面积累了丰富的理论和实践经验。同时，美国还在不断完善既有建筑绿色改造的评估体系，采取减免税收、低息贷款、现金补贴等经济激励方式推动既有建筑改造。

（1）节能法律法规。

美国 2005 年颁布了《能源政策法案》，内容涵括建筑最低能耗标准制度、建筑运行管理制度、建筑能效标识制度、建筑节能信息服务制度和建筑节能监管制度，涉及材料市场、技术市场、融资市场、节能服务市场等方面，规范了既有建筑节能改造市场发展。

（2）绿色建筑评估体系。

美国绿色建筑协会专门针对现有商业建筑和高层住宅建筑开展的既有建筑绿色评估体系（LEED-EB）。作为 LEED 评估体系的分支，LEED-EB 评估体系对参评的建筑没有屋龄限制，其评估关注资源消耗和废弃物管理，注重既有建筑的性能表现与能源效率，对促进既有建筑的性能提升，改善既有建筑环保特性有重要意义。

9.2.3　我国建筑绿色更新的展望

我国的建筑绿色更新尚处于起步阶段，参考国内外先进绿色建筑技术有利于加快我国建筑绿色更新的进程，减少不必要的投入。我国已经有很多成功的建筑绿色更新案例，如历史保护建筑的节能更新、黄土高原的新型窑洞改造、绿色办公楼改造、既有住宅节能改造等项目。建筑绿色更新在我国具有非常广阔的发展前景。

9.3　既有建筑绿色更新关键技术

以绿色建筑为目标导向，建筑更新关键技术可以分为建筑围护结构、建筑空间、建筑设备系统和可再生能源等方面。将建筑功能的置换与先进技术结合，以达到改善建筑环境、优化建筑空间布局的效果。

9.3.1 建筑类型

根据使用性质和建筑类型的不同，一般将建筑分为民用建筑和工业建筑，民用建筑可分为居住建筑和公共建筑两类，其能耗特征有较大差异，因此对应的建筑绿色改造的侧重点有所区别。

1. 民用建筑

（1）居住建筑。

居住建筑更新主要是对既有住宅进行更新改造。居住建筑更新的目的在于提升建筑安全性与使用功能，同时满足绿色建筑的相关标准。住宅的能耗主要来自采暖及空调设备的使用，因此改造时应注重减少采暖及制冷设备的能源消耗，改善既有居住建筑的热舒适性，建设绿色宜居型的住区。

居住建筑的结构及空间布局较难改变，因此针对既有居住建筑的改造主要从以下几方面展开。①需要对旧建筑进行性能和结构检测，根据检测结果进行必要的修复加固。②需要加强外围护结构的保温隔热性能，例如墙体保温层、门窗、遮阳设施等。此外，还可以从居住建筑的设备系统和主动式技术设施方面进行更新改造，例如在屋顶加装太阳能光电、光热一体化设备，加装雨水收集、中水回用等设施，实现水资源循环利用，更换节能型采暖及制冷设备等。

（2）公共建筑。

据统计，我国公共建筑耗电量相当于全年国家耗电量的 20% ～ 25%，其中大型公共建筑面积仅为全国建筑面积的 4%，但耗电量高达 22%，能耗强度为居住建筑的 10 ～ 20 倍。我国的人口多、人口密度大，对公共建筑的形式和面积需求量大，不同气候条件下、不同功能的公共建筑能耗特点不同。总体来说，我国目前公共建筑能耗指标高，具有很大的节能潜力，且公共建筑改造具有很强的可操作性，因此我国既有建筑绿色改造的重点在于公共建筑。

2. 工业建筑

由于城市化进程加快和产业升级，城市中出现很多废弃的老厂房和仓库等工业建筑，城市旧工业建筑与城市发展之间的矛盾日趋显现。随着人们对工业遗产保护意识的提高，这些包含历史特征的工业建筑价值逐渐呈现，一些保存较好的工业建筑通过建筑更新得到了价值的延续。

既有工业建筑具有提升潜力。由于工业建筑建造初期很少考虑节能和环境舒适度，建筑外围护结构保温隔热性能差，门窗等构造也缺少节能材料的选用和断热桥设计，导致建筑使用过程中能耗高且热舒适性差。因此工业建筑更新需要提升综合性能，通过系统性的绿色改造实现既有工业建筑的更新和再利用。改造方向包括结构加固和修复、围护结构修复和热工性能改造、外立面更新、内部空间及装饰整治、机电设备系统的维修和更新、外部环境的整治和生态修复、再利用周期的维护和保养等方面。

9.3.2 既有建筑总体布局改造

建筑的总体布局对场地微气候有显著的影响，应考虑建筑布局对场地风环境的引导、遮挡等因素，进行场地局部风环境设计。例如建筑单体的采光、通风等，合理的建筑间距是保证建筑获得良好采光的关键；场地中的绿化和水体对于改善局部微气候起到重要作用。

（1）建筑间距。

如果建筑南北向间距过小，北侧建筑采光会受到南侧建筑的遮挡，导致室内光环境质量差，同时也增加建筑照明能耗。为了保证建筑南向采光，我国根据各地区建筑日照标准规定了日照间距系数取值。

（2）建筑布局与风环境。

建筑群的布局在平面上一般有行列式、并列式、斜列式、点式等不同方式，建筑群的布局方式直接影响室外的风速分布。在进行建筑布局的设计时，需要借助专业的风环境模拟软件进行分析。不利的风环境对建筑单体节能有不良影响。建筑群布局中应该避免的恶性风流包括角落效应、漏斗效应、屏障效应、通道效应等。

（3）绿化和水体。

绿化与水体具有调节建筑周边环境微气候的作用。场地中的绿化布置可以起到导风、遮阴、隔声等作用，水在白天吸收热量并在夜晚释放热量以调节温度，夏季的空气流经水体上方时可通过水体降温，促进自然通风，并且净化空气。同时，城市中的水体有利于减弱城市热岛效应。

9.3.3 既有建筑围护结构性能更新

改善既有建筑围护结构的性能，可以从以下方面进行。

1. 外墙保温隔热性能改造

我国传统住宅常采用单一材料建成，缺少保温隔热构造。城市建设中的外墙保温构造常受到技术条件制约，围护结构的传热系数大，造成建筑的采暖和空调能耗过高，导致大量潜在的能源浪费。加强外墙保温隔热性能是既有建筑围护结构绿色改造的重点，具体内容如下。

（1）加设保温层。

外墙保温隔热性能改造的重点是降低围护结构的传热系数，减少通过墙体的热量传递，因此加设保温层是外墙改造的基本方式。保温层按构造方式不同可分为外墙外保温、外墙内保温、外墙夹芯保温（见表 9-4、图 9-1）。

表 9-4 外墙保温方式比较

类型	优点	缺点
外墙外保温	（1）保温性能好，有利于消除热桥，保温效率高； （2）防止保温层内部产生冷凝水； （3）保护围护结构的主体结构，提高结构耐久性； （4）不占用室内使用面积； （5）施工不影响室内业主使用	（1）冬季、雨季施工受限制； （2）南方地区外保温层易受潮脱落，有安全隐患； （3）饰面层、抹面层易开裂； （4）造价相对较高
外墙内保温	（1）对饰面层和保温材料防水和耐候性要求不高； （2）施工简单，不受气候影响； （3）造价相对较低	（1）容易形成热桥，降低保温性能，保温效率低； （2）热桥部分易发生结露； （3）室内使用面积减少； （4）影响室内装修
外墙夹芯保温	（1）有利于保护保温材料； （2）墙体和保温层同时完成	（1）施工工艺较为复杂，施工质量难以控制； （2）用于墙体改造不太可行

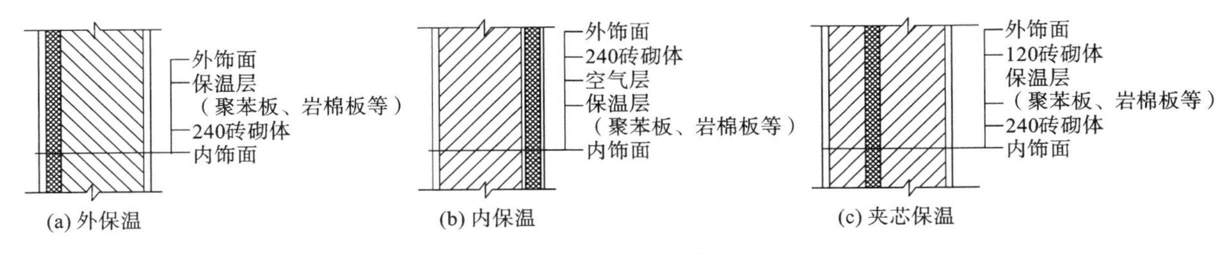

图 9-1　外墙保温构造

外保温墙体不仅在保温性能、热稳定性等方面优于内保温墙体，而且在建筑主体结构的耐久性等方面也更有优势，因此在既有建筑绿色改造中宜优先选用外保温。

（2）新型墙体材料。

积极开展新型墙体材料的研发，采用适用于建筑改造的节能墙体材料对改善建筑墙体保温隔热效果有着重要意义。新材料可以提升墙体保温隔热的性能，对于解决既有建筑绿色改造的施工难题也有帮助。

STP 真空保温板是一种无机不燃保温材料，普遍应用于冰箱、制冷行业。随着建造技术的提高，这种材料在建筑中得以应用，它使用寿命长，可与建筑的使用年限同步。STP 真空保温板与传统保温材料相比具有明显优势，材料的导热系数极低，保温效果相当于聚苯板的 5 倍，仅需很小的厚度便可以达到传统材料的保温效果；且材料单位质量小，施工方便、安全性高，所以适合用于既有建筑的改造工程。

相变材料通过物态变化可以进行热量的储存与转化，最初用于航空航天领域的研究，近年来开始作为建材使用。由于相变的过程可逆，这类材料可以重复使用，具有相变温度适宜、储能密度大、导热性能好、性质稳定等特性，在建筑领域受到广泛的欢迎。其中，固 - 液相变材料是一种相对成熟的相变材料，可以作为隔热保温墙体材料应用。

（3）墙体隔热。

墙体隔热可以采用墙面的垂直绿化降低墙体表面温度，减少墙体吸收的热量，对改善城市生态、美化环境、改善室内热环境有重要作用。

此外，还可以喷涂浅色涂料改善墙体隔热性能，浅色涂料可以反射照射在墙体表面的热辐射，在涂料中添加导热系数极低的纳米材料，可以阻隔热能的传递，从而达到较好的隔热效果。在既有建筑改造中，涂料可以与建筑的立面更新同步设计，以取得实用性与美观性的统一。

2. 加强门窗的保温隔热性能

门窗的传热系数通常是墙体的数倍，是围护结构保温的薄弱环节，减少通过门窗的热量流失、提高门窗的保温隔热性能是围护结构绿色改造的重点之一。具体的措施有如下几种。

（1）合理的开口位置和面积。

我国的《公共建筑节能设计标准》和《居住建筑节能设计标准》对围护结构的热工性能做出了一般性规定，其中规定了外窗的窗墙比范围、传热系数和太阳得热系数要求（见表 9-5）。

表 9-5　外窗的窗墙比、传热系数和太阳得热系数要求

气候分区	窗墙比	传热系数 K / (W/ (m^2 · K))	太阳得热系数 SHGC
严寒 A、B 区	0.40 ＜窗墙比 ≤ 0.60	≤ 2.5	—
	窗墙比＞ 0.60	≤ 2.2	
严寒 C 区	0.40 ＜窗墙比 ≤ 0.60	≤ 2.6	—
	窗墙比＞ 0.60	≤ 2.3	
寒冷地区	0.40 ＜窗墙比 ≤ 0.70	≤ 2.7	—
	窗墙比＞ 0.70	≤ 2.4	
夏热冬冷地区	0.40 ＜窗墙比 ≤ 0.70	≤ 3.0	≤ 0.44
	窗墙比＞ 0.70	≤ 2.6	
夏热冬暖地区	0.40 ＜窗墙比 ≤ 0.70	≤ 4.0	≤ 0.44
	窗墙比＞ 0.70	≤ 3.0	

（2）增设防风门斗。

门斗是设置在建筑入口处的缓冲空间，起到分隔、挡风、防寒、隔音等功能，在我国东北地区传统民居中普遍运用，可以减少通过出入口的冷热量流失。当建筑入口朝向冬季主导风向时，应该设置防风门斗，门斗的入口应该转折 90°，避开不利风向。门斗应具有良好的密封性能，起到冬季防风防寒作用。

（3）采用高性能玻璃和窗框型材。

为了减少通过窗户的散热量，通常可采用高性能的节能玻璃或外窗。节能玻璃包括吸热玻璃、热反射玻璃、Low-E 玻璃、中空玻璃等，外窗应采用由高性能玻璃制造的节能窗，如双层窗或双层中空玻璃窗等，通过两层玻璃之间的空气间层，可以增加窗户的热阻，减少通过窗户的热量传导。

另外，可以选用传热系数小的窗框型材。过去常采用的木窗框有着较好的保温性能，但是随着材料的发展，用型材代替木窗框是不可避免的趋势。由于型材的传热系数一般较大，为了减少窗框部位的热桥，可以采用断热的塑钢或铝合金型材代替普通型材。常用外窗热工性能参数如表 9-6 所示。

表 9-6　常用外窗热工性能参数

单片玻璃	单片玻璃传热系数 K/ (W/m^2 · K)	中空玻璃	组合玻璃传热系数 K/ (W/m^2 · K)
透明玻璃 6mm	5.7	6 透明 +12A+6 透明	2.8
吸热玻璃 6mm	5.7	6 绿色吸热 +12A+6 透明	2.8
热反射玻璃 6mm	5.4	6 反射 +12A+6 透明	2.4
Low-E 玻璃 6mm	3.6	6Low-E+12A+6 透明	1.9

（4）加装遮阳设施。

很多早期既有建筑对建筑遮阳考虑较少，在使用过程中出于夏季防热的需求，建筑中出现了很多后期增加的遮阳设施。外遮阳一般采用室外的遮阳板，内遮阳则以窗帘为主。对居住建筑来说，住户自行增加的遮阳设施由于缺乏统一的设计，一方面影响住宅的外观，另一方面也造成一定的安全隐患。

既有建筑绿色改造工程中，需要对建筑的门窗遮阳进行统一设计和规范安装。在满足建筑立面设计要求下，增加外遮阳板、遮阳百叶等设施都可以起到很好的遮阳效果。在窗户内侧也可以安装具有热反射作用的百叶或窗帘，根据室内采光需求调节遮阳范围。

（5）提高门窗的密封性能。

一些使用寿命较长的老旧建筑的窗户密封性能下降，门窗框与墙体交接处、门窗框与窗扇及密封条等位置出现缝隙，对于建筑节能十分不利，因此门窗改造应提高门窗的密封性能，解决好外门窗的空气渗漏问题。

设置密封条可以提高门窗气密性和保温、隔热及隔声性能，密封条应选用质地柔软、耐候性好、有一定弹性的材料。窗的开启方式也影响密封性能，我国最常用的门窗是推拉窗和平开窗，推拉窗具有安全、安装简便、成本低等优势，但平开窗的气密性较好，在改造中可以根据实际条件选用合适的窗型。

3. 屋面绿色改造

建筑屋面的绿色改造具有重要的节能效益。在夏季，屋面作为建筑的第五立面，是建筑中接受阳光辐射最多的面。改善建筑屋面的热工性能，可以有效减少空调能耗，提高室内舒适度，有助于建筑的夏季隔热。在冬季，建筑的屋面作为外围护结构的一部分，通过屋面进行的热交换耗热量在建筑外围护结构总耗热量中占据很大比例，通过提高屋面的保温性能，可以减少冬季建筑采暖能耗。

既有建筑屋面改造的一般方法包括在屋面上加设保温隔热层、架空隔热屋面、种植屋面、平屋顶改坡屋顶等。建筑屋面改造方法应该根据建筑所处地区气候条件，合理选用具体节能措施。如加设保温隔热层对于南北方气候条件都适用，而架空隔热屋面在南方较为常用。

（1）加设保温隔热层。

屋面保温层根据防水层和保温层的构造方式不同可以分为正置式屋面和倒置式屋面。正置式保温屋面通常采用珍珠岩、水泥聚苯板、加气混凝土、陶粒混凝土、聚苯乙烯板等保温材料，这些材料孔隙率大，吸水后保温性能差，因此防水层设置在保温层之上可以保护保温层免受水分侵扰，同时保温层内部需要设置隔汽层来防止室内凝结水进入保温层。正置式保温屋面构造复杂，且防水层易受外界环境影响而老化。因此在现在的屋面保温工程中不常采用。

倒置式保温屋面采用憎水性保温材料，如聚苯乙烯泡沫塑料板、聚氨酯泡沫塑料板等，将防水层布置在保温层的下面，可以保护防水层免受外界环境的不利影响，延长防水层的使用寿命。

（2）架空隔热屋面。

架空隔热屋面主要用于改善建筑夏季防热能力，减少夏季空调能耗。架空屋面是在建筑屋面防水层上架起一定高度的空间形成通风间层，利用通风带走热量，起到夏季隔热的作用。它主要用于气候炎热的南方地区，北方地区一般不采用这种做法。

（3）种植屋面。

种植屋面通过在屋面上覆土并种植植物来提高屋面的保温隔热能力。在夏季，植物能遮挡太阳辐射，利用光合作用吸收热能，减少通过屋面进入室内的热量。植物还可以通过蒸腾作用带走建筑表面的热量，降低屋面的室外综合温度。在冬季，土壤层的热阻和热惰性可增强建筑屋面的保温性能，有利于维持室内温度稳定。

（4）平屋顶改坡屋顶。

为了节约造价，很多 20 世纪建造的居住建筑多为平屋顶，这种屋顶不仅保温隔热性能差，屋面排水效果也不好，经常发生雨水渗漏的现象。1999 年，上海首先开始既有住宅的“平改坡”屋面改造工程，将多层住宅的平屋面改建为坡屋面，改善顶层室内空间的热舒适效果。改造后的屋面不仅更为节能，防水能力也大大提升，并有利于改善城市建筑风貌。

4. 改善建筑自然采光和通风

既有建筑由于功能和设计需求的限制，需要对建筑的围护结构重新设计和改造。建筑围护结构的开口位置和方式决定了建筑的采光和通风。

（1）自然采光。

建筑的自然采光是建筑的自然属性，对于提升室内光环境有着重要意义。据学者统计，公共建筑中的照明能耗占设备总能耗的 20%~40%，其中学校建筑和商业建筑的照明能耗明显高于其他类型的公共建筑。改善建筑的自然采光可以减少照明能耗，符合节能减排的发展理念。既有建筑的围护结构更新应根据建筑的采光需求进行设计，选择合理的窗地比和开窗位置与形式。

如何有效利用自然光进行节能关系到建筑中太阳能的被动式利用。太阳不仅为室内活动提供了需要的光照，也提供了热量。通过建筑围护结构的开口、布局的选择可以优化室内自然采光，并改善建筑的热环境，更好利用太阳能。

（2）自然通风。

建筑依靠风压和热压形成自然通风，促使空气流动，可以带走室内热量并提供新鲜空气。舒适的自然通风可以起到降温的效果。加强自然通风有助于改善室内环境舒适度，并减少空调等机械设备的能耗。

对于进深较小、空间形式简单的建筑，可以通过开窗位置、开窗面积的改造优化建筑的自然通风效果。一般来说，夏季应增加建筑表面受风面面积，冬季应缩小受风面面积。我国受季风和海洋性气候的影响，夏季主导风向一般为南向或东南向，冬季主导风向则是北向或西北向。对既有建筑进行改造时，可通过调整开窗位置和方式，引导室内自然通风。建筑开窗的相对位置以在平面上形成穿堂风为佳，可形成较好的通风覆盖面，同时减小室内涡流区，改善室内风环境。

对于进深较大的建筑，在改造中可以采用风井、天井、中庭等方式优化自然通风。风井和建筑中的天井、中庭等空间利用烟囱效应的原理，在垂直方向上形成热压通风。建筑改造还可以结合建筑的门窗、遮阳、雨棚等构件进行导风，通过导风板的设置优化风压分布情况，促进室内通风。

（3）双层通风墙体。

建筑的围护结构可设计成双层的壁面，形成封闭的空气间层，利用太阳能加热形成的“热虹吸”

效应加强热量的传导。在空气间层的顶部和底部设置排风口，夏季打开排风口，利用热压通风的原理，空气间层中的空气在太阳能的加热下上升通过排风口，可以强化自然通风效果；冬季将排风口关闭，封闭的空气间层起到保温作用，可以有效加强供暖效果。如特隆布墙、双层通风玻璃幕墙就是利用这个原理改善外围护结构的性能。

9.3.4 既有建筑空间更新

1. 空间组织

（1）温度分区。

合理的空间布局和空间组织方式有利于建筑节能。采用温度分区法可以将室内的热量进行合理分配，减少热量流失，从而保持室内条件稳定。温度分区法可分为围合法、半封闭法、“三明治”法和立体划分法。通过温度分区，将主要空间布置在较好的朝向处，而热量需求不高的房间布置在不利方位即热量易散失的部位，对主要空间形成“屏障”，利用室内形成双壁系统作为温度保存的措施，减少主要使用空间的热量散失。

（2）体型控制。

建筑的体型控制通过限制体型系数（即外围护结构面积与所围合出的空间体积比值）减少室内热量的流失。简单的建筑形体更容易保存热量，而外立面出现过多凹凸、转折的形体对于能量保存则较为不利。体型控制涉及众多的问题，在建筑改造中需要综合考虑。

2. 热缓冲空间

结合气候条件合理组织建筑的热缓冲空间，可以有效利用太阳能实现建筑节能。热缓冲空间的作用可以概括为蓄热能力和热量调节两方面，根据其在建筑中的位置，可以分为中庭式、边庭式、包围式、附加式等。建筑更新中可以通过设计生态中庭、加建阳光房、设置双层表皮等增加热缓冲空间。

（1）中庭空间。

中庭空间常作为建筑的共享空间使用，有着改善采光、促进自然通风的作用，还可以结合绿化调节建筑室内热环境。在建筑更新中合理利用中庭空间的生态效应，对于建筑节能和风、光、热环境性能提升有重要意义。

将天窗的玻璃屋顶设计成可开启形式，可以调节室内温度。冬季中庭可以起到采暖作用，节约采暖能耗。利用玻璃天窗接收太阳辐射，中庭周边采用实体空间围合，可以提高其蓄热性能，具有更好的保温效果。夏季可以结合中庭进行降温，打开屋顶天窗，利用热压通风的原理将室内热空气通过天窗排出，达到降温的目的，减少空调能耗。

为了改善中庭的节能效果，可以在玻璃天窗内设置遮阳装置，调节进入室内的太阳辐射量，还可以采取双层玻璃屋顶形式。

（2）阳光房。

阳光房在居住建筑中较为常见，通过在向阳面加建阳光房，可以增加冬季建筑接受的太阳辐射热，改善室内热环境并降低冬季采暖能耗。阳光房由透明玻璃建造，由于玻璃对太阳辐射的可见光透过率高，使阳光房在冬季可以迅速采集热量升高到适宜的室温，而对室内物体吸收热量发出的长波辐射透过率低，使得阳光房具有较好的保温性能。

9.3.5 建筑设备系统更新

部分既有建筑的供能和用能系统较为老旧，设备系统需要更新换代，因此，建筑更新中需要系统设计，选用能效比更高的设备系统，同时引入有利于节能的技术和设备。

建筑设备系统的更新指通过改善供能方式、替换用能系统以及可再生能源应用等主动措施来改善建筑室内环境，优化节能减排效果，内容如下。

1. 机械辅助式通风系统

机械辅助式通风系统可以保证所需的通风量，控制房间内的气流方向和速度，优化室内风、热环境，在公共建筑改造应用较多。

2. 新风热回收系统

新风热回收系统主要由热回收通风机和空气换热器组成，通过促使进风和排风之间的热交换回收热量，可以减少新风处理的能耗，降低运行费用。采用新风热回收装置可以有效回收空气中的热能量，节约能源。德国的住宅改造项目常采用独立式的新风热回收系统供每户居民单独使用，这种方式在我国公共建筑中经常采用。

3. 电力设备系统

设备策略是指通过建筑中的末端耗能设备的能效提升，有效减少电耗。同时通过具体用电设备的更新，如空调、照明等设备，改善室内舒适指标。

建筑中提高空调系统的能源利用效率也可以降低能耗。据相关统计，公共建筑中的空调经过关键设备的改造和完善运营管理，可以节约 30% 能耗。对于照明系统的能效衡量，我国采用照明功率密度作为节能评价指标，在建筑更新中采用能效高的光源和灯具制品，在同样的光环境下可以有效减少设备能耗。改造中的照明设计，应该考虑空间使用功能进行合理的照明分区，如采用分区照明或局部照明。对于短时需要照明的场所如楼梯间等，可以采用光控或声控照明，安装相应的传感器来控制照明时间，减少照明电耗。

4. 主动式产能系统

在建筑更新改造中可以采用主动式产能技术。例如在太阳能资源丰富的地区通过合理布置太阳能光电及光热设备，可以为建筑提供电力或热水，有效缓解用电高峰期城市电网的压力。在地热资源丰富的地区，可以采用地源热泵技术，利用浅层地热资源调节室内热环境。

9.3.6 可再生能源

1. 太阳能

在所有可再生能源中，太阳能在城市和建筑领域的应用最为成熟和普遍。太阳能的具体利用方式包括被动式太阳能利用、太阳能光伏发电、太阳能光热和太阳能综合利用等。

2. 风能

在建筑节能的研究中，将风能转换为热能或电能从而用于建筑节能还处于发展之中，如风力发电技术的进一步提高和应用。

风力发电对风环境要求较高，过去常依靠集中的风力发电站将风能转化为电能并输送到电网中。由于风力随着高度的提升逐渐增强，随着高层建筑的发展，在高层建筑中实现风资源的应用具有很好的前景。上海中心大厦是超高层风力发电的典型案例。

在既有建筑更新改造的环境设计中，可以利用地形资源合理布置风力发电，如城市中的道路、广场等局地风口，可安装风能发电设施用于路灯、景观供电，缓解对城市电网的压力。还可以将风力发电与太阳能光电技术结合组成“互补”系统，白天采用太阳能发电，夜晚利用风能发电。

3. 地热能

地热能是一种清洁、安全的可再生能源。建筑中常用的地源热泵技术利用的是浅层地热能，借助地表的恒温效应，冬季将地热能用于建筑供暖，夏季用于室内制冷。同济大学文远楼更新改造采用了先进的地热技术，将地源热泵技术与辐射吊顶和空调系统结合，为室内提供舒适的热环境（见图 9-2）。

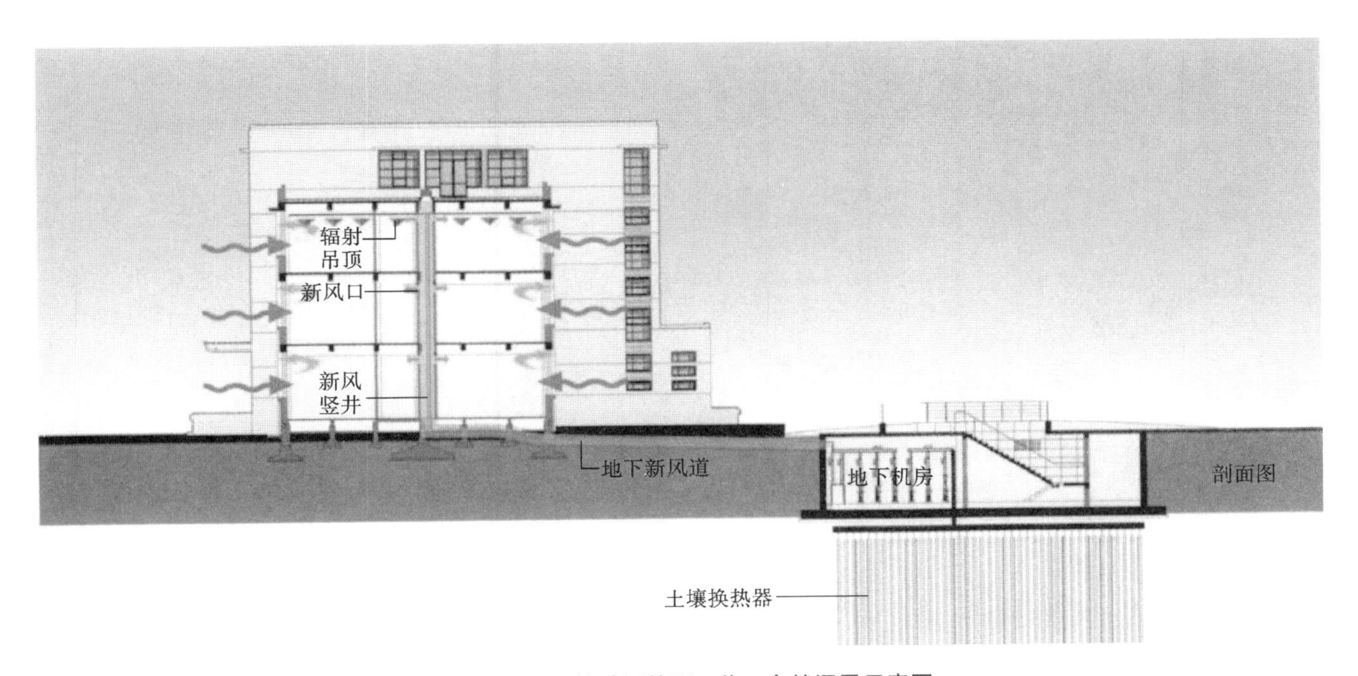

图 9-2　文远楼地源热泵工作、自然通风示意图

4. 生物质能

生物质能是太阳能以有机物形式储存在生物质中的能量。生物质作为地球上最广泛存在的物质，它包括动物、植物和微生物等生命物质，以及这些生命物质的派生、排泄和代谢物。生物质能可以用于建筑中的发电、供热等，欧美等发达国家已经形成了非常成熟的生物质能利用产业。德国国会大厦就采用了生物燃料供电，显著减少了二氧化碳排放量和环境污染。

近年来，我国根据生物质能发展“十三五规划”，积极开发生物质成型燃料，推动其在商业设施和居民采暖中的应用。作为替代煤炭等化石燃料的新型能源，采用生物质能热电联产供热是我国生物质能发展的一个重要方向，对于缓解我国目前频繁出现的雾霾等空气污染问题有重大意义。

目前我国生物质能在建筑中的应用主要分布在农村及郊区等地区，利用方式有沼气工程、生物燃料、生物质发电等，在城市中大规模利用还有待继续研发。生物质能的开发有助于解决我国“三农”问题，带动农村地区发展；采用生物质能代替常规能源有利于保护环境、减少污染；有利于维护国家能源安全和稳定。

案例分析

建筑更新与绿色建筑相关文件资料

建筑更新与绿色建筑案例

1. 唐山城市规划展览馆

唐山城市规划展览馆由原唐山面粉厂改造，设计师用水池和连廊串联起保留的六栋厂房，将离散的建筑统一成整体。改造中设置大面积的水景，塑造了良好的室外观展体验和舒适的场地环境（见图9-3）。

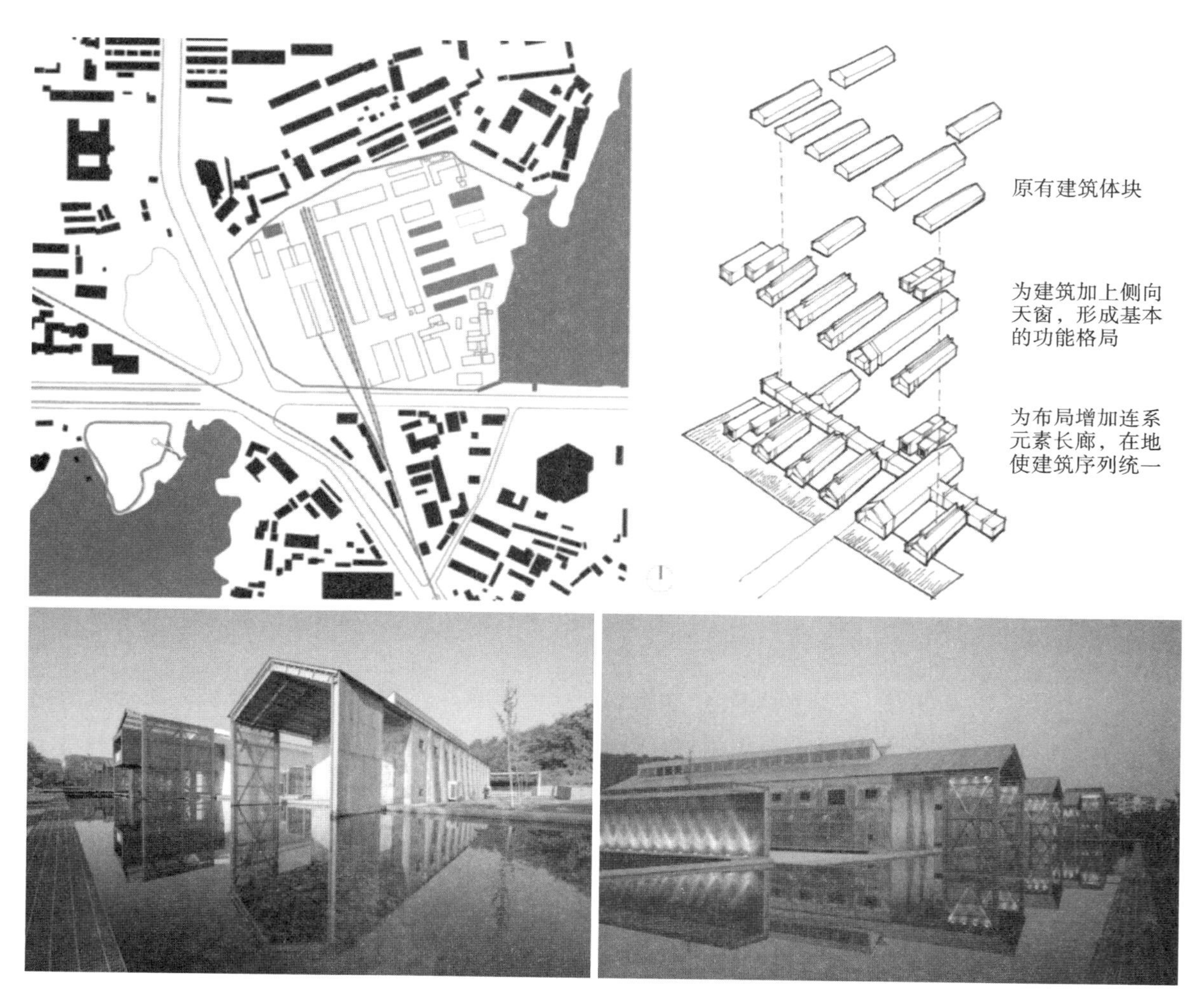

图 9-3　唐山城市规划展览馆改造

2. 加州科学院

加州科学院更新改造项目获得了LEED白金认证，改造围绕绿色屋顶展开，波浪形高低起伏的屋顶将原有的建筑空间整合在一起。

屋面种植了170万棵加州本土植物，构成了一个小型生态系统。屋面植物的蒸发降温和土壤热惰性为建筑提供了阴凉的室内环境，减少了建筑对空调的依赖。同时结合屋面绿化进行雨水的回收利用，设置可开启天窗营造出良好的自然通风和采光条件，具有良好的生态效应（见图9–4）。

图9–4　加州科学院种植屋面

3. 上海中心大厦

上海中心大厦的580m高空屋顶上，每年平均风速可达8~10m/s，具有良好的风力发电条件（见图9–5）。建筑中安装的风力发电机每年可产生118.9万千瓦时的电力，这也使上海中心大厦同时获得“绿色三星”设计标识认证和美国绿色建筑委员会颁发的LEED白金级认证，成为中国首次获此殊荣的超高层建筑。

图9–5　上海中心风力发电技术

▶ 知识归纳

1. 介绍我国建筑更新背景与意义，提出建筑更新的原则。

2. 概括国内既有建筑绿色更新的现状和相关政策，比较西方发达国家既有建筑更新改造的相关政策与技术，为国内建筑的发展提供参考。

3. 从总体布局、围护结构、建筑空间、设备系统与可再生能源等方面，对既有建筑绿色更新的关键技术进行归纳总结。

▶ 独立思考

1. 简述既有建筑更新改造的意义。

2. 近年来，我国出台了哪些政策来推进建筑更新工作?

3. 简述既有建筑节能改造和既有建筑绿色改造的区别。

4. 简述居住建筑和公共建筑在绿色改造中的共性与差异。

5. 收集既有工业建筑改造案例，并分析其中的绿色建筑技术。

6. 建筑绿色更新未来的发展方向?

7. 既有建筑绿色改造的评价指标有哪些?

8. 简要概括既有建筑围护结构改造的绿色技术。

9. 举例说明可再生能源在建筑更新中的应用。

第10章

绿色建筑与生态修复

生态环境不只是小区里的草木和水景，还包括区域内的风雨和阳光，建筑处于其中也成了不可忽视的一部分。在人类追求社会和谐的同时，绿色建筑理念与生态修复思想也成为探究建筑与环境平衡发展的重要思路。

10.1 生态修复概念

10.1.1 生态修复提出的背景

随着城镇化的发展，城市不断扩张，大面积的硬化地面，高密度的人口，以及人们生活所产生的大量废物与能源消耗，挑战着城市住区生态的承载能力与自我修复功能。人工环境与自然环境的不平等发展导致了诸多环境问题，主要体现在以下几个方面。

（1）环境负荷加重。

随着城镇化发展进程的加快，城市环境问题日益显现。在城镇化发展形势之下，城镇人口密度的不断攀升加重了城镇建筑的负担，建设数量与建筑体量的提升、硬质铺地面积的增多都影响着生态与建筑的平衡。自然生态环境的不断缩减，人工环境的持续扩张，生活垃圾、工业废气的大量产生，使得自然环境的自我调节能力面临巨大挑战。如今，绿地、树木、水体等自然环境被破坏，使扬尘、旋风、热岛效应等环境问题加剧。总的来说，高负荷的污染与低水平的生态系统是城市环境问题产生的主要根源。

（2）建筑对环境的负面影响加剧。

环境品质的好坏影响着建筑的使用与品质，建筑同样会对环境造成影响。建筑的设计与布局对区域内的声环境、风环境、光环境、热环境有直接或间接的干扰。建筑在建设、使用、拆除过程中产生的能源消耗、空气污染、废料处理等问题也对自然环境造成了压力。在日常生活中，空调被广泛应用，但高能耗的建筑对空调过度依赖，机械设备产生的热量和冷量被大量排放到室外环境中，造成了区域环境的被动变化，导致区域环境品质下降。

（3）能源利用效率低下，浪费严重，“负生态”显化。

在传统能源还不能被完全替代的今天，能源使用大多伴随着温室气体的产生。采暖与制冷作为建筑使用中的主要能源消耗，每年都造成大量的碳排放。能耗与碳排放是环境问题中始终不变的讨论重点。除此之外，能源利用率不足，能效低，损耗高，过度的供暖和制冷，以及建筑本身的保温隔热性能的薄弱，通风能力的不足，都造成了能源的浪费。过度依赖主动设备，不合理地使用传统能源，忽视生态环境的自身能量，使得生态环境产生消极影响。

（4）废弃物加重生态负担。

废弃物指生产生活中所产生的生活垃圾、工业废料、农业废物等。废弃物的分类、回收、再利用是目前公认的环保理念，对于工农业废弃物，国家有较为明确的处理要求和方法；对于生活垃圾，虽然全国各地逐步实施了垃圾分类政策，但现在国内还不能完全实现分类处理。其中，不够健全的配套设施体系是造成这一现象的主要原因。可回收垃圾不能被回收利用，与不可回收垃圾一起处理；垃圾数量增多带来的处理压力的增大；运输与处理过程中产生的气体与残渣。以上几条无疑再次增加了生态环境的负担，并对生态环境产生负面影响。

综上所述，生态环境与建筑有着不可分割的关系。建筑在自然中创造了更加舒适的人类生存空间，自然给建筑创造了多彩的外部环境，两者相互制约，相互作用。建筑需求与生态环境的平衡可持续是人类社会发展进步过程中应不断探索的话题。快节奏的发展建设所引发的环境问题应被重视，并通过人为的主动干预加以控制和修复。

10.1.2　生态修复的内涵

在生态环境恶化、建设需求不断增加的背景之下，找到平衡自然生态发展与人文生活需求的方式变得尤为重要。绿色建筑理念提出降低建筑对生态环境负担的思路，不仅需要考虑节约建筑能耗，建筑使用的舒适健康性与使用材料的可再生性等都是绿色建筑发展中不可忽视的部分。生态修复概念的提出与绿色建筑相得益彰，它关注自然，意在减少人文生活对自然造成的影响，使建筑的研究在人体感受与自然环境、人文环境的关系中具有更深入的思考，并给予现有建筑“绿色化”的可能性。

生态修复思想的发展推动着社会对高品质生活更深层次的认知与理解。社会的发展与进步需要追求工业、科技、经济、政治等方面的提升，但是，生活品质的升级不仅需要满足个人需求更需要提供健康的环境品质。尊重地球物种的多样性，保持生态系统的稳定与平衡是创造良好生活环境的基础，也是实现高品质人居环境的必要条件。

10.1.3　生态修复的定义

生态修复指通过现代科技的人工手段，按照自然客观规律，恢复天然的生态系统，修正受损或退化的环境因素，以满足环境的可持续发展。生态修复理念主要关注对象是自然环境及其生态。生态修复技术包括土壤生态修复工程技术、湖泊水体生态修复工程技术和水土保持与自然保护区生态修复工程技术等。

建筑领域的生态修复应关注人体感受、自然环境、人文环境三者间的平衡关系，尊重自然，保护自然，也巧妙地利用自然。生态修复不是生态复原，修复的本质是在保留人文环境功能需求的同时恢复生态环境活力，进而提升人居环境品质。完善生态修复体系，提高生态修复能力，降低建筑对环境的负面影响是促进生态与建筑平衡发展的基本思路。城市生态修复更综合考虑了环境的适宜性，生态与城市的可持续发展性，统筹环境、经济、社会、人居的各方面因素，创造并实现人类社会与自然环境的和谐有序发展。

10.1.4　生态修复与绿色建筑的关系

生态修复的提出与绿色建筑的研究都是为了实现人类文明在地球上的长远发展。生态修复从环境控制的角度研究了环境与建筑的关系，而绿色建筑则是考虑到环境的影响条件进行的适应性选择。生态修复与绿色建筑的提出打破了传统城市发展模式，二者都强调了自然环境与人文环境的和谐发展。

植被、土壤、水体等自然环境要素是生态修复中的改造主体。围护结构形式、供能方式、设备类型等建筑元素是建筑实现绿色节能的主要改造方向。生态修复可以从改善风环境、声环境、光环境和热环境等方向考虑，以节能减排为改造目标；从室内与室外两个空间入手，提升能源结构水平并优化环境建筑质量。

10.2 生态修复与绿色建筑技术

面对现有的生态问题并预防环境的恶化，实现自然与人类的和谐可持续发展是生态修复的最终目的。在进行生态修复设计时应关注到植被、水体、土壤、生物这些在生态环境中的重要元素，考虑到对声环境、光环境、风环境和热环境的改善以及对能源、材料、水资源的节约与高效利用，并通过环境提升、建筑节能、能源优化、资源再利用等技术手段来完成与完善建筑的绿色可持续，使现有建筑达到提高性能、绿色高效的使用要求。

10.2.1 环境提升技术

生态环境水平的提升是生态修复中的一个重要环节。室外环境水平的提升可以调节建筑区域内的微气候条件，从而提升建筑使用的舒适性。环境提升技术通过人工技术手段优化区域内建筑环境品质，常见的方式如下所述。

（1）绿化整合。

绿化整合技术在环境改善中相对易于操作，且效果较为明显。植物绿化在生态环境中具有调节温度、改善湿度、优化微气候条件、遮阴、挡风、引导风向、降低噪声影响、提高区域内空气品质等作用，是生态系统中的天然调节器。合理有效地利用植物的特点，提升建筑环境质量是生态修复的重要措施。

高大茂盛的树木藤蔓可以提供良好的遮阴环境。茂盛的叶片可以遮挡强烈的太阳光线，形成一片荫蔽空间，与此同时，植物的蒸腾作用可以调整环境的湿度，使荫蔽空间有凉爽的感受。

密集的植物叶片可以组成柔性的挡风墙，交错排布的树叶可以使风变得柔和，在叶片的阻挡下，风速不断降低，风向被不断改变，从而起到挡风的作用。而面对树丛，风的流向因树木的遮蔽而改变（见图 10-1）。

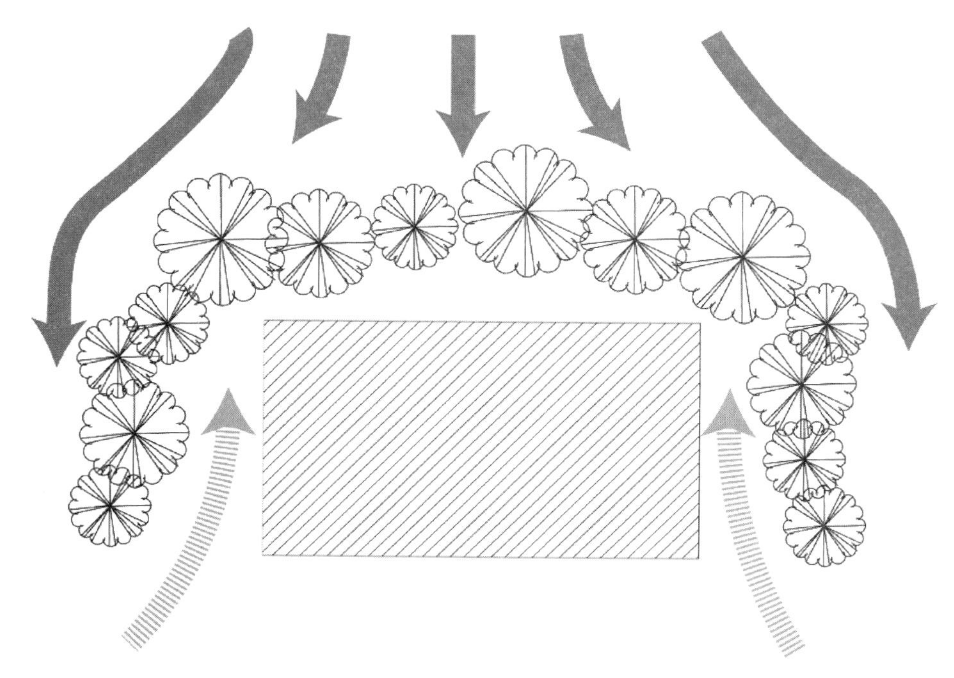

图 10-1　植物挡风示意图

树林具有隔声的作用，但树木和树叶的隔声效果有限。研究表明，绿化的宽度、高度与建筑物的关系都会影响绿化声屏障的作用效果，在高楼大厦林立的城市环境下，人们在绿化良好的环境中能感到心理宁静，有助于健康。

根据种植位置的不同，绿化系统可分为地面绿化、外墙绿化和屋顶绿化。

地面绿化是最为常见的绿化形式。利用植被形态的多样性，草木、灌木与乔木组合而成的景观带与景观小品是同时具备观赏价值与环境调节作用的绿化方式，植物随着季节变化产生的不同状态在增添了景观感观效果的同时，也可以满足不同季节条件下的环境调节需求。例如阔叶落叶乔木在夏季气温炎热时，可以遮挡阳光，形成树荫，减少地面得热，方便居民在树荫下活动；到秋冬季气温寒冷时，树叶掉落，树木最大程度透过太阳的光和热，避免阴郁空间的产生。

图 10-2　让·努维尔事务所设计的中央公园 1 号的外墙绿化

外墙绿化不仅具有丰富建筑立面造型的效果（见图 10-2），在减少建筑外围护结构得热、改善室内温度、降低设备制冷能耗、降低室内光辐射强度方面都有较为突出的表现，宜使用于气候炎热地区。

屋顶绿化是指布置于建筑屋顶之上的绿化（见图 10-3）。其不仅丰富了建筑的第五立面，还可以改善局部微气候，缓解城市热岛效应。它对建筑顶层的室内热环境改善效果明显。研究表明，屋顶绿化隔热效果显著，具有改善顶层建筑夏季室内温度的作用。在夏热冬冷地区的夏季，屋顶绿化可以降低室温 2℃。植物与土壤中的水分蒸发可以增加空气湿度，降低空气温度，并吸附空气中的浮尘。在布置屋顶绿化时，由于植物的生长需求与特点，设计师应考虑建筑屋顶的承载能力，防水和排水设施问题，选择适宜建筑自身情况的植物种类。

图 10-3　西萨·佩里 Salesforce 塔楼及客运中心屋顶绿化

（2）水体循环。

水循环是自然界中重要的物质循环形式。它影响着全球水资源的动态平衡，促进水资源的循环与更新，并可以帮助环境代谢与转化能量和物质。水的流动、蒸发、渗透和落雨使水分子以不同的形式在大气中不断地循环往复。城市建设的发展在一定程度上阻碍了原有的水循环方式，诱发了一系列的城市环境问题。

城市中的水体景观是城市区域环境的调节器。实现水体循环、提高水体自净能力是良好的水景环境应具备的条件。一个相对完善的水体景观可以形成一个小型的区域水循环系统。它不仅可以调节微气候环境湿度，降低城市热岛效应，还可以丰富城市环境景观。水体中的生物和泥土、沙石都是形成良好的水体循环不可缺少的部分。它们对流动的水体具有净化作用，是天然的水体净化器。

水体景观中的植物也具有净化空气的作用，有助于降低空气污染。城市水体景观中，生态浮岛是常见的有效提升水体循环效率的景观装置。生态浮岛，又称生态浮床，是一种在水中种植植物以完善水体循环的方法。它针对富营养化的水质，利用生态工学原理，降解水中的氮、磷的含量，且兼具景观美化和生态净化的功能性景观（见图 10-4），与之相似的还有生态滤网技术。

(a) 干式浮岛

(b) 湿式浮岛

图 10-4　水体景观浮岛

（3）渗透性基面。

基面指的是道路、广场、停车场和绿地等上空没有遮盖物的公共用地基面。常见的人工基面会影响自然生态环境。以普通的水泥地面为例，水泥地面的渗透性差，比热小，太阳辐射强度高时，地面温度提升速度快，热反射较强，地表的温度不能传导到地下，使水泥地面上方的空间温度不断上升，环境舒适度变差。提高基面的渗透性，适当缩减渗透性差的人工基面面积是提升生态循环、促进生态修复实现的方式之一（见图 10-5）。

土壤和植被是最天然的渗透性基面材料。常见的渗透性基面（如城市绿地公园，社区景观小品）都应用了多样的植物组合，形成了集观赏性与功能性于一体的城市休闲空间。植物与土壤组成的城市基面具有一定吸收代谢污染的能力，可以净化空气，改善区域空气质量。在代谢过程中，植物将污染物中的碳元素、氮元素转化为自身的能量物质，释放出氧气，而泥土的渗透性与泥土中的微生物可以将雨水净化。雨水一部分被植物吸收，另一部分渗透至地下，完成下一阶段水的循环。城市绿化作为渗透性基面提供了区域内的生态微循环系统，同时，适宜的生态环境为动植物提供了城市栖息场所，保护了城市生物的多样性。

图 10-5　渗透性基面停车场

使用特殊的人工材料可以使基面具有渗透性。渗透性基面材料的出现与使用给城市生态环境带来了全新的变化。新材料在提供硬质铺装的同时提升了路面的渗水性能，道路雨水可以直接通过地面渗透到地下，能够缓解城市的积水与内涝问题，减轻排水系统负荷，减少雨水径流损失，改善城市排水情况。这种渗透能力不仅可以补充地下水量，减少因水位下降造成的地面塌陷，还可以有效降低城市热岛效应，调节城市微气候。

（4）局部场地重塑。

局部场地重塑是通过人工改造的方式，对建筑环境场地地形、设施进行改造与重建。通过改善地形和提高建筑周边设施的合理性来优化场地环境。场地重塑的关键是结合场地所在区域的气候特点与环境特点，从风环境特点、热环境特征、使用功能等方向考虑，利用改变地势的高低、调整构筑物的遮挡等方式来实现场地环境使用性能的提升。

场地重塑可以重新调整和利用区域内人与环境的关系，给予地块新的活力与生机。基于改造的目的不同，场地重塑可以在满足功能性需求的同时加入对自然生态、社会人文的考量。

10.2.2　建筑节能技术

通过降低建筑的能源消耗来减轻环境负荷是提升生态环境品质的手段之一。建筑使用阶段的能源消耗主要来自采暖和制冷，为了满足建筑内部舒适度的需求，主要采取可以提升室内热环境舒适性的建筑节能技术，从而减少建筑对制冷和供暖的需求，以达到降低能耗的效果。

（1）改善外围护结构热工性能

据统计，在建筑的外围护结构中，建筑各部件的热损失比例分别为：墙体占 60%~70%，门窗占 20%~30%，屋面占 10%。研究发现，提高建筑外围护结构的热工性能可以有效降低建筑的能耗需求。

建筑加设外墙保温是有效提高建筑外墙结构性能的节能措施。外墙保温可以分为外墙外保温，外墙内保温和夹心保温三种形式。其特点如表 10-1 所示。

表 10-1　不同外墙保温形式的特点

	外墙外保温	外墙内保温	夹心保温
优点	（1）适用范围广。 （2）保护主体结构，延长建筑寿命。 （3）可以消除热桥的影响。 （4）有效避免墙体潮湿，进一步改善保温性能。 （5）有利于室温稳定。 （6）保温材料用料较少。 （7）不影响房屋使用面积	（1）施工简便。 （2）保温材料强度要求较低。 （3）造价相对较低	（1）保温材料不受外界环境影响。 （2）对保温材料的要求不高
缺点	（1）对保温系统要求严格。 （2）施工难度大。 （3）造价高	（1）难以避免热桥产生，易产生结露、潮湿等现象。 （2）周边和接缝部位防水性和气密性较差。 （3）内保温板易出现裂缝。 （4）影响室内使用面积	（1）改造中难以使用。 （2）易产生热桥。 （3）内部已形成空气对流。 （4）室内外温差易造成墙体结构的开裂。 （5）抗震性能差

外墙外保温技术以良好的热工性能、高效的保温能力、较低的投资成本以及能延长建筑结构寿命等特点在我国得到了广泛应用，成为建筑改造中最普遍采用的建筑节能措施之一。

在普通居住建筑中，门窗是造成建筑热损失的重要环节。门窗的材料性能直接影响着室内热得失的水平。单层白玻璃、铝合金窗框、铁窗、木窗作为老旧住区常用的门窗材料，其材料传热系数较高，保温隔热性能差，是建筑热消耗的主要原因。增加门窗的气密性，降低门窗的传热系数，从而提高保温隔热能力是门窗节能技术的基本要求。目前比较成熟的做法是采用双层中空玻璃塑钢窗。事实证明，双层中空玻璃窗虽然在成本上高于普通单层玻璃窗，但窗户保温隔热性能提高可减少了空调能耗。

改善屋顶的热工性能对低层和多层建筑有着明显的节能效果。除了采用倒置式屋面的方式进行屋顶保温，还可以采用通风屋顶、蓄水屋顶、绿化屋顶措施来改善屋顶的隔热散热能力，且技术要求不高。

需要强调的是，建筑外围护结构的节能要求会根据建筑所在地区的气候环境特点而产生变化。气温的高低会影响建筑的保温隔热能力，从而影响建筑外围护结构。

（2）气候缓冲空间。

气候缓冲空间通过增设建筑与环境间的过渡空间来缓解极端气候对人的影响，调节室内微气候，降低外部环境对建筑内部环境的影响，降低建筑内部能耗，提高室内舒适性。

在建筑结构允许的情况下，屋顶“平改坡”是常见的增加气候缓冲空间的形式，通过将平屋顶改为坡屋顶的方式增加建筑屋顶间层，改善建筑屋顶的传热性能。

增设阳光房也是常见的设置气候缓冲空间的形式，加设的空间常位于建筑的南向（见图10-6）。夏季，阳光房的存在阻隔了室内外空气直接交换，达到保温和隔热的效果。冬季，大面积的玻璃有助于阳光房获得太阳的热辐射，起到提升室内温度的作用。

与阳光房相似，封闭南向阳台或厦檐也是成为气候缓冲空间的方式。这种方式有利于提高建筑室内的温度，利于寒冷气候下提升室内温度，但在炎热气候下会提高建筑的制冷能耗。

图10-6　阳光房

（3）建筑遮阳。

建筑遮阳分为内遮阳和外遮阳两种形式，内遮阳的应用较为广泛，如居民常用的窗帘、遮光帘等。内遮阳的遮光效果显著，但隔热能力有限。外遮阳的遮光隔热性能俱佳，是最有效的降低建筑制冷能耗的节能措施之一。但由于城市建筑密集，居住建筑设计多关注如何获得更多的日照时长，而忽略了居住建筑对遮阳的需求，居住建筑中采用外遮阳的案例较少。由于太阳辐射过强，室内温度升高，导致短时间的制冷需求提升是建筑中常出现的现象。适当的建筑外遮阳可以有效减少这部分能耗损失，达到节能的目的。

10.2.3　能源优化技术

人类生活对化石能源的依赖导致了不可再生能源储备量的不断减少，随之而来的还有大量的碳排放污染。为满足人民的生活需求，降低化石能源消耗，寻找和使用新型可再生能源，提高能源利用效率，实现能源优化是生态修复体系中的重要环节之一。

能源优化技术在本质上可分为两个方面：一是通过提高传统能源的使用效率以达到降低能源消耗

的目的；二是通过使用可再生的清洁能源来满足居民的生产生活需要，从而降低化石能源的消耗，达到节能减排的效果。

（1）提高既有能源利用效率。

提高既有能源的利用效率是节约建筑能耗的有效方式。提高能源利用效率的方式主要从提高能源转换效率、降低传输损耗、合理分配能源用量三个方面入手。

能源转换效率的提升首先依靠设备技术的不断升级更新，其次可以通过对转换能源的充分利用，减少能量的损失。城市集中供暖是典型的提升能源转换效率的方式之一。在我国北方，冬季供暖需求量大，集中供暖在城镇普及程度高，且效果显著。通过优化供暖管网，建立合理的分配系统和计量系统，可以减少能源的浪费。

此外，推广节能设备的使用是降低建筑能耗的方式。在建筑中使用节能灯和节能电器可以有效降低建筑的用电量。

（2）可再生能源的利用。

可再生能源的利用是降低传统能源消耗的另一技术手段。合理利用自然采光和自然通风，依据建筑所在地区的现有资源状况，使用太阳能、风能、地热能等清洁能源，达到节能减排的效果，减少对生态环境的影响。

太阳能产品在我国的应用较为广泛，技术也相对成熟。太阳能热水器是目前应用面最广的太阳能产品，它利用太阳的辐射能量对水进行加热，其设备安装方便，不占用建筑使用空间，广受城乡居民喜爱。光伏建筑一体化（BIPV）是光伏发电技术与建筑使用的结合（见图 10-7）。建筑具备光伏与电网双重系统，太阳板发电充足时可将多余电量传入电网或使用蓄电池蓄电，当发电不足时则使用电网中电量。这种方式减少了煤炭发电的需求量。除此之外，太阳能路灯，太阳能电池的使用，太阳能吸收式空调、冰箱、冰柜等电器的研发亦有节约用电量的作用。

风力发电为人所熟知。利用小型风力发电机对建筑单体提供用电，或利用风力发电机对建筑片区提供区域供电均为常见的供电方式（见图 10-8）。但此方式对风力的大小和稳定性有一定的要求，在建筑密集的区域风力受影响的因素较多，不易实施。

图 10-7　太阳能集成使用——英国 BedZED 太阳村

图 10-8　风能发电使用——巴林世贸中心

地能的开发利用地表浅层的冷源或热源，对室内温度进行调节，从而降低建筑的制冷与供暖耗能量。地能资源环保可再生，是良好的能量来源。有研究表明，如果采用地热资源，每年可节约大量能源，如冰岛的首都雷克雅未克 95% 的建筑使用地热能供热（见图 10-9）。

图 10-9　地热能使用——冰岛雷克雅未克地蓝湖地热温泉

10.2.4　资源再利用策略

资源再利用的目的是对已有资源的最大化利用，也是对能量的最大化利用。无论是生活废物还是建筑废料，都可以经过技术手段让它再次为人们所利用。

（1）废弃物的回收利用。

要实现废弃物的回收利用首先要完善垃圾分类体系，从源头上分离需处理废物，提高回收利用率并降低填埋量，减轻垃圾填埋对生态环境的破坏程度，也使资源能被最大化使用。

生物质能被用来描述生物材料，既可以作为能源的来源，也可以作为其化学成分。比如树木、农作物和其他植物等，它还包括食品废水、污泥、肥料、工业（有机）副产品和家庭产生的废物等。生物质热电联产锅炉可满足英国 BedZED 太阳村内供电和供热的要求。热电联产锅炉的燃料来自堆填区转移过来的树木废物。

废弃建筑所产生的建筑垃圾也是影响生态环境的因素之一，在新建或改造时使用符合绿色建筑要求、耐久性能良好的建筑材料可以延长建筑的使用寿命，减少建筑重建产生的垃圾。使用预拌混凝土、高性能混凝土、高强度钢筋等可以有效节约材料资源，减少碳排放。

（2）水资源高效利用。

水资源的高效利用涉及节水、污水回收和雨水收集利用技术。

提升给水管网系统和用水设备性能是提高水资源利用率的方式之一。为避免低楼层水管压力过高造成水资源浪费，使用分层加压方式合理优化水管压力。同时，推广节水龙头和感应水龙头的使用，并提倡使用节水型便器、淋浴和冲洗设备可以有效地减少水资源的浪费。

通过对污水、废水的再利用可提高水资源的利用效率。收集洗菜、淘米水冲洗厕所是百姓常用的省水方法。通过改造传统卫生洁具与给排水设备，可以将洗脸、洗衣、洗菜的水进行简单处理进行再利用。如冲水马桶与洗手盆连接，可以将洗过手的水用于冲洗马桶；增加排水三通，可以根据废水脏净程度控制排水，集中处理后的中水可用于浇灌城市景观花卉，使水资源在生态系统中自行循环处理。

收集的雨水可用于绿化浇灌、道路喷洒，还可以当作景观用水，渗透回灌。通过人为手段将原本会通过城市管道或地面渗透而流失的雨水进行收集并加以利用，提高了水资源的有效利用，从而达到节水的最终目的。

案例分析

1. 德国鲁尔区城市生态更新

鲁尔区曾经是德国重要的工业基地，是以煤炭和钢铁产业为基础的重工业基地。随着煤炭与钢铁工厂的落寞，鲁尔区重工业发展地区遗留的环境问题日益突出。当地政府制定了一系列生态修复计划，以恢复该区的城市活力。其中，埃姆舍区域于1989年启动“国际建筑展埃姆舍公园”计划，在环境提升、水系统再生、产业链引进、工作环境提升、工业文化保护、居住环境提升、增加就业机会其他方面对该区域创造新的价值。北杜伊斯堡景观公园作为该片区生态修复的典型案例，在保护了区域工业文化的同时也给该区域带了生态活力与新的城市价值（见图10-10）。

图10-10　北杜伊斯堡景观公园局部

北杜伊斯堡景观公园所在地点为与城市共存了大半个世纪的梅德里希钢铁厂遗迹，“绿色”与“工业”的结合形成的“后工业景观”思路成了该项目的亮点。园区的改造广泛使用了水体循环技术、绿化整合技术、局部场地重塑、可再生资源利用等生态修复手段，对原有的工业场景意象进行保留，同时添加了体育运动、餐饮娱乐等新的业态功能，充分实现了场地的更新与再生。结合原有的工业构件设计的全新活动空间在文化、趣味、生态等方面碰撞出了全新的景观风格。熔渣场和料仓可以成为具有生机的景观花园，水渠边的风塔在创造流水景观的同时也为园区灌溉、水体净化的重要环节。如图10-11所示为北杜伊斯堡熔渣园改造前后的对比。

(a) 北杜伊斯堡熔渣园改造前

(b) 北杜伊斯堡熔渣园改造后

图 10-11　北杜伊斯堡熔渣园改造前后对比

北杜伊斯堡景观公园的成功不仅是生态修复的成功，它的设计思路、运营模式、发展方向等方面的规划与研究值得我们参考。它为城市带来了经济效益，为社会提供了就业机会，为民众创造了优质环境。

2. 纽约猎人角南滨公园生态修复

猎人角湿地由于其得天独厚的地理优势一度成为工业发展的理想地带，工厂与仓库遍布于此处。随着工业经济的衰退，猎人角逐渐沦为垃圾填埋场，其生态湿地与区域环境也遭到破坏。猎人角的生态修复改造给猎人角区域提供了恢复昔日生态优势的机会，使猎人角滨水区成为城市休闲娱乐的生态后花园（见图 10-12）。

图 10-12　猎人角南滨公园全貌

猎人角南滨公园的开发恢复场地城市湿地的生态环境，利用多项生态修复技术手段与绿色建筑技术使该片区成为集城市休闲、展览于一体的人工生态系统。项目巧妙融合了建筑技术与景观设计，使城市与水体形成互动。遮阳天棚（见图 10-13）与雨水收集系统和太阳能光伏板的结合不仅为园区提供了高效的水资源回收利用和50%以上的供电服务，更在造景方面形成了现代环境与历史的联动。场地中将生态调节与城市景观相结合，既增加了城市渗透性基面又可以对雨水、海水进行过滤与调节。此外，湿地的恢复在一定程度上控制了河岸的侵蚀，提高了河岸水体的品质，有助于区域动植物生态恢复。

猎人角南滨公园项目提供了一个动态的城市滨水调节系统，从生态修复角度与人文环境角度创造了人居环境与高品质生态环境的有机融合。技术与设计的相互借力实现了人工干预下的智慧生态调节体系，为区域生态与人居带来可持续发展的新范式。

图 10-13　猎人角南滨公园遮阳天棚

▶ 知识归纳

1. 生态修复的核心是促进人文环境与自然环境的可持续发展。

2. 生态修复和绿色建筑的结合为社会与环境的和谐发展起到了促进作用。

3. 生态修复与绿色建筑技术主要涉及环境提升、节约能耗、能源优化和资源再利用四个方面。

▶ 独立思考

1. 生态修复是否提倡完全复原自然生态原貌?

2. 绿色建筑与生态修复的本质是什么?

3. 城市生态修复应从哪些方面着手?

4. 绿色建筑可以从哪些方面给生态环境减压?

5. 为降低建筑能耗，可以综合考虑哪些因素进行设计改造?

6. 在夏热冬冷地区，可以采用哪种生态修复技术实现社区冬季活动空间的环境提升并提高使用舒适性?

7. 在夏热冬暖地区施行集中供暖政策能否达到能源利用的高效化?

8. 生态修复与绿色建筑的发展能否遏制自然环境的恶化?

9. 未来建筑是否能实现从优化改善自然环境到创造美好生态环境的飞跃?

10. 生态修复与绿色建筑未来的发展趋势是什么?

第11章

绿色建筑与未来

经过国家层面以及行业内部的不断努力，我国在绿色建筑法律法规、激励政策及绿色节能关键技术的研究应用等方面已取得了规模化发展，并形成了覆盖全过程、不同气候区和全类型的绿色技术标准体系。2017年10月，在十九大报告中部署了“绿色发展”战略，做出了2030年碳排放达峰承诺，这也标志着我国对绿色建筑发展提出了新的要求。

11.1 建筑学的回归

随着绿色建筑标准的制定和完善，在该领域原本处于相互配合协作关系的建筑设计与建筑技术之间开始产生了一些变化。柯布西耶在《走向新建筑》一书中，曾严厉批评建筑师落后于当时的时代，落后于结构科学的进展。在绿色建筑设计领域，建筑学似乎仍然落后于建筑科学的发展。

11.1.1 建筑师与绿色建筑

许多国家和地区都在不遗余力地为推广绿色建筑做着各种努力，而持续进行绿色建筑关键技术研究的多为工程师和科学家。例如，日本CASBEE（建筑物综合环境性能评价体系）的研究开发，是在日本政府的大力支持下，由JSBC（日本可持续建筑协会）及其下属各分委员会共同进行的。JSBC的秘书处设立在建筑环境与节能学会内，成员均为工程师和科学家，几乎没有建筑师。同样，制订LEED标准的美国绿色建筑委员会有1个核心委员会和5个分委员会，其成员多为工程师、科学家、政府官员和商人等。在中国，这种情况也大致相似。很多研究绿色技术的工程师和科学家逐渐承担起绿色建筑研究的领导工作，并且成为各个绿色建筑学术团体的骨干和中坚。必须要承认的一点是，他们以绿色建筑的研究为平台，推进了学科交叉，显示了学科交叉的生命力和重要性，也促进了建筑技术创新，大大推动了绿色建筑的发展。但是这种现象也带来了相应的问题，很多绿色建筑的决策者多为工程师和科学家，建筑师的声音比较微弱，这对于绿色建筑的发展，不能不说有所遗憾。建筑学理应成为绿色建筑研究的主体。

欧洲各种绿色建筑标准的制订者和技术研究者多为工程师和科学家，工程师和科学家在绿色技术研发和创新领域的影响依然巨大，但建筑师的力量和主导作用并没有弱化。例如，欧盟1996年曾经发布《在建筑和城市规划中应用太阳能的欧洲宪章》，其签署人中除了德国著名结构工程师弗雷·奥拓（Frei otto）和丹麦著名工业产品设计师霍舍尔（Knud Holscher）外，其余28人均为欧洲著名建筑师，例如拉尔夫·厄斯金（Ralph Erskine），诺曼·福斯特（Norman Foster），尼古拉斯·格林姆肖（Nicholas Grimshaw），赫曼·赫茨伯格（Herman Hertzberger），托马斯·赫尔佐格（Thomas Herzog），理查德·罗杰斯（RichardRogers），迈克尔·霍普金斯（Michael Hopkins），伦佐·皮亚诺（Renzo Piano）等。他们的作品，几乎在一个时代里成为关注绿色、关注节能、关注设计、关注技术等的代名词，他们所签署的这个宪章既凸显了规划和建筑特色，又兼顾了技术和社会关注，成为推动欧洲绿色建筑实践发展的经典文献。

中国绿色建筑发展面临新的挑战，即如何在现有的绿色建筑研究和决策格局内，充分调动建筑师的积极性，既增加建筑师的话语权，鼓励绿色设计创新，大力宣传建筑师视角中的优秀绿色建筑范例，激起建筑师的绿色共鸣。

实际上，制约绿色建筑实践发展的是当前中国建筑设计业普遍存在的设计周期短暂、设计费用低廉，工种分阶段介入，以及因此而导致建筑师难以有时间深入思考和贯彻绿色技术问题，难以密切与工程师和科学家交流沟通的困境。

绿色建筑设计需要建筑师和工程师紧密合作，在建筑设计的全过程，从建筑师构想阶段开始，二者密切配合，共同解决特定的绿色技术问题。

11.1.2 基于建筑学的整合设计理念

绿色建筑设计需要整合的设计思路。20世纪70年代，随着生态学与建筑学的结合，人们认识到只有借助整体论的观点，才有助于从城市建筑领域解决生态环境问题，而不是专门针对某一个或某几个技术问题，提出解决措施这样的方式。美国建筑师西姆·范·德莱思提出了基于生态学原理的“整合设计”概念。对于西姆而言，整合设计是指在建筑设计中充分考虑和谐地利用其他形式的能量，并且将这种利用体现在建筑环境的形式设计中。在设计过程中，建筑师应该研究能量和物质材料使用方面的问题，例如建筑生成的各种废弃物如何处置，建筑建造过程中耗费了多少能量，以及在维持建筑运作的过程中消耗的能量。

客观而论，这种纯粹从生态学能源和物质循环角度出发的设计方法论探讨，具有理论上的价值，或者说提升了绿色设计理论层面的高度，而从绿色建筑设计实践层面探讨其绿色建筑设计方法的指导作用有限。

欧洲很多建筑师采用的“整合设计”方法，其“整合”不再具有生态学含义中的能级和物流的概念，而是非常实用地表达“整合多个学科的最新科学知识，并将之体现在最终的建筑设计或者建筑概念的发展中”的概念。

作为一种设计方法，其最大作用体现在对设计过程的控制上。整合设计具有两个基本步骤：①在建筑设计的各个阶段，均有建筑师、科学家等专业人员介入，进行科学和技术补充的指导和专门化设计。②每个阶段的成果均具有递进性衔接的关系，具备将建筑师、工程师、科学家等共同形成的绿色建筑理念坚持下去，逐步完善，并最终实现的保障。

在整个绿色建筑设计过程中，均有工程师和科学家参与设计。整合设计对建筑师提出了更高的要求：①他们必须肩负起提出各种基本概念的责任，尤其是在建筑构思和概念设计阶段，而这些是设计深入的基础，是与工程师和科学家进行协同研究的基础，直接影响到最终建筑设计质量的优劣。这要求建筑师具有一定的科学素养，而且自觉追踪建筑科学的最新进展。只有这样，建筑师才可以为绿色建筑设计奠定科学的基础，并指出正确的设计和研究方向。②建筑师必须能够协调各个工种的共同研究工作，并能借助工程师和科学家精深的科学知识，借助科学工具，验证设计的可能结果，调校设计的方向。整合设计具有很强的递进性特点。因为每个阶段具有明确的侧重点，同时工程师和科学家随时进行科学验证，为下一个阶段的设计深化提供科学的基础。所有这些，最大限度地保证了设计决策的科学性，避免了主观因素对于设计深化的负面影响。

11.2 绿色建筑技术与设计的深度融合——热景观

绿色建筑技术与建筑设计之间的融合在建筑学领域一直是一个能够引发热议的学术命题，在此背景下，我们首次提出“热景观”理念，从新的角度审视建筑节能设计手法。在建筑学领域，声景观的概念提出较早，也有较多的研究成果。光景观的概念提出较晚，但在城市规划、风景园林以及建筑设计中得到了较多的应用。然而建筑热学作为建筑物理的组成部分，建筑学“热景观”却较少提及。采取“热景观”营造的方式可以有效指导建筑师认识环境质量，提高主观能动作用，使他们在公共建筑设计中关注建筑环境和人的舒适度，这有利于合理利用可再生能源，实现建筑设计和建筑技术的有机结合。

11.2.1 热景观的基本概念

热景观研究的是人、感觉、热环境与社会之间的相互关系。与传统的热环境不同，热景观从整体上考虑人们对热环境的感受，研究目标是保护、鼓励和增加有意义的热景观，营造一个可以使人放松、愉悦的环境，使得人们心理感受更加舒适。热景观研究使用跨学科的方法，突破了对热环境的传统研究手段，从热源、环境和使用者的角度出发研究热环境的组成、结构和功能。从人文和心理的角度出发研究使用者在特定的环境对热景的评价和认识，在这个基础上做出热景观的规划、设计、保护和记录。热景观概念的提出为建筑节能设计的研究提供了新方向。

11.2.2 热景观与热环境的区别

热环境是指由太阳辐射、气温、周围物体表面温度、相对湿度与气流速度等物理因素组成的环境。而在热景观研究领域中，关注的不仅仅是一个个物理量，而是蕴含不同信息的热因子。热景观重视人的感受，运用传热学原理，结合生态学、环境心理学和社会学研究成果，积极主动地创建适合人类生存的热环境。在传统的建筑热工学设计中，一般以满足使用者的热舒适要求为主，而热景观的设计理念将更关注人的主观感受，其中既涵盖了传统热环境调节的技术手段，也通过场景的设置，唤醒记忆热感、联想热感和现实热感等内容，如表 11-1 所示。

表 11-1 “热景观”的不同研究层面及相关问题表

热感特征	涉及要素	时效性	热景观反应
记忆热感	回忆、热痕迹、心理	过去时效	碎片化的蒙太奇画面特征
联想热感	关联、热替代、生理	未来时效	典型的图示化、形态特征
现实热感	场景、热感受、直接	现在时效	或触摸、可围合、可享受、可乐性

11.2.3 热景观的应用

热景观研究是建筑环境控制科学的一个新的研究领域和应用方向，它关注的重点是人对热的认识和自然生态规律的认识。热景观分为两类：①应用于改善和控制热环境的低层次热景。②更加细致、舒适、节能且充满人文特征的高层次热景观。热景观应用在以下方面。①如何维护和保存传统热景观的营造工艺与技术；火壁炉。②研究热景观的评价、仿真、复制和数据资料。③在建筑中如何应用热景观防止热污染。④研究人的行为、感知与热景观的关系等。

11.2.4 热景观的主要研究内容

建筑学的“热景观”设计理论与方法研究以空间热景分殊化理论（space thermal-scape

differentiation theory，以下简称STDT）为理论体系。STDT是建立在建筑热学的相关原理基础上，结合绿色节能建筑温度分区法设计理论，对建筑空间进行空间营造、热舒适和建筑节能相统一的创新设计，实现绿色节能目标的理论体系。它运用建筑热学的传热规律和导热对流辐射原理，结合营造建筑空间与人的舒适性要求，梳理一套完整的热景观设计理论，其基本内容如下。

（1）热景观－空间组合理论。

该理论基于建筑空间设计的一般规律，融入“热景观”的热学原理，研究建立空间－热舒适性的可持续体系，内容包括：①热景观与温度分区法，主要涉及绿色节能、室内空间组合、可持续舒适原则，研究建筑节能设计的温度分区法，通过对建筑空间的热环境区分，应对人的舒适性要求进行建筑空间组合，并以“热景观”为表现方式，形成创新理论体系；②热景观与人的行为与感知，主要涉及健康与舒适相协调不同人群的特征性的空间需求，研究人的行为、感知与热景观的关系，建立一个涉及人－行为－空间－热舒适的理论体系；③热景－线性空间，主要研究利用不同的热环境进行空间引导、室内流线设计和温度场分布原理的结合研究，总结并发现建筑空间之间以热景观作为纽带的相互关系，形成空间关系的创新理论。

（2）热景观－表皮性能理论。

该理论基于建筑围护结构的传导规律，实现热性能可视化，给建筑设计提供图示的建筑表皮设计方法，内容包括：①热景－节点详图，通过热传导量化图示，进行可视化节点详图节能性能的创新表达，建筑师可以用一张图整合围护结构所有热信息；②热景－性能化表皮，主要涉及建筑遮阳与自然通风协同、建筑遮阳与自然采光协同、建筑遮阳与形式美学协同，通过热景观的可视化达到性能化表皮的性能感知；③热景－立体绿化，研究建筑立体绿化的热性能、节能效果的图示方法，借助热性能测试设备与性能图生成方法，将节能性能量化与热景效果相结合。

（3）热景观－形态生成理论。

该理论是基于建筑热学的通风、采光、节能原理，结合热景观设计，综合考虑建筑场地的容积率、覆盖率等因素，研究建筑形态生成的基本理论，内容包括：①热景－外部形态控制，主要借助于热性能模拟，通过自然通风、自然采光性能的图示化，研究建筑外部形态生成的一般规律，为建筑形式创新提供有效途径；②热景－基地控制，利用热性能基本原理，如阳光遮挡、风阴影、光污染等问题，研究建筑场地与基地控制方法，在建筑总平面布局、容积率和覆盖率控制中，建立图示化的控制保障，给建筑设计提供量化图示方法，便于建筑师掌握与应用；③热景－小尺度城市空间，关注城市设计层面小尺度城市空间，探索微气候、热景观、城市空间设计的内在规律。

11.2.5　“热景观”特性及设计方法

基于建筑设计一般规律，充分研究建筑空间的设计、组合、关联、叠加等手段，形成“热景观”与建筑空间的设计方法，主要包括以下若干方面：

（1）空间导向性。

热景观所呈现的导向性与热量的传导特性有关。相比于热量的传导，光线的传播更易受到环境的遮挡。因此，光景观的设计目前并不适用于小尺度的复杂环境。声音的传播虽然受到环境遮挡的影响相对较小，但是由于声音是以波的形式在空气中进行传播，其传播过程中极易受到噪音等杂波的影响，为声景观设计带来了困难。而热景观中热量的传播受外界影响相对较小，具有明显的抗干扰特点。另一方面，人对于热环境的感知是通过皮肤系统进行全方位的感知，这导致人对热环境的感知更为敏锐。在空间设计中，利用热景观空间导向性这一特征可以有效引导人流（见图 11-1）。

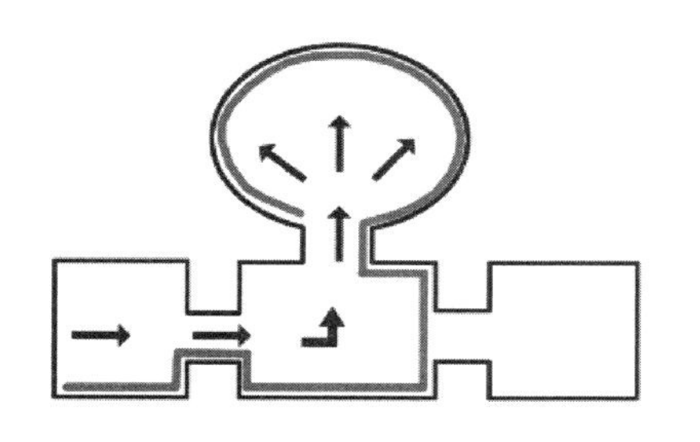

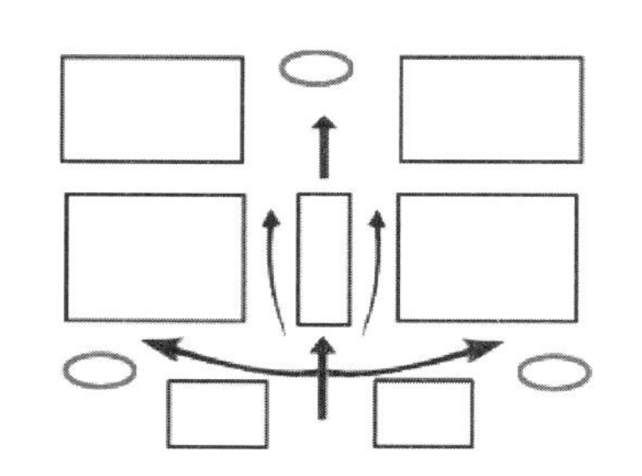

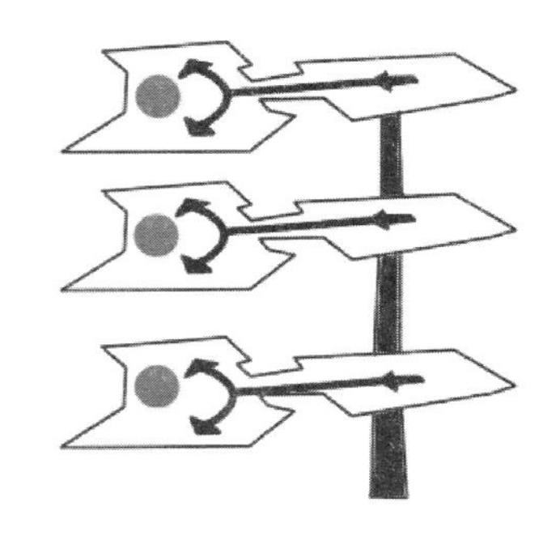

图 11-1　空间导向性

（2）场所聚集性。

人们可以通过对场所的体会和感知获得精神上的归属感，这种感知包含了人对热景观的感知。人对于“热环境”的感知受到温度、湿度和气流等多种因素的综合影响。任何因素的变化都会改变人对热景观的感知。因此热景观包含的场景信息极为丰富。当人们对一个特定热景观产生适应以后，热景观便会体现出一定程度上的稳定性。在一个相对稳定的热环境下，人对建筑空间产生明确的归属感，对空间形成依赖，表现出一定的“场所聚集性”特征，使得建筑更加有吸引力（见图 11-2）。

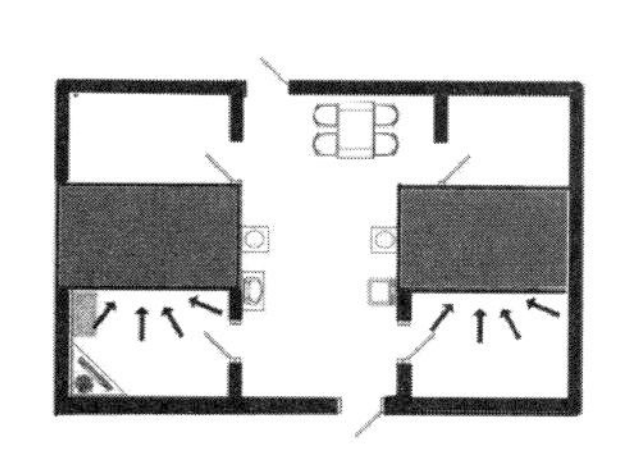

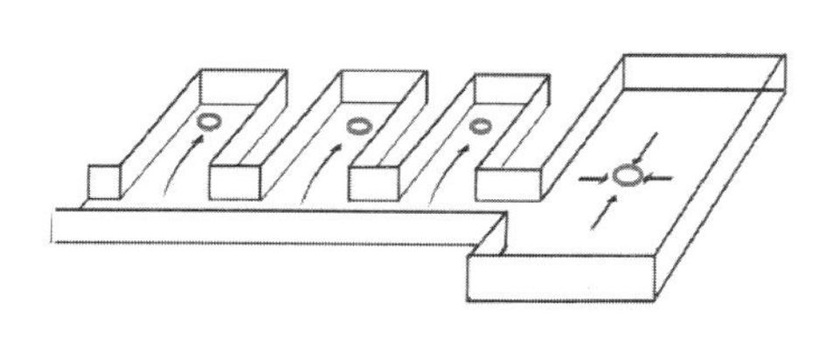

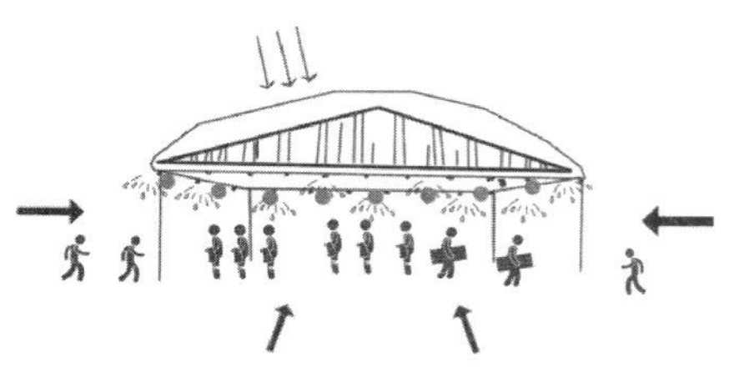

图 11-2　场所聚集性

（3）构成多样性。

热景观的多样性取决于热量的传播方式所具有的多样性（见图 11-3）热量的传播方式可以分为导热、对流及辐射三种，这意味着热景观可以根据不同的场景来进行相应的设计调整。如采用集中式热源、太阳辐射来营造热景观，加强空气对流来实现热景观等。热传导的多样性形成建筑空间的多样性特点，空间可以在多彩的“热景观”作用下表现出极其丰富的空间效果。通过相关试验与研究，业界建立了一套完整的在热景观作用下的空间多样性设计方法体系，可以指导建筑师在绿色节能建筑设计中协调热环境和空间组合以及人的感知等关系。

图 11-3　构成多样性

（4）节能适应性。

热景观所具备的适应性与人本身的生物特性有关。人类作为恒温动物，有完善的体温调节机制，能在环境温度变化的情况下保持体温的相对稳定、维持一定的空间适应能力。人可以在一定的范围内，通过运动、衣着及饮食快速适应外部热环境的变化，同样可以通过一定的机制适应建筑空间的热环境改变。设计师可以在不影响人的热舒适的前提下，充分利用热景观的营造来实现公共建筑节能（见图 11-4）。

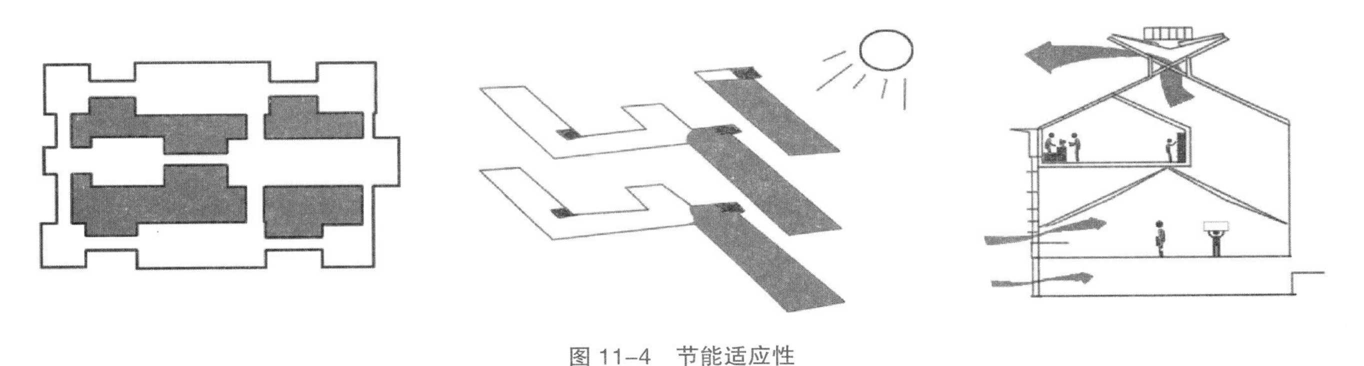

图 11-4　节能适应性

11.2.6　基于 Surfer 插值法的公共建筑热景观可视化

公共建筑热环境调研结果可视化可以直观指导建筑师进行节能改造设计，如选取 Surfer 进行插值法可视化分析。由于插值方法在不同的研究领域的适宜性不同，所以利用上述测试数据和 Golden Software Surfer13 软件，比较 11 种插值方法的计算性能，比较各插值方法的 RMSE，得出最小误差的插值方法，并进行验证，最后确定最适合公共建筑温度、湿度、风速预测的插值方法（见图 11-5）。

运用 Surfer 软件实现热景观可视化，在建筑中布点测试，利用上述研究得出的误差最小的插值法进行数据分析，导入软件进行模拟统计，经过数据处理生成气温等值线分布图，即可实现以图示的方式展现热景观营造的设计节点位置，并为建筑设计师提供直观的温度、湿度、风速等值线图（见图 11-6）。

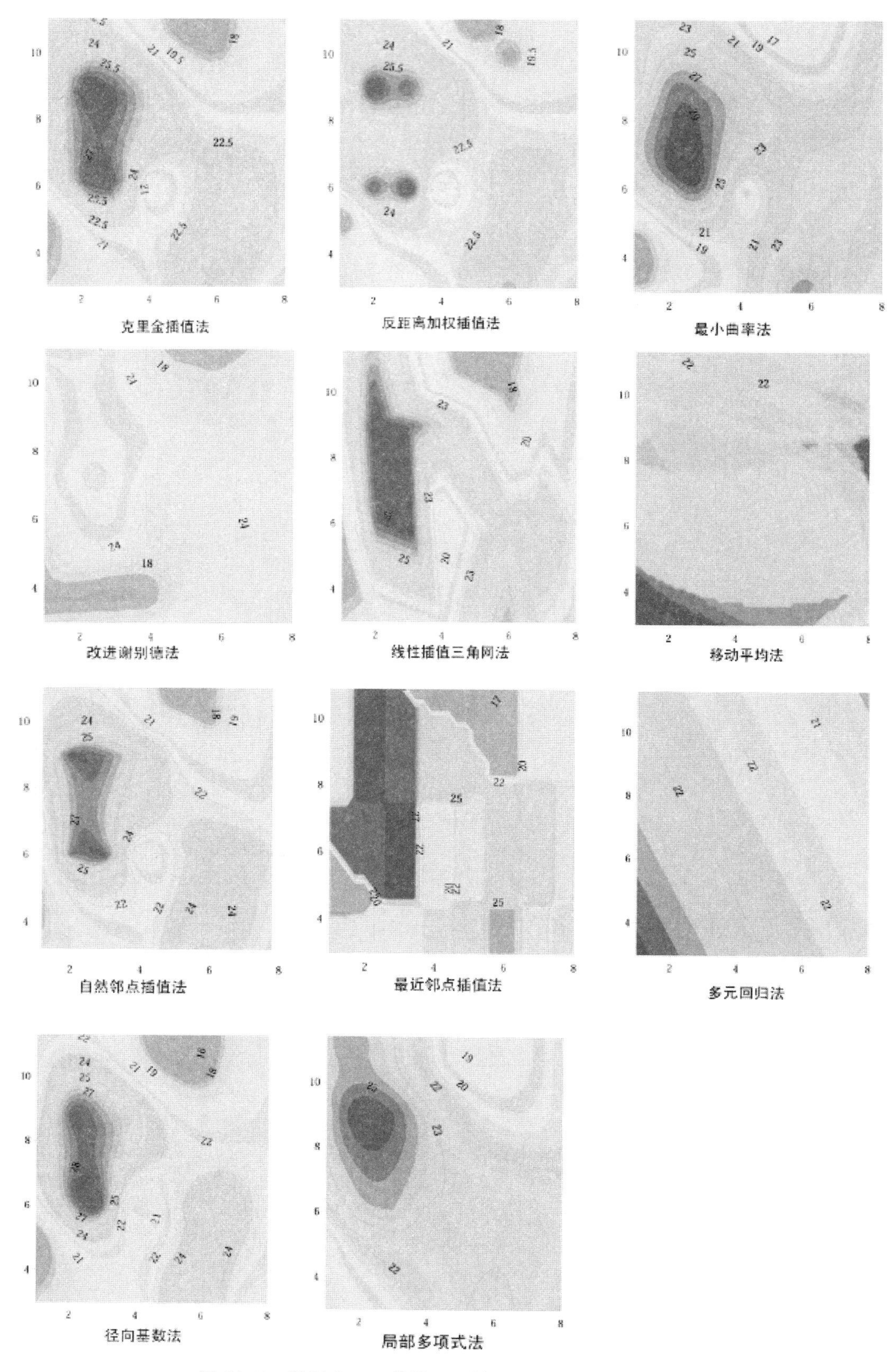

图 11–5 基于 Surfer 软件 11 种插值分析法得出的等温图

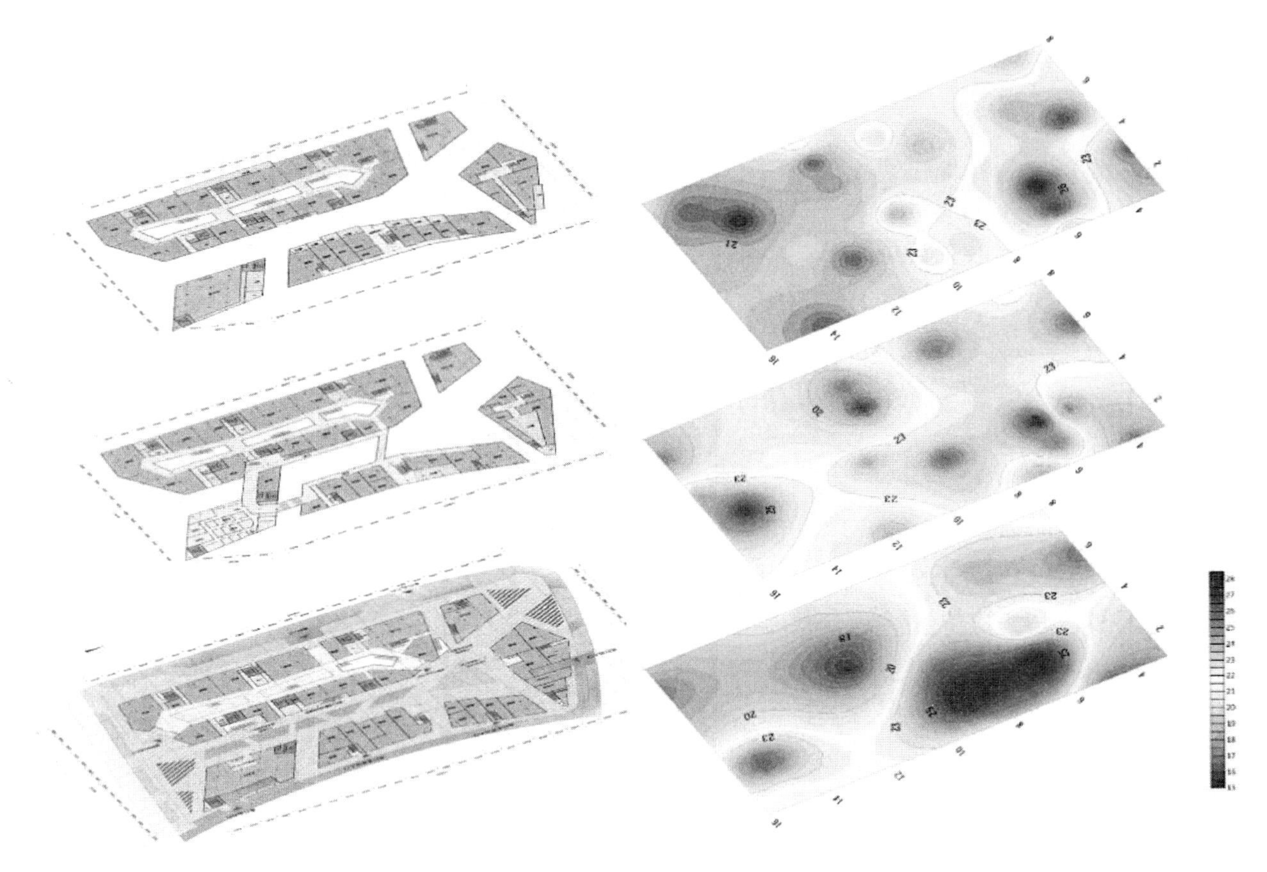

图 11-6　建筑热景观可视化分析图

11.3　绿色建筑施工

我国建筑业规模大、产值高，是充分吸纳劳动力的一个支柱产业。面对“科学发展观”的国策和“建立资源节约型、环境友好型社会”的要求，建筑业势必科学发展，绿色建筑与绿色施工应运而生。

11.3.1　绿色施工管理

绿色施工管理主要包括组织管理、规划管理、实施管理、评价管理和人员安全与健康管理五个方面。一个工程要实施绿色施工，需要组织措施，实施岗位责任制、施工规划、评价体系等系列制度。

11.3.2　扬尘、噪声

扬尘、噪声是当前施工影响环境的焦点。大气环境污染的主要来源之一是大气中的总悬浮颗粒，粒径小于 10μm 的颗粒可以被人吸入肺部，对健康有害。大气中的悬浮颗粒包括建筑尘、土壤尘、道路尘等。建筑尘的产生可能由材料堆放、运输、垃圾清运、模板清理、机械剔凿作业等多种原因引起。拆除安全网和脚手架时扬尘甚至能波及 1km 外，引发百姓的投诉。《绿色施工导则》规定，土方作业阶段应采取洒水、覆盖等措施，使作业区目测粉尘高度低于 1.5 m，结构施工、安装装饰装修阶段，作业区目测粉尘高度低于 0.5m，在场界四周隔挡高度位置测得的大气总悬浮颗粒物（TSP）月平均浓度与城市背景值的差值不大于 0.08mg/m³。

噪声是民众投诉最集中的一个污染点。《绿色施工导则》要求在施工场界对噪声进行实时监测与控制，监测方法执行国家标准《建筑施工场界噪声测量方法》（GB12524—90）。加强噪声测量与处理工作，包括测量时间、测量点布置、测量方法、测量记录、测量后的处理等。

11.3.3 节材与材料资源利用

节材是绿色施工的重中之重。节材需要考虑的问题主要有以下三个方面。

（1）建筑垃圾。

绿色施工节材的重点是减少新建建筑施工过程中的建筑垃圾并加强回收利用。据上海、北京两地统计，每 1 万平方米的住宅建筑施工，产生建筑垃圾 500 ~ 600 吨，按此推算，我国每年排出的建筑垃圾近 4000 万吨。有研究表明，建筑施工垃圾占城市垃圾总量的 30% ~ 40%。美国每年排出建筑垃圾为 600 万吨，日本每年排出建筑垃圾为 1200 万吨。

建筑垃圾的环境危害性和资源浪费性主要表现在以下方面：①侵占土地；②污染水体；③污染大气；④污染土壤；⑤影响市容和环境卫生；⑥造成安全隐患。

处理建筑垃圾涉及资源节约和环境保护两大方面，是绿色施工中一个非常重要的问题。

《绿色施工导则》明确提出：制定建筑垃圾减量化计划，如住宅建筑，每 1 万平方米的建筑垃圾不宜超过 400 吨；加强建筑垃圾的回收再利用，力争建筑垃圾的再利用和回收率达到 30%，建筑物拆除产生的废弃物的再利用和回收率达到 40%。对于碎石类、土石方类建筑垃圾，可采用地基填埋、铺路等方式提高再利用率，力争再利用率达到 50%。

我国已开展了建筑垃圾处理和利用的工作，有些城市已成立建筑垃圾处理公司，主要开展了以下 4 个方面的应用。

①利用建筑垃圾造景。如天津市最大规模的人造山占地约 40 万平方米，利用建筑垃圾 500 万立方米。该市用 3 年时间完成一个“山水相绕、移步换景”的特色景观，如今垃圾山已成为天津市民游览休闲的大型公共绿地。

②利用建筑垃圾生产环保型砖块。南京工业大学用建筑垃圾制备环保免烧免蒸标准砖，各项性能均满足国家产品质量要求，制砖成本仅为 0.18 元 / 块，其生产成本仅为同类市场产品的一半。

③利用建筑垃圾生产再生骨料。上海市第二建筑工程公司于 1990 年 7 月在市中心的“华亭”和“霍兰”两项工程的 7 幢高层建筑（总建筑面积 13 万平方米，均为剪力墙或框剪结构）的施工过程中，将结构施工阶段产生的建筑垃圾，经分拣、剔除并把有用的废渣碎块粉碎后，与普通砂按 1 ∶ 1 的比例混合作为细骨料，用于抹灰砂浆和砌筑砂浆，砂浆强度可达 5 MPa 以上。共计回收利用建筑废渣 480 吨，节约材料费 1.44 万元和垃圾清运费 3360 元，扣除粉碎设备等购置费，净收益 1.24 余万元，获得了环境效益和社会效益。

④利用建筑垃圾进行地基加固处理。近年来，“用建筑垃圾夯扩超短异型桩施工技术”在综合利用建筑垃圾方面有了突破性进展。该项技术采用碎砖瓦、废钢渣、碎石等建筑垃圾为填料，经重锤夯扩形成扩大头的钢筋混凝土短桩，并采用了配套的减隔振技术，具有扩大桩面积和挤密地基的作用。单桩竖向承载力设计值可达 500 ~ 700 kN。经测算，该项技术较其他常用技术可节约基础投资 20% 左右。

（2）模板工程。

在现浇混凝土结构工程中，模板的工程量占总工程量的 30%～40%，占工期 50% 左右。模板技术直接影响工程建设的质量、造价和效益，因此它是绿色施工中的一个重要内容，也是节材必须考虑的一个问题。

（3）预拌混凝土、商品砂浆。

发达国家预拌混凝土的应用量已达混凝土总用量的 60%～80%，美国为 84%，瑞典为 83%，我国仅为 20% 左右。较低的预拌混凝土比例，意味着大量自然资源的浪费。实践表明，相比于预拌混凝土生产方式，现场拌制混凝土要多浪费更多的资源。同时，由于现场拌制混凝土受技术人员的水平、气候环境等因素影响很大，除不能确保质量外，还污染环境。

商品砂浆分为预拌砂浆和干混砂浆两大类。预拌砂浆也是在搅拌站集中生产，按要求运送到工地。干混砂浆是指在工厂经干燥筛分处理的砂与水泥、矿物掺和料以及保水增稠剂按一定比例混合而成的固态混合物，在施工现场按规定比例加入水或配套液体拌合使用。

商品砂浆不仅质量性能优异，而且可节约资源。对于多层砌体结构，若使用现场搅拌砂浆，每平方米建筑面积需使用砌筑砂浆量为 0.20 立方米，而使用商品砂浆仅需要 0.13 立方米，可节约 35% 的用量；对于高层建筑，若使用现场搅拌砂浆每平方米建筑面积需使用抹灰砂浆量约为 0.09 立方米，而使用商品砂浆仅需要 0.038 立方米，可节约 58% 的用量。当前因商品砂浆价格偏高，推广仍有难度。

《绿色施工导则》明确要求：推广使用预拌混凝土和商品砂浆，准确计算采购数量、供应频率、施工速度等，在施工过程中动态控制。

11.3.4 节水与水资源利用

节水与水资源利用是绿色施工中不可忽视的一个方面。建筑施工用水量大，尤其是混凝土用水占了施工用水的绝大部分。目前我国的混凝土年产量逾 20 亿立方米，每立方米混凝土搅拌用水量以 185 kg 计，需用水 3.7 亿吨。混凝土养护用水视地区及季节而定，专家测算为搅拌用水的 2~5 倍。初步估算混凝土的搅拌与养护用水量为 10 亿吨，而且基本上用的都是自来水（工业用水的价格高于生活用水的价格）。我国的水资源缺口为 60 亿吨，可见节水是绿色施工中不可忽视的一个问题。

再生水取代自来水作为混凝土用水，已取得相应的科研成果。中国建筑科学研究院利用北京高碑店污水处理厂、北京北小河污水处理厂的再生水与自来水 3 种水样，对水质（pH 值、不溶物、可溶物、氯化物、硫酸盐、硫化物）、放射性、水泥标准稠度、用水量、凝结时间和安定性、胶砂强度、混凝土拌合物性能、硬化混凝土力学性能试验等系列性能进行对比试验，结论是用再生水搅拌成的混凝土与用自来水搅拌成的混凝土基本一致，影响不大，即城市再生水可作为混凝土用水。

《绿色施工导则》要求：优先采用中水搅拌、中水养护，有条件的地区和工程应收集雨水养护。绿色施工应结合我国污水处理的规划（管网建设及水量供应）针对大中城市预拌混凝土站与预拌砂浆站网布局，在对再生水水质分析的基础上，要求企业集团开展“再生水作为混凝土用水”试点应用，继而推广到更大范围，使绿色施工节水落到实处。关于施工阶段收集雨水还要视具体情况而定。

11.3.5 节能与能源利用

节能与能源利用也是绿色施工中坚持贯彻的一个方面。在建筑的全寿命周期内，施工节能还有很多潜力可挖。

施工现场的用电通常分为生产区和办公生活区用电两部分，节能的重点是生产区用电。生产区的能耗主要是装备运转与照明，常用耗电量大的装备有塔吊、施工电梯、电焊机及其他施工机具。《绿色施工导则》要求施工现场分别设定生产、生活、办公和施工设备的用电指标，定期进行计量、核算、对比分析，并有预防与纠正措施。例如，某项绿色施工示范工程，为了避免职责不清和用电失控现象，对塔吊、施工电梯、电焊机、办公服务、生活区等分别设置电表（从现场 2 个电表变为 8 个电表）每月末读数，施工全过程画出用电折线图，设专人负责，并按月写出用电分析报告，及时纠正浪费现象。工程结束后，用电基本数据清晰地留下了能耗档案，这种节能措施值得推荐。

11.4 绿色建筑新能源

11.4.1 绿色新能源概念

绿色能源就是对环境不产生污染，或者污染很小的清洁能源。联合国开发计划署（UNDP）目前将绿色能源分为三类：①大中型水电；②新可再生能源，包括小水电、太阳能、风能、现代生物质能、地热能、海洋能；③传统生物质能。

在绿色建筑中，可再生性是“绿色”的重要内涵之一，具体就是指可再生能源。这种能源直接取自自然，不存在污染问题，又在自然界中储存量巨大，且可以不断再生，因而不存在能源枯竭的问题。

11.4.2 太阳能

太阳能是日常生活中最常见的清洁能源，它具有很多优势。①太阳能在自然界广泛存在，只要有阳光就可以直接使用；②储量大。③使用寿命长。

在绿色建筑中，太阳能有供电、采暖、热水、制冷等多种用途。太阳能系统包括被动式太阳能系统、主动式太阳能系统以及太阳能光伏系统。①被动式太阳能系统是指不使用额外装置，直接利用建筑物朝阳面的实体部分吸热储热，依靠辐射、对流来实现对能源的分配。这种利用方式造价较低，无需过多投入就能在夏季把热量排出，在冬季吸热满足供暖需求。德国在这方面十分重视，设计师将重要的房间都朝向阳面，而房顶和窗户均采用透明的保温材料设计，房屋中也设计了红外线追踪装置，使房间的吸热部分可以随着阳光旋转以充分吸收太阳能。②主动式太阳能系统与被动式相反，它不使用建筑本体集热，而是利用高效的太阳能集热器获取能量，根据需求不同，它可以通过与散热器、制冷机等装置结合，从而发挥供暖、制冷、热水等多种作用。主动式太阳能系统对太阳能的利用效率高于被动式系统，虽然造价较高，但使用方便。太阳能热水器就是这种系统的典型应用，小型的集热器足以满足一个普通家庭对热水的需求。在建筑中利用太阳能加热实现地板辐射采暖也是一种环保节能的新型采暖方式。采用这种方式采暖时，由于地面为散热源，故而人员聚集处温度一般不超过 29℃，而太阳能集热器在较低温度时集热效率最高，因此这种组合可能是绿色建筑中采暖的最佳方式。③太阳能光伏系统与前两种系统不同，它指利用太阳能发电。它的主要部件是光伏板及其组件，这是一种在阳光下就能产生直流电的装置，以半导体制成，小型的光伏电池可用于手机等小型电子设备，而复杂的太阳能光伏系统可以为住宅供电。太阳能光伏系统在建筑中的应用可分为独立光伏系统和并网光伏系统。其中独立型光伏发电系统使用蓄电池和逆变器，但逆变器不向电网反送电力。该系统利用白天阳光向负荷供电，并向蓄电池充电，夜间由蓄电池向负荷供电，与电网无关联。并网型光伏发电系统通过逆变器向电网反送电力，并与电网并联向负荷用户供电，系统不存在蓄电池。建筑－太阳能一体化是未来绿色建筑的发展趋势，如美国、欧洲和日本分别推出了“屋顶光优计划”。

11.4.3 地热能

地热能是一种从地球内部获得的能源，它来源于地球内部的熔岩和放射性物质的衰变。地球的内部有极高的温度，距离地表 33km 的莫霍面，温度依然能高达 1000℃。随着地下水的循环和深层岩浆向地表侵入，这些热量逐渐被传送到近表层并将附近的地下水加热渗出地表。地热能除了存在于普通热水以外，也蕴含在蒸汽、地压型热水、熔岩以及干热岩中。它是一种清洁能源，在使用中对环境不会产生任何污染。相对于太阳能等清洁能源，地热能更加“稳定”。它主要分布在板块的边缘与交界处，储量高于人类已利用的能源。它的再生速度高于石油等现有资源，只要开采速度适宜，它可作为可再生资源使用。基于以上优势，相信地热能将成为煤炭、核能的稳定替代能源。

现今人们对地热能的使用具体分为两个方式，一种为地热能的直接利用，一种为地热能发电。利用地热能发电在民用建筑设计中的实用性不大，而地热能的直接利用在建筑中具有很高的实用性。人类自古便开始对地热能进行直接利用，比如利用温泉沐浴。随着时间的推移，人们对于地热能的直接利用有了更多的方式，比如利用地热能供暖、养殖水产、温室控温。其中，地热采暖早已在北京、天津等城市普遍应用。采用这种供暖方式比采用传统的锅炉供暖要节省 30％的成本，并且不产生污染，达到了节能减排的目的。当然，这种供暖方式也存在初期投入较高以及地热回灌技术不够完善等问题。随着地源热泵技术的采用，不仅地热供暖技术得到完善，地热能也有了更多用途。由于该项技术利用地下浅层地温作为热源，随处可取，使过去传统意义上所谓的“地热资源在分布上有局限性”的观念得到了改变。地源热泵供暖系统在我国东北地热资源丰富地区已有应用，如黑龙江林甸县林甸镇目前地热采暖面积达 50 万平方米，合计年用热水量 200 万立方米，采用热泵技术梯级利用，在室外温度为 28℃时，室内温度可达到 18~21℃，最高可达到 26℃。使用地源热泵供暖系统每年可节约燃煤 5000 吨，减少二氧化碳排放 1.31 万吨，减少二氧化硫排放 425 吨。地源热泵供暖在发达国家已得到广泛应用。

地热能同样可以用于制冷以及空调。如廊坊地区的地下水温度常年保持在十几度左右，可以通过制冷工质在蒸发器中吸收热量，并向地热水中放出热量来降低房间温度。上海世博会的世博轴采用的就是中国目前最大规模应用地源热泵和江水源热泵技术的中央空调。

11.4.4 风能

风能是一种空气流动能。太阳辐射到地表的热能只有不到 3% 转化为风的动能，但这些能量已经接近地球所有绿色植物固定能量的百倍，是全球水资源动能的 10 倍。我国自古就有使用风能的传统，两千年前中国人民就已驾驶帆船在江海驰骋，宋代制造的垂直轴风车也沿用至今。现在中国风能的利用量上处于世界的前列，仅次于美国。

与太阳能相仿，风能的利用可以分为被动与主动两种形式，在绿色建筑中这两种方式都能发挥很大的作用。①被动式风能利用指直接利用自然通风来调控建筑的室内温度和空气质量。这种技术在夏季可以直接降温，取代空调，达到节能减排的目的，在冬季可减少室内的空气污染。②主动式风能利用指利用风力发电，这是一种把风的动能转化为电能的技术，欧美发达国家的新型建筑中都采用了这种清洁的发电方法。它采用的风力发电组包括了风轮、发电机、铁塔等部件。风轮吸收风能并将其转化为机械能，接着通过齿轮变速的作用使风轮的转速稳定后直接接入发电机，便可以开始放电，只需要 3 m/s 的风速就可以满足小型风力发电机的最低风力需求。巴林的世贸中心是利用风力发电的著名建筑，它的两座塔楼主体如同两片巨型机翼将来自波斯湾海面上的毫无阻碍、经年不息的海风集中并加速使其在经过两座塔楼时形成漏斗效应，将风速提高了 30%，三座风力发电涡轮机每年可为大楼提供 10%~15% 的电力，即 1100~1300 MW·h，这些电力足以满足巴林 300 个家庭一年的用电量。欧洲的风电已经能够满足 4000 万人生活的需要。

11.4.5 生物质能

生物质能是一种清洁的可再生能源，它源于绿色植物光合作用，是由太阳能转化而成的一种化学能。这种能量分布广、来源多，除了直接来源于绿色植物以外，生活污水、人畜粪便等有机物质也含有生物质能。生物质能的储量极高，而且可以转化为常见的燃料，现今它已成了世界能源消费量最高的能源之一，仅次于石油、天然气、煤炭等化石燃料。有关专家认为至 2050 年，生物质能源将提供世界 60% 的电力和 40% 的液体燃料，生物质能将成为未来可持续发展能源系统中的主要能源。

在建筑中生物质能的主要利用方式就是将生物质作为燃料。生物质能的利用方式主要包括生物质直接燃烧、热化学转化、生物化学转化三种利用方式，通过这些方式可以将生物质能转化为固、液、气三种形态的多种燃料。由于农业秸秆的大量废弃，在我国农村生物质直接燃烧的使用方式较为普遍，通过对锅炉的结构改造，生物质的燃烧效率可以满足农户需求。近年，我国已推广新式省柴节煤灶，缓解了部分地区柴草不足的紧张局面。在环保建筑中生物质的利用方式多以生物化学为主，这种方式通过原料的生物化学作用和微生物的新陈代谢作用产生气体或液体燃料，对环境基本不产生破坏。它的产物主要是沼气和各种醇类燃料，其中沼气的使用技术较为成熟。沼气发酵的生物质原料主要是生活废物、废液和各种垃圾，它是一种高效可行的垃圾处理方式，它所产生的甲烷同样是一种清洁能源，在农村发展很快，我国沼气池超过 500 万个。在绿色建筑中，沼气池发酵技术是生物质能的常用方式，可以减轻建筑对化石燃料的依赖。

11.5 绿色建筑的智能化设计与运行

11.5.1 结合 BIM 技术的绿色建筑设计

在目前绿色建筑的发展中，建筑信息的收集与统计不及时、缺乏准确性，设计过程各专业协同流程繁杂，一直是困扰绿色建筑设计的重要问题。建筑信息模型（building information modeling，BIM）是解决这些问题的工具。将 BIM 技术与绿色建筑设计相结合，利用 BIM 模型记录在建筑全生命期内的各种信息，为绿色建筑设计提供详细的分析资料及设计平台，是绿色建筑设计的一种新思路。

BIM 是以建筑工程项目各项相关的信息数据作为模型基础进行建筑模型建立，并方便全部参与方利用建筑信息来指导决策工程活动的过程。BIM 强调信息技术在建筑全生命期的应用，利于项目可视化，可有效辅助建筑设计、精细化施工建造、智能 / 智慧化运营等，显著提高了建筑工程的建设效率。美国、英国等国较早启动了建筑业信息化研究，越来越多的建筑项目开始运用 BIM 进行全寿命周期的管理，BIM 的应用内容种类繁多。近年，各国政府颁布了多个 BIM 技术应用的相关政策。

设计人员和工程技术人员可以通过建筑模型信息进行相应的设计与判断，实现工程各参与方之间协同合作的工作模式。由于BIM具有可视化、协调性、模拟性、优化性和可出图性的优点，自2002年被引进工程建筑行业，BIM已经成了继图板图纸到电脑图纸革命后又一次二维到三维图纸的产业革命。

（1）协同设计下全专业配合。

通过统一的BIM模型建立工作平台，可以实现绿色建筑设计过程中全专业的即时沟通交流。项目的甲方、设计方、咨询方等部门可以对模型赋予各种工程与设计信息，同时也可以随时读取项目数据，修改及完善相关内容，在一定程度上实现了咨询方对项目的及时跟进，使建筑在设计之初就考虑绿色建筑设计要求，将绿色建筑设计理念、技术手段、新型材料应用等融入建筑设计当中，随着项目设计的深入，可以将施工方、管理方、材料供应方等更多部门纳入工作平台中，方便对建筑的统一管理，全方位保证绿色建筑设计的实现。

（2）多方案性能分析即时比选。

在绿色建筑设计标准中有大量关于建筑性能指标的判断，如风环境、光环境、声环境等。常规的绿色建筑设计中需要根据项目实际的情况在不同的分析软件中建立模型进行分析，目前利用 BIM 技术建立的模型可以实现不同分析软件的模型交互，节省了不同模拟软件中建模的时间，利用 BIM 建立体量模型，在方案前期对建筑场地进行风环境、声环境等模拟分析，对不同建筑体量进行能耗的模拟，最终选定合适的体量进行下一步的方案深化。这种方案可以节约不必要的设备增量成本，实现绿色建筑“被动措施优先、主动措施优化”的设计原则。

（3）全生命期建筑模型信息完整传递。

绿色建筑与 BIM 均注重建筑全生命期的概念。BIM 倡导的是一种信息传递的模式，BIM模型承载了建筑从概念到拆除的全生命期中所有的信息。绿色建筑则强调建筑在生命期内的各项性能。利用 BIM 模型可以有效解决传统的绿色建筑信息冗繁容易丢失的问题。建筑模型作为信息的载体将绿色建筑要求的材料、设备系统等信息完整及时反映。这些信息不光包括建筑本身建造后的信息，还包括建筑材料在建造前的产地、设备系统的厂家等附属信息。齐全的信息可以保证建筑设计阶段各类绿色建筑指标判断的准确与及时，同时使建筑设计与施工管理、运营维护建立有效联系。

基于BIM技术体系特点，通过建立一系列的工作流程与信息模板，将绿色建筑设计与传统设计相融合，可以有效解决目前绿色建筑设计过程中存在的问题。这种基于BIM模型信息的绿色建筑设计流程，与绿色建筑设计、评价均有良好的对应关系，可以节省工作时间，提高设计效率与质量，具有很高的应用价值。通过建立对应关系也可以发现，目前的绿色建筑评价标准对于 BIM 模型的利用并不是很充分，很多信息录入的条文在BIM模型中可以准确量化，而且对于 BIM 模型的设计深度标准中未做过多规定。随着BIM 技术与绿色建筑的发展及BIM技术与其他技术融合，BIM 模型中大量的信息将在绿色建筑设计中得到更广泛的应用，绿色建筑设计方法也会随之产生巨大的变化。

11.5.2 绿色建筑的智能化运行

所谓的建筑智能化，通常是指建筑物中安装有多种智能传感器，用于检测应力、沉降、裂缝、腐蚀，以及可能出现的其他问题。如借助环境传感器可检测空气的温度、湿度和污染程度等情况，所有这些信息都能很快反馈到一个中心处理机构，以保证建筑物的可靠及居民的安全与健康。

建筑智能化技术主要包含照明监控系统、信息网络子系统、外遮阳装置以及空调系统等。在绿色建筑中，智能技术具有十分重要的作用。绿色建筑智能化即是建筑物以“可持续”（既满足当代人的需要，又不损害后代人满足需求的能力）为核心，通过智能化手段与绿色理念的融合来实现人、资源、环境三者的最优化发展。

绿色建筑的智能化，一方面可以使绿色建筑在实际运行的过程中通过自控的方式抵消人工管理方面的随意性、不可靠性、粗放性。另一方面，借助于先进的传感器技术，可以对建筑在运行过程中的各方面信息进行及时的整理与汇总，为绿色建筑研究提供丰富的研究素材。在我国已经有多个城市的公共建筑建立了基于计算机控制网络技术的开放式智能监测控制系统，并实现计算机控制网络与数据网络的一体化集成，以实现对建筑能耗和室内热湿环境及空气质量的远程监测控制，最大限度地减少建筑对能源的需求，减少环境污染，以实现城市经济建设可持续发展的目标。由于智能化系统的监控和信息管理作用，使得其在室内环境控制中占据了至关重要的地位。

11.5.3　绿色建筑的智能化应用场景

（1）楼宇自动化系统在绿色建筑中的运用。

楼宇自动化系统主要是通过对计算机、传感器以及自动控制等技术的运用，来更好地管理与控制楼宇中的设备，进而为建筑设施的稳定高效运行提供保障。楼宇自动化系统指的是对建筑中的供配电、给排水、电梯、空调、通风以及照明等系统进行监控与管理的系统。

楼宇自动化系统不但可以控制机电设备的开启与停止操作，同时还能够更好地检测储存设备运行情况与故障报警信号，以保证楼宇内设施的正常运行。此外，楼宇自动化系统不但能够进行自动控制，还能够实现远程的有效控制，自动生成一系列系统报告。例如，运用楼宇自动化系统的变频节能技术，能够大大缩短设备的运行时间，使设备的运行强度降低，最终达到节能降耗的目标。

（2）智能照明系统在绿色建筑中的运用。

智能照明系统指的是通过对照明接触器、传感器等先进技术的运用，在建筑物的外部与内部分别安装节能灯具，并应按照建筑物自身的照明需求，选取适宜的照明水平。

智能照明系统不但可以满足建筑照明需求，还能够实现节能降耗的目标，对延长灯具的使用寿命具有十分重要的意义，同时还能够实现多种效果的照明。除此之外，在建筑中应用智能照明系统，还可以更好地采集与调节自然光，实现对自然光的充分利用，有利于节约能源，达到节能减排的目标。

（3）智能遮阳板控制系统在绿色建筑中的运用。

智能遮阳板控制系统主要是利用亮度传感器来自动控制遮阳电机。在建筑中应用智能遮阳板控制系统，能够根据阳光的强弱以及照射角度等来调节遮阳板开启、停止与转动角度，以免阳光直射建筑物与居住者。

例如，在炎热的夏季，通过对智能遮阳板控制系统的运用，就可以很好地遮蔽阳光，使透过窗户的热量减少，以免室内温度较高；在寒冷的冬季，通过对智能遮阳板控制系统的应用，能够使阳光利用率有效提升，对室内舒适度的控制十分有利，从而起到节能、减耗、绿色、环保的作用。

（4）信息集成系统在绿色建筑中的运用。

在现代绿色建筑中，为了建立一套完整的信息集成系统，就需要合理应用全面分析技术、集中采集技术以及智能管控技术等，将各子系统的能力充分发挥出来。一般来讲，智能建筑信息集成系统主要包含楼宇自控系统、网络系统、地热/水源热泵系统以及火灾自动报警系统等，通过将各个子系统进行有效结合，就可以实时监控与管理建筑内的设备。除此之外，通过对智能建筑信息集成系统的应用还能够全面分析各子系统之间的数据和系统信息，统一调度建筑中各项设备，进而使建筑运行能耗降低。与此同时，在绿色建筑中应用设备信息集成系统，能够实现对建筑设备的实时巡查，并按照设备的运营需求，合理调节与分配设备的运行时间、维护以及运行负荷等，这样就可以确保设备长时间处于最佳的运行状态，可以延长设备的使用寿命。将智能建筑信息集成系统应用到绿色建筑中，可以更好地采集智能照明、冷热机组以及其他计量设备的运行数据，通过对这些数据进行统计与分析，实现建筑的节能操作。分析各种节能系统的能耗与节能效果，就可以得到设备的节能效率，最终实现绿色建筑的节能、环保目的。

▶ 知识归纳

1. 在绿色建筑研究以及实践领域，建筑师与绿色建筑的关系。

2. 建筑师需要重新审视自身，树立“整合设计”的思想。

3. “热景观”的提出可以为建筑师提供一条通过技术手段丰富建筑设计的有效途径，有利于促进建筑技术与建筑设计之间的融合。

4. 热景观的理论研究内容大致可分为：

（1）热景观－空间组合理论；

（2）热景观－表皮性能理论；

（3）热景观－形态生成理论。

5. 热景观主要关注通过设计营造环境的：

（1）空间导向性；

（2）场所聚集性；

（3）构成多样性；

（4）节能适应性。

6. 绿色建筑施工管理主要包括组织管理、规划管理、实施管理、评价管理和人员安全与健康管理五个方面。

7. 绿色建筑施工过程主要涉及扬尘、噪声和光污染、节材与材料资源利用、节水与水资源利用、节能与能源利用五个方面。

8. 绿色能源分为三类：一是大中型水电；二是新可再生能源，包括小水电、太阳能、风能、现代生物质能、地热能、海洋能；三是传统生物质能。

9. BIM 在绿色建筑设计阶段可以实现以下功能：

（1）协同设计下全专业配合；

（2）多方案性能分析即时比选；

（3）全生命期建筑模型信息完整传递。

10. 建筑智能化技术主要包含照明监控系统、信息网络子系统、外遮阳装置以及空调系统等。

▶ 独立思考

1. 绿色建筑技术与建筑学之间沟通的主要障碍是什么?

2. 整合设计的基本步骤有哪些?

3. 整合设计对建筑师提出了哪些新要求?

4. 热景观概念提出的意义是什么?

5. 简述热景观理论研究的基本内容。

6. 简述热景观的基本特性及设计关键点。

7. 绿色建筑施工管理主要包括哪些方面?

8. 列举目前绿色建筑中的主要应用的新能源。

9. 简述 BIM 在建筑设计行业的优势。

10. 举例说明绿色建筑智能化的应用场景。

参考文献

[1] IWBI. The WELL Certification Guidebook， applies to WELL v 1.0January20th.2015[EB/OL].2015. https://resources.wellcertified.com/tools/well-certification-guidebook/

[2] IWBI. The WELL Building Standard VI September 2015[EB/OL].2015.http://standard.wellcretified.

[3] USGBC. LEED 官方网站 [EB/OL].[2021-06-20].https://new.usgbc.org/leed.

[4] 英国建筑研究院 .BREEAM 官方网站 [EB/OL].[2021-06-20].https://www.breeam.com/.

[5] IBEC.CASBEE 官方网站 [EB/OL].[2021-06-20]. http://www.ibec.or.jp/CASBEE/english/.

[6] 国际绿色建筑委员会（WGBC）.About Green Building[EB/OL].[2021-06-20]. https://www.worldgbc.org/what-green-building.

[7] 美国环保署（US EPA）.Green building[EB/OL].[2021-06-20]. https://archive.epa.gov/greenbuilding/web/html/about.html.

[8] 住房和城乡建设部科技与产业化发展中心 . 绿色建筑评价标识网 [EB/OL].[2021-06-20]. http://www.cngb.org.cn/.

[9] 住房和城乡建设部 . 住房城乡建设部关于进一步规范绿色建筑评价管理工作的通知 [EB/OL].2017.

[10] 住房和城乡建设部科技与产业化发展中心 . 绿色建筑评价标识网 [EB/OL].[2021-06-20]. http://www.cngb.org.cn/.

[11] 李元哲 . 被动式太阳房热工设计手册 [M]. 北京：清华大学出版社，1993.

[12] 林其标，林燕，赵维稚 . 住宅人居环境设计 [M]. 广州：华南理工大学出版社，2000.

[13] 龙恩深 . 冷热源工程 [M]. 重庆：重庆大学出版社，2002.

[14] 宋德萱 . 节能建筑设计与技术 [M]. 上海：同济大学出版社，2003.

[15] 靳玉芳 . 房屋建筑学 [M]. 北京：中国建材工业出版社，2004.

[16] 王长贵 . 小型新能源和可再生能源发电系统建设与管理 [M]. 北京：中国电力出版社，2004.

[17] 王其亨 . 风水理论研究 [M]. 天津：天津大学出版社，2005.

[18] 郑瑞澄 . 民用建筑太阳能热水系统工程技术手册 [M]. 北京：化学工业出版社，2006.

[19] 刘厚荣 . 新能源工程 [M]. 北京：中国农业出版社，2006.

[20] 惠劼，张倩，王芳 . 城市住区规划设计概论 [M]. 北京：化学工业出版社，2006.

[21] TopEnergy 绿色建筑论坛 . 绿色建筑评估 [M]. 北京：中国建筑工业出版社， 2007.

[22] 柳孝图 . 建筑物理环境与设计 [M]. 北京：中国建筑工业出版社，2008.

[23] 贾振邦 . 环境与健康 [M]. 北京：北京大学出版社，2008.

[24] 崔新明 . 居住建筑节能成套技术研究开发与工程示范：以浙江省为例 [M]. 杭州：浙江大学出版社，2009.

[25] 徐小东，王建国 . 绿色城市设计：基于生物气候条件的生态策略 [M]. 南京：东南大学出版社 .2009.

[26] 中国城市科学研究会 . 绿色建筑 2009[M]. 北京：中国建筑工业出版社， 2009.

[27] 欧阳康，包海泠，丁明渊 . 住区规划思想与手法 [M]. 北京：建筑工业出版社，2009.

[28] 彼得 . 罗伯茨编著 . 城市更新手册 [M]. 北京：中国建筑工业出版社，2009.
[29] 刘加平，董靓，孙世钧 . 绿色建筑概论 [M]. 北京：中国建筑工业出版社，2010.
[30] 陈冠英 . 居室环境与人体健康 [M]. 北京：化学工业出版社，2011.
[31] 刘仲秋，孙勇 . 绿色生态建筑评估与实例 [M]. 北京：化学工业出版社，2012.
[32] 中华人民共和国住房和城乡建设部 . 既有居住建筑节能改造指南 [M]. 北京：中国建筑工业出版社，2012.
[33] 游普元 . 建筑物理 [M]. 天津：天津大学出版社，2013.
[34] 纪康保 . 低碳能源：新时代的绿色引擎 [M]. 天津：天津人民出版社，2013.
[35] 田斌守 . 绿色建筑 [M]. 兰州：兰州大学出版社，2014.
[36] JONES L. 环境友好型设计 [M]. 北京：电子工业出版社，2014.
[37] 中国环境科学学会室内环境与健康分会 . 中国室内环境与健康研究进展报告 2015-2017[M]. 北京：中国建筑工业出版社，2018.
[38] 蔡志昶 . 生态城市整体规划与设计 [M]. 南京：东南大学出版社，2014.
[39] 中国建筑科学研究院 . 绿色建筑评价技术细则 2015[M]. 北京：中国建筑工业出版社，2015.
[40] 陈天，臧鑫宇 . 绿色街区规划设计 [M]. 江苏：江苏凤凰科学技术出版社，2015.
[41] 何森 . 室内环境健康指南 [M]. 北京：中国建筑工业出版社，2016.
[42] 杨丽 . 绿色建筑设计　建筑节能 [M]. 上海：同济大学出版社，2016
[43] 陈滨 . 中国典型地区居住建筑室内健康环境状况调查研究报告 [M]. 北京：中国建筑工业出版社，2017.
[44] 陈滨 . 居住建筑室内健康环境评价方法 [M]. 北京：中国建筑工业出版社，2017.
[45] 余江 . 室内环境检测与治理 [M]. 北京：科学出版社，2018.
[46] 中国房地产业协会人居环境委员会，中国建筑标准设计研究院有限公司，中国城市规划设计研究院 . 绿色住区标准 [M]. 北京：中国计划出版社，2018.
[47] 宋德萱，赵秀玲 . 节能建筑设计与技术 [M]. 北京：中国建筑工业出版社，2019.
[48] 李辉 . 城市公共空间的绿色建筑体系研究 [D]. 长春：东北师范大学，2006.
[49] 徐尧 . 高舒适低能耗办公建筑的设计与技术应用研究 [D]. 南京：东南大学，2006.
[50] 奚海冰 . 高层建筑细部设计研究 [D]. 上海：同济大学，2007.
[51] 赵婉 . 托马斯・赫尔佐格的建筑思想与建筑作品 [D]. 天津：天津大学，2007.
[52] 申琪玉 . 绿色建造理论与施工环境负荷评价研究 [D]. 武汉：华中科技大学，2007.
[53] 卫大可 . 建筑形态发展与建构的结构逻辑 [D]. 哈尔滨：哈尔滨工业大学，2009.
[54] 吴彦廷 . 太阳能相变蓄热集热墙系统热特性分析 [D]. 北京：华北电力大学（北京），2009.
[55] 俞志凯 . 当代高层建筑形态变异研究 [D]. 哈尔滨：哈尔滨工业大学，2010.
[56] 金鑫 . 基于案例分析的现代建筑遮阳发展趋势研究 [D]. 天津：天津大学，2012.
[57] 朱堃 . 北京地区建筑与光伏一体化造型设计研究 [D]. 南京：东南大学，2013.
[58] 于志 . 多种太阳能新技术在示范建筑中的应用研究 [D]. 合肥：中国科学技术大学，2014.
[59] 陈勇明 . 夏热冬暖地区建筑外遮阳与建筑一体化设计研究 [D]. 重庆：重庆大学，2014.

[60] 张亚玺 . 太阳能光伏发电系统结构布置改进及发电性能研究 [D]. 南京：东南大学，2015.

[61] 牛微 . 遮阳与建筑一体化设计策略与构造技术研究 [D]. 济南：山东建筑大学，2016.

[62] 孔德信 . 绿色建筑节能方案与设计 [D]. 武汉：湖北工业大学，2018.

[63] 刘垚 . 宁夏地区光伏建筑一体化工程研究与设计 [D]. 北京：华北电力大学，2018.

[64] 夏奇龙 . 原竹龙骨组合结构住宅中太阳能利用的技术措施研究 [D]. 西安：西安建筑科技大学，2018.

[65] 宋德萱，郭飞 . 绿色建筑刍议 [J]. 城市建筑，2006（7）:11-14.

[66] 刘宏成 . 建筑遮阳的历史与发展趋势 [J]. 南方建筑，2006（9）:18-20.

[67] 刘继民，郝建平，刘立泽 . 一体化设计理论及其进展 [J]. 机械设计，2006，23（3）:4-7.

[68] 何锋 . 浅谈绿色建筑、绿色文化与可持续发展相互关系与意义 [J]. 广东科技，2006（5）:124-126.

[69] 宋晔皓，林波荣，姜涌 . 绿色与建筑 [J]. 时代建筑，2008（2）:6-11.

[70] 钱锋，魏崴，曲翠松 . 同济大学文远楼改造工程历史保护建筑的生态节能更新 [J]. 时代建筑，2008（2）:56-61.

[71] 熊燕，邹经宇 . 以人为本的绿色建筑设计——浅谈中国城市住宅中居民热适应性于建筑节能的潜力 [J]. 建筑学报，2009（z2）:30-34.

[72] 徐燊，李保峰 . 光伏建筑的整体造型和细部设计 [J]. 建筑学报，2010（1）:60-63.

[73] 佳音 . 建筑遮阳：形式逐渐多样化 [J]. 广西城镇建设，2010（11）:37.

[74] 宋德萱，何满泉 . 既有工业建筑环境改造技术 [J]. 工业建筑，2010，40（6）:45-47，51.

[75] 周伊利，宋德萱 . 城市住区生态修复策略研究——以曹杨新村为例 [J]. 住宅科技，2011，31（8）:15-22.

[76] 田桂斌 . 农村住宅节能多角度探索 [J]. 建筑节能，2011，39（11）:34-36.

[77] 王继红 . 从绿色城市主义到现代城市空间立体绿化 [J]. 建筑与文化，2011（12）:48-51.

[78] 张磊，鞠晓磊，曾雁 .《被动式太阳能建筑技术规范》解读 [J]. 建设科技，2012（5）:50-54，57.

[79] 田慧峰，张欢，孙大明，等 . 中国大陆绿色建筑发展现状及前景 [J]. 建筑科学，2012，28（4）:1-7，68.

[80] 张树君 . 建筑遮阳设计 [J]. 住宅产业，2012（2）:67-71.

[81] 王艳丽，孟冲，杨春华，等 . 既有建筑绿色评估体系对比分析 [J]. 住宅产业，2012（11）:54-56.

[82] 邱剑锋，葛娟娟 . 绿色生态住区的绿色空间的营造——如何用规划设计的方法改善住区的生态环境 [J]. 城市建设理论研究（电子版），2012（29）.

[83] 宋晔皓，王嘉亮，朱宁 . 中国本土绿色建筑被动式设计策略思考 [J]. 建筑学报，2013（7）:94-99.

[84] 杜高 . 上海地区民用建筑遮阳现状及问题分析 [J]. 四川建材，2013，39（6）:114-116，118.

[85] 刘抚英 . 建筑遮阳体系与外遮阳建筑一体化形式谱系 [J]. 新建筑，2013（4）:46-50.

[86] 刘抚英，厉天数，赵军 . 绿色建筑设计的原则与目标 [J]. 建筑技术，2013，44（3）:212-215.

[87] 施武，周祥 . 浅谈绿色建筑设计的评估 [J]. 城市建设理论研究：电子版，2013（23）:1-5.

[88] 涂逢祥，赵士怀，皮魁升 . 中国的传统建筑遮阳技术 [J]. 建筑技术，2013，44（12）:1103-1105.

[89] 刘邦禹 . 绿色能源技术在绿色建筑中的应用 [J]. 环境科学导刊，2013（2）:38-41.

[90] 邹杰，陈剑秋，韩雨彤 . 对当今绿色建筑设计人文理念应用的思考 [J]. 绿色建筑，2013（2）:8-11.

[91] 李学才，高宝永 . 建筑施工管理及绿色建筑施工管理分析 [J]. 施工技术，2014（S1）:480-481.

[92] 徐振强 . 我国省级地方政府绿色建筑激励政策研究与顶层政策设计建议 [J]. 建设科技， 2014（2）:56 - 64.

[93] 仲继寿，李新军 . 从健康住宅工程试点到住宅健康性能评价 [J]. 建筑学报，2014（2）：1-5.

[94] 刘继仁，郭汉丁，崔斯文，等 . 既有建筑节能改造市场发展机理研究综述 [J]. 建筑经济，2014，35（9）:81-85.

[95] 叶春，李春华，邓婷婷 . 论湖滨带的结构与生态功能 [J]. 环境科学研究，2015，28（2）:171-181.

[96] 牟永春 . 浅析绿色建筑设计的原则与目标 [J]. 门窗， 2015（3）:37-38.

[97] BALDWIN A，李百战，喻伟，等 . 既有建筑绿色化改造技术策略探索 [J]. 城市住宅，2015（4）:46-51.

[98] 宋晔皓，孙菁芬，解丹，等 . 可持续建筑设计的思考——清华大学南区学生食堂设计 [J]. 建筑学报，2016（11）:54-61.

[99] 鞠晓磊，张磊 .“十二五”太阳能建筑重要成果与展望 [J]. 太阳能，2016（5）:58-61.

[100] 郑瑞澄 . 太阳能建筑热利用及相关标准规范发展历程 [J]. 建筑科学，2016，32（12）:13-21.

[101] 王国光，郑舰 . 从功能到造型，从构件到符号——勒・柯布西耶关于建筑整体遮阳的探索 [J]. 中外建筑，2016（8）:23-26.

[102] 赵红云 . 简论建筑遮阳对绿色建筑的重要作用 [J]. 门窗，2016（12）:24.

[103] 刘高旺 . 绿色建筑设计理念在居住区设计中的应用 [J]. 中国建材科技，2017，26（1）：10-11.

[104] 郭辉 . 既有建筑节能改造技术的探讨 [J]. 建筑工程技术与设计，2017（29）:1684-1684.

[105] 洪霄伟，林清娴，张向军 . 绿色住区厨余垃圾处理思路 [J]. 建设科技，2017（18）:76-77.

[106] 魏薇，刘阳 . 外遮阳作为建筑表皮的美学呈现 [J]. 建筑与文化，2017（10）:97-98.

[107] 王清勤 . 我国绿色建筑发展和绿色建筑标准回顾与展望 [J]. 建筑技术，2018，49（4）: 340 - 345.

[108] 张甲，席静，胡久平 . 新能源技术的研究综述 [J]. 山东化工，2018，47（19）:75，83.

[109] 庄宇，刘新瑜 . 绿色住区研究的兴起、发展与挑战 [J]. 住宅科技，2018，38（7）:49-56.

[110] 宋晔皓 . 可持续设计思考 [J]. 城市住宅，2018，25（5）:11-15.

[111] 谢晓欢，贾倍思，肖靖 . 中国绿色建筑的集成化设计现状、困境与出路：基于建筑师的访谈 [J]. 建筑师，2019（5）:103-109.

[112] 傅筱，陆蕾，施琳 . 基本的绿色建筑设计——回应气候的形式空间设计策略 [J]. 建筑学报，2019（1）:100-104.

[113] 赵西平，刘鸣飞，夏奇龙，等 . 原竹龙骨组合结构住宅被动式太阳能利用技术优化研究 [J]. 四川建筑科学研究，2019，45（2）:104-109.

[114] 何钦，刘志华 . 屋顶分布式光伏发电在污水处理厂的应用研究 [J]. 现代建筑电气，2019，10（9）:44-49.

[115] 刘加平，董晓 . 建筑创新与新建筑文明——兼论新时期绿色建筑发展与建筑方针 [J]. 城市发展研究，2019，26（11）:1-4.

[116] 杜秋丽，郭必琴，郗复缓，等 . 清洁能源供暖系统设计 [J]. 能源研究与管理，2019（3）:105-108.

[117] 黄海静，宋扬帆 . 绿色建筑评价体系比较研究综述 [J]. 建筑师，2019（3）:100-106.

[118] 王清勤 . 修订绿色建筑评价标准助力建筑高质量发展 [J]. 工程建设标准化，2019（12）：34-39.

[119] 全世海 . 我国绿色建筑发展现状及展望 [J]. 重庆建筑， 2020， 19（12）: 14-16.

[120] 吴彦哲，於德美，高小攀，等.《绿色建筑评价标准》现状及案例分析[J]. 福建建设科技，2021（2）：74-76，105.

[121] 中华人民共和国住房和城乡建设部. 绿色建筑评价标准（GB/T 50378-2006）[S].

[122] 中华人民共和国住房和城乡建设部. 绿色建筑评价标准（GB/T 50378-2014）[S].

[123] 中华人民共和国住房和城乡建设部. 民用建筑热工设计规范（GB/T 50176-2016）[S].

[124] 中华人民共和国住房和城乡建设部. 既有建筑绿色改造评价标准（GB/T 51141-2015）[S].

[125] 中华人民共和国住房和城乡建设部. 既有居住建筑节能改造技术规程（JGJ/T 129-2012）[S].

本书图片来源

教学支持说明

普通高等学校“双一流”建设建筑类专业新形态教材系华中科技大学出报社重点规划的系列教材。

为了提高教材的使用效率，满足授课教师的教学需求，更好地提供学习支持，本教材配备了相应的教学资料和拓展学习资源。欢迎您通过以下方式与我们联系，获得相关资料。

通信地址：湖北省武汉市东湖新技术开发区华工园六路华中科技大学出版社建筑分社

邮政编码：430223

电话：027-81339688 转 782

E-mail：wangyijie027@163.com

QQ：61666345

建筑书友圈 QQ 群：752455880

建筑书友圈是建筑类图书编者与读者的交流平台，欢迎您的加入！